九章算术

全鉴

杨承清◎解译

中国纺织出版社有限公司

国家一级出版社
全国百佳图书出版单位

内 容 提 要

《九章算术》是我国乃至东方现存的一部自成体系的、最古老、最经典的数学专著。全书采用问题集的形式，收有246个与生产、生活实践有联系的应用问题，其中每道题有问（题目）、答（答案）、术（解题的步骤，但没有证明），有的是一题一术，有的是多题一术或一题多术。这些问题依照性质和解法分别隶属于方田、粟米、衰分、少广、商功、均输、盈不足、方程及勾股，共有九章。它由易到难、深入浅出的体例编排，千百年来深受人们喜爱。《九章算术全鉴》在对原著详细译注的同时，对各个题目都给出了具体解法，让读者更容易理解问题的解法，从而有效提高数学水平。

图书在版编目（CIP）数据

九章算术全鉴 / 杨承清解译. —— 北京：中国纺织
出版社有限公司，2020.8
    ISBN 978 – 7 – 5180 – 7577 – 5

Ⅰ.①九… Ⅱ.①杨… Ⅲ.①数学—中国—古代 ②《
九章算术》—注释 ③《九章算术》—译文 Ⅳ.① O112

中国版本图书馆 CIP 数据核字（2020）第 118182 号

责任编辑：段子君   责任校对：高 涵   责任印制：储志伟

中国纺织出版社有限公司出版发行
地址：北京市朝阳区百子湾东里 A407 号楼   邮政编码：100124
销售电话：010—67004422   传真：010—87155801
http://www.c-textilep.com
中国纺织出版社天猫旗舰店
官方微博 http://weibo.com/2119887771
天津千鹤文化传播有限公司印刷   各地新华书店经销
2020 年 8 月第 1 版第 1 次印刷
开本：710×1000   1/16   印张：20
字数：328 千字   定价：48.00 元

《九章算术》是我国古代科技著作乃至世界古代数学名著中一颗璀璨的明珠，它和古希腊欧几里得的《几何原本》并称为现代数学的两大源泉；它反映了中华民族的高超智慧，给予现代中国人更多的文化自信。

　　《九章算术》是我国古代劳动人民在生产实践中总结出来的数学知识，它不但开拓了我国数学的发展道路，更以一系列"世界之最"的成就反映出我国秦、汉时期的数学在全世界取得的领先发展的地位，这种领先地位一直保持到公元 14 世纪初。

　　书中最早系统地叙述了分数约分、通分和四则运算的法则。像这样系统的叙述，印度在公元 7 世纪时才出现，欧洲就更迟了。书中最早提出了正、负数的概念，并系统地叙述了正、负数的加减法则。负数概念的提出，是人类对数的思维的一次意义重大的飞跃。在印度，直到公元 7 世纪才出现负数概念，欧洲则是到 17 世纪才有人认识负数概念，甚至在 19 世纪的欧洲，也还有一些数学家认为负数没有实际的意义。书中提出的"盈不足术"也是我国古代数学中的一项杰出创造。这种方法可能在公元 9 世纪时传入了阿拉伯，公元 13 世纪时又由阿拉伯传入了欧洲。意大利数学家斐波那契最先向欧洲介绍了这种算法，并把它称为"契丹算法"（即"中国算法"）。书中最引人注目的成就之一是，它在世界上最早提出了联立一次方程（即线性方程组）的概念，并系统地总结了联立一次方程的解法。

《九章算术》是智慧的宝库，人们不仅能从《九章算术》中学习系统的数学知识和提高数学思维能力，还能用它有效地促进智力的发展。唐、宋两代，朝廷将其列为数学教科书，尊为古代数学的群经之首。在科技文化高度发达的今天，它依然是广大读者，特别是儿童和青少年很好的启智读本。在隋、唐时期，《九章算术》就流传至日本、朝鲜、印度、阿拉伯和欧洲地区，如今更是得到了全世界的追捧，现已译成日、俄、英、法、德等多种文字版，为全世界输送科技文化养分。

　　需要说明的是，《九章算术》是经历代各家的增补修订而逐渐成为现今定本的，西汉的张苍、耿寿昌做过增补和整理后大体已成定本，最后成书最迟也在东汉前期，现今流传的大多是在三国时期魏元帝景元四年（263年），刘徽为《九章算术》所作的注本。值得一提的是，唐初时的李淳风（602—670）对刘徽所作的注本作了注解。刘徽在《九章算术》注解中，"析理以辞，解体用图"，不但给出明确的概念，导出正确的理论，而且还有很多创造发明，从而取得了不可磨灭的功绩。而李淳风注《九章算术》时，除引证祖冲之及其子祖暅（xuǎn）之对体积理论的贡献外，其他注文多与刘注相类，但比刘注更通俗易懂。刘徽、李淳风等人所注解的《九章算术》也便成为最著名版本。

　　《九章算术全鉴》就是根据刘、李注本编撰而成的。由于辗转传抄、影摹刊刻，传本《九章算术》有很多错误文字，本书凡是与前人有出入的地方，刘徽、李淳风等人的注解均有加述理由。本书所有的题目，编者都给予了编号，并按照编号列出了解题步骤，更加方便读者清楚和理解《九章算术》中题目答案的由来，有效提高读者的数学思维能力。但由于编者水平有限，缺点和错误在所难免，请广大读者不吝指正。

编著者

2019 年 12 月

◎ 《九章算术注》序 / 1

◎ 卷一　方田以御田畴界域 / 7

◎ 卷二　粟米以御交质变易 / 51

◎ 卷三　衰分以御贵贱禀税 / 79

◎ 卷四　少广以御积幂方圆 / 101

◎ 卷五　商功以御功程积实 / 133

◎ 卷六　均输以御远近劳费 / 177

◎ 卷七　盈不足以御隐杂互见 / 225

◎ 卷八　方程以御错糅正负 / 249

◎ 卷九　勾股以御高深广远 / 283

《九章算术注》序

刘徽①

【原文】

昔在庖牺氏②始画八卦，以通神明之德，以类万物之情③，作九九④之术，以合六爻之变。暨⑤于黄帝神而化之，引而伸之⑥，于是建历⑦纪，协律吕，用稽道原⑧，然后两仪⑨四象精微之气可得而效焉。记称"隶首⑩作数"，其详未之闻也。按：周公⑪制礼而有九数，九数之流，则《九章》是矣⑫。往者暴秦焚书，经术散坏⑬。自时厥后，汉北平侯张苍、大司农中丞耿寿昌皆以善算命世。苍等因旧文之遗残，各称删补。故校其目则与古或异，而所论者多近语也⑭。

【注释】

①刘徽：山东邹平人，魏晋时世界上最杰出的数学家，他在公元263年撰写的著作《九章算术注》以及后来的《海岛算经》，是我国最宝贵的数学遗产，从而奠定了他在中国数学史上的不朽地位。他是中国传统数学理论的奠基者之一。

②庖（páo）牺氏：又作包牺氏、伏羲氏、宓羲、伏羲，又称牺皇、皇羲。神话中的人类始祖，人类由他与其妹女娲婚配而产生。

③以通神明之德，以类万物之情：为的是通达客观世界变化的规律，描摹其万物的情状。

④九九：即九九表。

⑤暨（jì）：及，至，到。

⑥引而伸之：引申。

⑦历：推算日月星辰运行及季节时令的方法，又指历书。

⑧用稽道原：用以考察道的本原。

⑨两仪：指天、地。

⑩隶首：相传为黄帝的臣子。

⑪周公：周初政治家，姬姓，名旦，协助周武王灭商，后又辅佐周成王。相传他制定了周朝的典章礼乐制度。

⑫刘徽认为，"九数"在先秦已经发展为《九章算术》。此版本《九章算

术》已不存在，现存《九章算术》中采取术文统率例题部分的大多数内容应是它的主要部分。

⑬刘徽认为，《九章算术》在秦始皇焚书时遭到破坏。

⑭此谓张苍、耿寿昌用汉初的语言改写了先秦的文字。

【译文】

从前，庖牺氏曾制作八卦，为的是通达客观世界变化的规律，描摹其万物的情状；又作九九之术，为的是符合六爻的变化。到了黄帝时又神妙地将其潜移默化，将其引申，于是建立历法的纲纪，校正律管使乐曲和谐。用它们考察道的本原，然后两仪、四象的精微之气可以效法。典籍记载隶首创作了算学，其详细情形没有听说过。按：周公制定礼乐制度时产生了九数，九数经过发展，就成为《九章算术》。过去，残暴的秦朝焚书，导致经、术散坏。自那以后，西汉的北平侯张苍、大司农中丞耿寿昌皆以擅长算学而闻名于世。张苍等人凭借残缺的原有文本，对各种述说先后进行删节补充。这就是为什么对校它的目录，则有的地方与古代不同，而论述中所

使用的大多是近代的语言。

【原文】

徽幼习《九章》，长再详览。观阴阳①之割裂，总算术②之根源，探赜③之暇，遂悟其意④。是以敢竭顽鲁，采其所见⑤，为之作注。事类相推⑥，各有攸归，故枝条虽分而同本干者，知发其一端而已。又所析理以辞，解体用图，庶亦约而能周，通而不黩⑦，览之者思过半矣。且算在六艺，古者以宾兴⑧贤能，教习国子⑨。虽曰九数⑩，其能穷纤入微，探测无方。至于以法⑪相传，亦犹规矩度量可得而共，非特难为也。当今好之者寡，故世虽多通才达学，而未必能综于此耳。

【注释】

①阴阳：中国古代思想家解释宇宙的术语。一切现象都有正反两个方面，凡是天地、日月、昼夜、男女、上下、君臣乃至脏腑、气血等均分属阴阳。数学上互相对立又联系的概念，如法与实，数的大与小，整数与分数，正数与负数，盈与不足，图形的表与里，方与矩等，都分属阴阳。刘徽考察了数学中阴阳的对立、消长，才能找到数学的根源。

②算术：即今之数学，含有今之算术、代数、几何等各个分支的内容。

③探赜（zé）：探索奥秘。

④悟其意：领会了它的思想。这里指刘徽自己的数学思想和数学创造。

⑤采其所见：搜集采纳我所见到的数学知识和资料。

⑥推：推求，推断。

⑦通而不黩（dú）：通达而不烦琐。

⑧宾兴：周代举贤之法。

⑨国子：公卿大夫的子弟。

⑩九数：方田、粟米、差分、少广、商功、均输、方程、盈不足、旁要。

⑪法：方法。这里指数学方法。

【译文】

我童年的时候学过《九章算术》，成年后又对它作了详细研究。我考察了阴阳的区别对立，总结了算术的根源，在窥探它的深邃道理的余暇时间，领悟了它的思想。因此，我不揣冒昧，竭尽愚顽，搜集所见到的资料，为它作注。各种事物按照它们所属的类别互相推求，分别有自己的归宿。所以，它们的枝条虽然分离而具有同一个本干的原因，就在于都发自于一个开端。如果用言辞表述对数理的分析，用图形表示对立体的分解，那差不多就会使之简单而周密，通达而不烦琐，凡是阅读它的人就能理解其大半的内容。而算学是六艺之一，古代以它举荐贤能的人而宾礼之，教育贵族子弟；虽然叫作九数，其功用却能穷尽非常细微的领域，探求的范围是没有极限的；至于世代所传的方法，只不过是规、矩、度、量中那些可以得到并且有共性的东西，并不是特别难以做到的。现在喜欢算学的人很少，所以世间虽然有许多通才达学，却不一定能对此融会贯通。

【原文】

《周官①·大司徒职》，夏至日中立八尺之表②，其景③尺有五寸，谓之地中。说云，南戴日下④万五千里。夫云尔者，以术推之。按《九章》立四表望远及

3

因木望山⑤之术，皆端旁互见，无有超邈若斯之类。然则苍等为术犹未足以博尽群数也。徽寻九数有重差之名，原其指趣⑥乃所以施于此也。凡望极高、测绝深而兼知其远者必用重差⑦，勾股⑧则必以重差为率，故曰重差也。

【注释】

①周官：即《周礼》，相传为周公所作。学术界一般认为是战国时期的作品。

②表：古代测望用的标杆。

③景：通"影"。

④南戴日下：即夏至日中太阳直射地面之处。

⑤立四表望远、因木望山：系《九章算术》勾股章的两个题目。

⑥原其指趣：推究它的宗旨。

⑦重差：郑众所说汉代发展起来的数学分支之一。

⑧勾股：郑众所说汉代发展起来的数学分支之一，张苍等将其编入《九章算术》，并将旁要纳入其中。

【译文】

《周官·大司徒职》记载，夏至这天中午竖立一根高8尺的表，若其影长是1尺5寸，这个地方就称为大地的中心。《周礼注》说：此处到南方太阳直射处的距离是15000里。这样说的理由，是由术推算出来的。按《九章算术》"立四表望远"及"因木望山"等问的方法，所测望的目标的某点或某方面的数值都是互相显现的，没有像这样遥远渺茫的类型。如此说来，张苍等人所建立的方法还不足以穷尽算学所有的分支。我发现九数中有"重差"这一名目，推求其宗旨的本原，就是施用于这一类问题的。凡是测望极高、极深而同时又要知道它的远近的问题必须用重差，勾股则必取重差作为比率，所以叫作重差。

【原文】

立两表于洛阳①之城，令高八尺，南北各尽平地，同日度其正中之景。以景差为法②，表高乘③表间为实，实如法而一④，所得加表高，即日去地也⑤。以南表之景乘表间为实，实如法而一，即为从南表至南戴日下也⑥。以南戴日下及日去地为勾、股，为之求弦，即日去人也⑦。以径寸之筒南望日，日满筒空，则定筒之长短以为股率，以筒径为勾率，日去人之数为大股，大股之勾即日径也。虽天圆穹之象犹曰可度⑧，又况泰山⑨之高与江海之广哉。

【注释】

①洛阳：今属河南省。

②法：这里指除数。

③乘：本义是登，升。进而引申为乘法运算。

④实如法而一：亦称实如法得一。

⑤此处给出了日到地面的距离。

⑥此处给出了南表至日直射处的距离。

⑦此处给出了日到人的距离。

⑧由于以筒径和筒长为勾、股的勾股形与以日径和人去日为勾、股的勾股形相似，根据勾股"相与之势不失本率"的原理。

⑨泰山：五岳之首，位于山东省。

【译文】

在洛阳城竖立两根表，高都是 8 尺，使之呈南北方向，并且都在同一水平地面上，同一天中午测量它们的影子。以它们的影长之差作为除数，以表高乘两表间的距离作为被除数，被除数除以除数，所得到的结果加表高，就是太阳到地面的距离。以南表的影长乘两表间的距离作为被除数，被除数除以除数，就是南表到太阳直射处的距离。以南表到太阳直射处的距离及太阳到地面的距离分别作为勾和股，求与之相应的弦，就是太阳到人的距离。用直径 1 寸的竹筒向南测望太阳，让太阳恰好充满竹筒的空间，则以如此确定的竹筒的长度作为股率，以竹筒的直径作为勾率，以太阳到人的距离作为大股，那么与大股相应的勾就是太阳的直径。即使是圆穹的天象都是可以测量出来的，又何况泰山之高与江海之广呢！

【原文】

徽以为今之史籍且略举天地之物，考论厥数，载之于志①，以阐世术之美。辄造《重差》②，并为注解，以究古人之意，缀于《勾股》之下。度高者重表③，测深者累矩④，孤离者三望⑤，离而又旁求者四望⑥。触类而长⑦之，则虽幽遐诡伏，靡所不入⑧。博物君子⑨，详而览焉。

【注释】

①志：指各种正史中的志书。

②《重差》：因第一问为测望一海岛之高远，故名之曰《海岛算经》，为"十部算经"之一。

③重表：即重表法，是重差术最主要的测望方法。

④累矩：即累矩法，是重差术的第二种测望方法。

⑤《海岛算经》望松、望楼、望波口、望津等4问是三次测望问题。

⑥《海岛算经》望清涧、登山临邑等2问是四次测望问题。

⑦触类而长：掌握一类事物的知识，就能据此增加同类事物的知识。

⑧虽幽遐诡伏，靡所不入：虽然深远而隐秘不露，但没有不契合的。

⑨博物君子：博学多识的人。

【译文】

我认为，当今的史籍尚且略举天地间的事物，考论它们的数量，记载在各种志书中，以阐发人世间法术的美妙。于是我特地撰著《重差》一卷，并且为之作注解，以推寻古人的意图，缀于《勾股》之下。测望某目标的高用二根表，测望某目标的深用重叠的累矩，对孤立的目标要三次测望，对孤立的而又要求其他数值的目标要四次测望。通过类推而不断增长知识，那么，即使是深远而隐秘不露，也没有不契合的。博学多识的君子，请仔细地阅读吧。

古代测量数学著作——《海岛算经》

《海岛算经》是我国古代最早的测量学的著作，是地图学的数学基础。《海岛算经》被收集于明成祖时编修的《永乐大典》中，现保存在英国剑桥大学图书馆。《海岛算经》由刘徽所撰，本为《九章算术注》的第十卷，题为《重差》，主要研究高与距离的测量，所使用的工具也都是利用垂直关系所连接起来的测竿与横棒。全书共9题，全是利用测量来计算高深广远的问题，首题测算海岛的高、远，故得名《海岛算经》。是用表尺重复从不同位置测望，取测量所得的差数，进行计算从而求得山高或谷深，这就是刘徽的重差理论。

卷 一

（方田：处理田地等面积）

　　本章主要讲述了平面几何图形面积的计算方法。本章涉及长方形（直田）、等腰三角形（圭田）、直角梯形（邪田）、等腰梯形（箕田）、圆（圆田）及圆环（环田）等的面积公式。本章从第五题开始系统讲述分数的运算。其中包括约分、通分、分数的四则运算，比较分数的大小，以及求几个分数的算术平均数等。李籍在《九章算术音义》称："方田者，田之正也。诸田不等，以方为正，故曰方田。"本书中的题目多以田为例，所以"方田"也成为了数学术语、"九数"之一。

【原文】

[01] 今[3]有田广十五步,从[4]十六步。问:为田几何[5]?答曰:一亩[6]。

[02] 又有田广十二步,从十四步。问:为田几何?答曰:一百六十八步。

方田术曰:广从步数相乘得积步[7]。此积谓田幂[8]。凡广从相乘谓之幂[9]。

臣淳风等谨按[10]:经云"广从相乘得积步",注云"广从相乘谓之幂",观斯注意,积幂义同[11]。以理推之,固当不尔。何则?幂是方面单布之名,积乃众数聚居之称。循名责实,二者全殊[12]。虽欲同之,窃恐不可。今以凡言幂者据广从之一方;其言积者举众步之都数。经云"相乘得积步",即是都数之明文。注云"谓之为幂",全乖积步之本意。此注前云"积为田幂",于理得通。复云"谓之为幂",繁而不当。今者注释存善去非,略为料简[13],遗诸后学。

以亩法二百四十步除[14]之,即亩数。百亩为一顷[15]。臣淳风等谨按:此为篇端,故特举顷、亩二法。余术不复言者,从此可知。一亩田,广十五步,从而疏[16]之,令为十五行,即每行广一步而从十六步。又横而截之,令为十六行,即每行广一步而从十五步。此即从疏横截之步,各自为方,凡有二百四十步,为一亩之地,步数正同。以此言之,即广从相乘得积步,验矣。二百四十步者,亩法[17]也;百亩者,顷法也。故以除之,即得。

古代测量单位

亩法、广、从和步是古代测量单位,它们的意义分别是:

亩法:1 亩的标准度量。秦汉制度规定 1 亩 = 240(平方)步,1 顷 = 100 亩。已知某田地的面积的步数,求亩数,便以 240 步为除数,故称 240 步为亩法。

广:一般指物体的宽度。《墨子·备城门》:"沉机长二丈,广八尺。"有时广有方向的意义,表示东西的长度。赵爽《周髀算经注》:"东西南北谓之广长。"

从:又作袤,今作纵,表示直,南北的量度。《集韵》:"南北曰从。"李籍云:"从,长也"。广、从,今多译为宽、长。实际上,中国古代的广、从有方向的含义。因此,广未必小于从。

步:古代长度单位,秦汉时 1 步为 5 尺。隋唐以后为 6 尺。

【注释】

①方田:九数之一。指方形(含长方形、正方形)田地的计算问题。

②御:本义是驾驭马车,引申为处理,治理。

③今：连词，表示假设，相当于"若""假如"。

④从：表示直，南北的量度。

⑤问：中国传统数学问题发问的起首语。几何：若干，多少。

⑥亩：古代的土地面积单位。《九章算术》中1亩为240平方步。

⑦积步：边长以步为单位的面积的平方步数，即长（步）×宽（步）。

⑧幂：即今之面积。

⑨凡广从相乘谓之幂：这是刘徽对幂即面积的定义。

⑩按：作者或编者附加的说明或判断。也就是说编者为了让读者看得更明白或者得到更多的信息而增加的一些特别的说明。

⑪刘徽将"广从相乘"这种积称为幂，幂与积是种属关系，积包括幂，但积不一定是幂，因为三数相乘的体积，或更多的数相乘，也是积。

⑫李淳风等认为积与幂完全不同。由于当时科技发展水平的限制，所以说积、幂"二者全殊"。现在来看，这种说法是错误的。

⑬料简：品评选择。

⑭亩法：1亩的标准度量。除，是现今"除法"的除。

⑮100亩为1顷，故称为顷法。

⑯疏：分，截。

⑰亩法：即由平方步化为亩时所用的除数240。同理，"顷法"即是由亩化为顷所用的除数100。

【译文】

[01] 假设一块田宽15步，长16步。问：田的面积有多少亩？答：是1亩。

[02] 又假设一块田宽12步，长14步。问：田的面积有多少？答：是168平方步。

方形田地的计算法则：长与宽的相乘便得到面积——平方步数。这种积叫作田的幂。凡是长与宽的步数相乘叫作幂。

淳风等按：《九章算术》说宽长步数相乘，便得到积步。刘徽注说宽长相乘，就把它叫作幂。考察这个注的意思，积和幂的意义相同。按道理推究，本不应当是这样的。原因是幂是一层四方布的名称，积却是众多的数量积聚的名称。循名责实，二者完全不同。即使想把它看成相同的，我们认为是不可以的。现在凡是说到幂，都是占据有宽有长的一个方形，而说到积，都是列举众多步数的总数。《九章算术》说相乘得到积步，就是总数的明确文字。刘徽注说叫它作幂，完全背离了积步的本意。这个注前面说积是田的幂，在道理上可以讲得通。又说叫它作幂，烦琐而不恰当。现在注释，留下正确的，删去错误的，稍加品评选择，把它贡献给后来的学子。

以亩法 240 步除积步，就是亩数。100 亩为 1 顷。淳风等按：这是本篇的开端，因此特别举出顷、亩二者的法。其他的术中不再谈到它们，就是因为由这里可以知道。1 亩地，宽为 15 步，竖着分割它，使成为 15 行，就是每行宽为 1 步而长为 16 步。又横着裁截它，使成为 16 行，就是每行宽为 1 步而长为 15 步。这就是竖着分割横着裁截的 1 步，各自成正方形，共有 240 步。作为 1 亩的田地，步数恰好与亩法相同。由此说来，就是宽长相乘便得到积步，被验证了。240 步，是亩法；100 亩，是顷法。因此，用（亩法）来除积步，就得到答案了。

《古题今解》

积步 = 广（宽）×从（长）。

亩数 = 积步 ÷240 平方步。

1 顷 =100 亩。

所以：

图 1-01　方形田

[01] 题的解法是：如图 1-01，所求田数为：15 步 ×16 步 = 240 平方步 =1 亩。

[02] 题的解法是：如图 1-01，所求田数为：12 步 ×14 步 = 168 平方步。

【原文】

[03] 今有田广一里，从一里。问：为田几何？答曰：三顷七十五亩。

[04] 又有田广二里，从三里。问：为田几何？答曰：二十二顷五十亩。

里田术①曰：广从里数相乘得积里②。以三百七十五乘之，即亩数。

按：此术广从里数相乘得积里。方里之中有三顷七十五亩，故以乘之，即得亩数也。

【注释】

①里田术：计算边长以里为单位的田地面积单位。

②积里：边长以里为单位的面积的平方步数，即长（里）×宽（里）。

【译文】

［03］假设一块田宽1里，长1里。问田的面积有多少？

答：是3顷75亩。

［04］又假设一块田宽2里，长3里。问：田的面积有多少？

答：是22顷50亩。

里田的计算法则是：宽与长的里数相乘，便得到积里。以375亩乘之，就是亩数。

按：这一计算法则中，宽长里数相乘，便得到积里。而1方里中有3顷75亩，所以以它乘积里，就得到亩数。

古题今解

积里＝广（里）×从（里）。

亩数＝积里×375亩。

1里＝300步，1亩＝240平方步，1顷＝100亩。

所以：

［03］题的解法是：所求的面积：（300步×300步）÷240＝375亩；375亩÷100＝3顷75亩。

［04］题的解法是：所求田数为：2×3×375亩＝2250亩；2250亩÷100＝22顷50亩。

【原文】

［05］今有十八分之十二①。问：约②之得几何？答曰：三分之二。

［06］又有九十一分之四十九。问：约之得几何？答曰：十三分之七。

约分③按：约分者，物之数量，不可悉全④，必以分言之⑤。分之为数，繁则难用。设有四分之二者，繁而言之⑥，亦可为八分之四；约而言之⑦，则二分之一也。虽则异辞，至于为数，亦同归尔。法实相推⑧，动有参差⑨，故为术者先治诸分⑩。术曰：可半者半之⑪；不可半者，副置⑫分母、子之数，以少减多，更相减损⑬，求其等⑭也。以等数约之⑮。等数约之，即除也。其所以相减者，皆等数之重叠，故以等数约之。

【注释】

①非名数真分数的表示方式在中国也有一个发展过程。《算数书》反映出，在先秦有两种表达方式：一是表示为"b分a"，一是表示为"b分之a"。后来统一为现在的"b分之a"。（a、b为正整数）。

②约：本义是缠束。这里是约简。

③约分：约简分数。后来提及的约分术就是约简分数的方法。

④不可悉全：不可能都是整数。

⑤必以分言之：必须以分数表示它。

⑥繁而言之：烦琐地表示它。

⑦约而言之：约简地表示它。

⑧推：计算。

⑨动有参差：往往有参差不齐的情形。

⑩诸分：各种分数运算法则。

⑪可半者半之：可以取其一半的就取其一半。亦即分子、分母都是偶数的情形，可以被2整除。

⑫副置：即在旁边布置算筹。

⑬更相减损：相互减损。

⑭等：等数的简称。

⑮以等数约之：以等数同时除分子与分母。

【译文】

[05] 今有$\frac{12}{18}$。问：约分后得多少？答：是$\frac{2}{3}$。

[06] 又假设有$\frac{49}{91}$。问：约简它，得多少？答：是$\frac{7}{13}$。

约分按：要约分，是因为事物的数量不可能都是整数，必须用分数表示它；而分数作为一个数，太烦琐就难以使用。假设有$\frac{2}{4}$，烦琐地表示，可以是$\frac{4}{8}$；又可以约简地表示之，就是$\frac{1}{2}$。虽然表示形式不同，而作为数，还是同样的结果。法与实互相推求，常常有参差不齐的情况，所以探讨计算法则的人，首先要研究各种分数的运算法则。算法是：可以取分子、分母一半的，就取它们的一半；如果不能取它们的一半，就在旁边布置分母、分子的数值，以小减大，辗转相减，求出它们的等数。用等数约简之。用等数约简之，就是除。之所以用它们辗转相减，是因为分子、分母都是等数的重叠，所以用等数约简之。

《古题今解》

古人约分有三种方法：

1. 可半者半之：分子、分母均为偶数，可先被 2 除。

2. 不可半者……求其等也：等，即等数，最大公约数。

要求 49 与 91 的最大公约数，将两数分列一处。先由 91 – 49，余 42，再由 49 – 42，余 7；进一步由 42 – 7 五次余 7，结果是：左右两边余数相等。这相等的余数 7 就是 49 和 91 的最大公约数。

3. 以等数约之：如用 7 对 $\frac{49}{91}$ 约分，所得：$\frac{49 \div 7}{91 \div 7} = \frac{7}{13}$。

所以：

[05] 题的解法是：6 是 12 与 18 的最大公约数，所以 $\frac{12 \div 6}{18 \div 6} = \frac{2}{3}$。

[06] 题的解法是：7 是 49 与 91 的最大公约数，所以 $\frac{49 \div 7}{91 \div 7} = \frac{7}{13}$。

【原文】

[07] 今有三分之一，五分之二。问：合之得几何？答曰：十五分之十一。

[08] 又有三分之二，七分之四，九分之五。问：合之得几何？答曰：得一又六十三分之五十。

[09] 又有二分之一，三分之二，四分之三，五分之四。问：合之得几何？答曰：得二又六十分之四十三。

合分①臣淳风等谨按：合分知②，数非一端，分无定准，诸分子杂互，群母参差，粗细既殊，理难从一。故齐③其众分，同其群母，令可相并④，故曰合分。术曰：母互乘子，并以为实。母相乘为法，母互乘子，约而言之者，其分粗⑤；繁而言之者，其分细⑥。虽则粗细有殊，然其实一也。众分错难，非细不会⑦。乘而散之，所以通⑧之。通之则可并也。凡母互乘子谓之齐，群母相乘谓之同⑨。同者，相与通同，共一母也；齐者，子与母齐，势不可失本数也⑩。

【注释】

①合分：将分数相加。

②合分知：由下文"远而通体知""近而殊形知"，此三"知"字，训"者"，即这里的"知"就是"者"。

③齐：使一个数量与其相关的数量同步增长的运算。此处谓使各个分数的分子分别与其分母同步增长。

④并：即相加。

⑤粗：指数值大。

⑥细：指数值小。

⑦众分错难，非细不会：各个分数错互（指分数单位不同）难以处理，不将它们的分数单位变小，便不能相会通。

⑧通：通过等量变换使各组数量会通的运算。对分数而言就是通分。

⑨这是刘徽关于齐、同的定义。

⑩此谓通过"同"的运算，使各个分数有一共同的分母，而通过"齐"的运算，使各个分数的值不丧失什么，亦即其值保持不变。势，本义是力量，威力，权力，权势。引申为形势，态势。失，遗失，丧失，丢掉。

【译文】

[07] 假设有$\frac{1}{3}$，$\frac{2}{5}$。问：将它们相加，得多少？答：$\frac{11}{15}$。

[08] 又假设$\frac{2}{3}$，$\frac{4}{7}$，$\frac{5}{9}$。问：将它们相加，得多少？答：$1\frac{50}{63}$。

[09] 又假设$\frac{1}{2}$，$\frac{2}{3}$，$\frac{3}{4}$，$\frac{4}{5}$。问：将它们相加，得多少？答：$2\frac{43}{60}$。

合分淳风等按：合分，是因为分数不止一个，分数单位也不同一；诸分子互相错杂，众分母参差不齐；分数单位的大小既然不同，从道理上说难以遵从其中一个数。因此，要让各个分数分别与分母相齐，让众分母相同，使它们可以相加，所以叫作合分。计算法则是：分母互乘分子，相加作为被除数。分母相乘作为除数，分母互乘分子：约简地表示一个分数，其分数单位大；烦琐地表示一个分数，其分数单位小。虽然单位的大小有差别，然而其实是一个。各个分数互相错杂难以处理，不将其分数单位化小，就不能会通。通过乘就使分数单位散开，借此使它们互相通达。使它们互相通达就可以相加。凡是分母互乘分子，就把它叫作齐；众分母相乘，就把它叫作同。同就是使各个分数相互通达，有一个共同的分母；齐就是使分子与分母相齐，其态势不会改变本来的数值。

古题今解

以第 [8] 题为例：

1. 母互乘子，并以为实。

母互乘子：如 $2 \times 7 \times 9 = 126$，$4 \times 3 \times 9 = 108$，$5 \times 3 \times 7 = 105$。并以为实：加

在一起作为被除数，126 + 108 + 105 = 339。实：被除数。

2. 母相乘为法：$3 \times 7 \times 9 = 189$ 为除数。法：指除数。

3. 实如法而一：在被除数中，凡够等于除数的部分，则进而为 1（比如：339 就可以提取一个 189）。

4. 不满法者，以法命之：指相除不尽，所得余数，以实为分子，法为分母组成一分数。如：339 − 189 = 150 作余数，150 作分子，189 作分母，$\frac{150（实）}{189（法）}$，约为 $\frac{50}{63}$，结果是 $1\frac{50}{63}$。

［07］题的解法是：$\frac{1}{3} + \frac{2}{5} = \frac{1 \times 5}{3 \times 5} + \frac{2 \times 3}{5 \times 3} = \frac{5+6}{15} = \frac{11}{15}$。

［08］题的解法是：$\frac{2}{3} + \frac{4}{7} + \frac{5}{9} = \left(\frac{2}{3} + \frac{5}{9}\right) + \frac{4}{7} = \left(\frac{2 \times 3}{3 \times 3} + \frac{5}{9}\right) + \frac{4}{7} = \frac{11}{9} + \frac{4}{7} = \frac{11 \times 7 + 4 \times 9}{63} = \frac{113}{63} = 1\frac{50}{63}$。

［09］题的解法是：$\frac{1}{2} + \frac{2}{3} + \frac{3}{4} + \frac{4}{5} = \frac{1 \times 30}{2 \times 30} + \frac{2 \times 20}{3 \times 20} + \frac{3 \times 15}{4 \times 15} + \frac{4 \times 12}{5 \times 12} = \frac{30+40+45+48}{60} = \frac{163}{60} = 2\frac{43}{60}$。

【原文】

方以类聚，物以群分①。数同类者无远，数异类者无近。远而通体知，虽异位而相从也；近而殊形知，虽同列而相违也②。然则齐同之术要矣③：错综度数，动之斯谐④，其犹佩觽（xī）解结，无往而不理焉。乘以散之，约以聚之，齐同以通之，此其算之纲纪乎⑤。其一术者⑥，可令母除为率⑦，率乘子为齐⑧。实如法而一⑨，不满法者，以法命之⑩。今欲求其实，故齐其子。又同其母，令如母而一。其余以等数约之，即得。所谓同法为母，实余为子，皆从此例。其母同者，直相从之⑪。

【注释】

①方以类聚，物以群分：义理按类分别相聚，事物按群分门别类。

②数同类者无远，数异类者无近。远而通体知，虽异位而相从也；近而殊形知，虽同列而相违也：刘徽借鉴稍前的何晏的"同类无远而相应，异类无近而不相违"，反其意而用之，是说同类的数不管表面上有什么差异，总还是相近的；不同类的数不管表面上多么接近，其差异总是很大的。通体：相似、相通。相从：狭义地指相加，广义地指相协调。

③在数学运算中，"齐"与"同"一般同时运用，称为"齐同术"，今称为"齐同原理"。它最先产生于分数的通分。

④错综度数，动之斯谐：错综复杂的数量，施之齐同术就会和谐。

⑤刘徽在这里将"乘以散之，约以聚之，齐同以通之"这三种等量变换看成"算之纲纪"。这三种等量变换本来源于分数运算，刘徽将其从分数推广到"率"的运算中，实际上将"率"看成"算之纲纪"。纲纪：大纲要领。

⑥其一术者：另一种方法。

⑦母除为率（lǜ）：指分别以各分数的分母除众分母之积，以其结果作为这个分数的率。

⑧率（lǜ）乘子为齐：以各个率乘各自的分子，就是齐。

⑨实如法而一：此即分数加法法则。

⑩以法命之：即以法为分母命名一个分数。

⑪其母同者，直相从之：如果各个分数的分母相同，就直接相加。

【译文】

各种方法根据各自的种类聚合在一起，天下万物根据各自的性质分成不同的群体。数只要是同类的就不会相差很远，数只要是异类的就不会很切近。相距很远而能相通者，虽在不同的位置上，却能互相依从；相距很近而有不同的形态，即使在相同的行列上，也会互相背离。那么，齐同之术是非常关键的：不管多么错综复杂的度量、数值，只要运用它就会和谐，这就好像用佩戴的觽解绳结一样，不论碰到什么问题，没有不能解决的。乘使之散开，约使之聚合，齐同使之互相通达，这难道不是算法的纲纪吗？另一计算法则是：可以用分母除众分母之积作为率，用率分别乘各分子作为齐。被除数除以除数，被除数不够除的，就用除数命名一个分数。现在要求它们的实，所以使它们的分子分别相齐，使它们的分母相同，用分母分别相除。其余数用等数约简，就得到结果。所谓相同的除数作为分母，实中的余数作为分子的情况，都遵从此例。如果分母本来就相同，便直接将它们相加。

【原文】

[10]今有九分之八，减其五分之一。问：余几何？答曰：四十五分之三十一。

[11]又有四分之三，减其三分之一。问：余几何？答曰：十二分之五。

减分①臣淳风等谨按：诸分子、母数各不同，以少减多，欲知余几，减余为实，故曰减分。术曰：母互乘子，以少减多，余为实。母相乘为法。实如法而一②。"母互乘子"知③，以齐其子也。"以少减多"知，子齐故可相减也。"母相乘为法"者，同其母也。母同子齐，故如母而一，即得。

【注释】

①减分：就是将分数相减。

②实如法而一：此即分数减法法则。

③知：由下文"以少减多知"，二"知"字，训"者"。

《说文》中关于"减分"

减：《说文解字》与李籍的解释为："减，损也。"减分，是将分数相减。李籍所说"减分者，欲知其余"。减分术，就是将分数相减的方法。

《说文解字》，东汉许慎著，是世界上最早的字典之一，也是中国第一部按部首编排的字典，对文字学影响深远。一个擅长文字的人能如此熟知分数的要义，可见分数的概念在当时十分普及了。

【译文】

[10] 假设有 $\frac{8}{9}$，它减去 $\frac{1}{5}$。问：剩余是多少？答：是 $\frac{31}{45}$。

[11] 又假设有 $\frac{3}{4}$，它减去 $\frac{1}{3}$。问：剩余是多少？答：是 $\frac{5}{12}$。

减分淳风等按：诸分子、分母的数值各不相同，以小减大，要知道余几，使相减的余数作为被除数，所以叫作减分。计算法则是：分母互乘分子，以小减大，余数作为被除数。分母相乘作为除数。被除数除以除数。"分母互乘分子"，是为了使它们的分子相齐；"以小减大"，是因为分子已经相齐，故可以相减；"分母相乘作为法"，是为了使它们的分母相同。分母相同，分子相齐，所以相减的余数除以分母，即得结果。

古题今解

分数的减法，分母与分子交叉相乘。从多的数里减去少数，相减的结果为余数，作被除数（即"实"）。分母相乘作除数（即"法"），除数除被除数得结果。

所以：

[10] 题的解法是：$\dfrac{8}{9} - \dfrac{1}{5} = \dfrac{8 \times 5}{9 \times 5} - \dfrac{1 \times 9}{5 \times 9} = \dfrac{40-9}{45} = \dfrac{31}{45}$。

[11] 题的解法是：$\dfrac{3}{4} - \dfrac{1}{3} = \dfrac{3 \times 3}{4 \times 3} - \dfrac{1 \times 4}{3 \times 4} = \dfrac{9-4}{12} = \dfrac{5}{12}$。

【原文】

[12] 今有八分之五，二十五分之十六。问：孰多？多几何？答曰：二十五分之十六多，多二百分之三。

[13] 又有九分之八，七分之六。问：孰多？多几何？答曰：九分之八多，多六十三分之二。

[14] 又有二十一分之八，五十分之十七。问：孰多？多几何？答曰：二十一分之八多，多一千五十分之四十三。

课分①臣淳风等谨按：分各异名，理不齐一，校其相多之数，故曰课分也。术曰：母互乘子，以少减多，余为实。母相乘为法。实如法而一，即相多也②。臣淳风等谨按：此术母互乘子，以少分减多分，与减分义同。唯相多之数，意与减分有异：减分知，求其余数有几；课分知，以其余数相多也。

【注释】

①课分：就是考察分数的大小。

②课分术的程序与减分术基本相同。

【译文】

[12] 假设有 $\dfrac{5}{8}$，$\dfrac{16}{25}$。问：哪个多？多多少？答：是 $\dfrac{16}{25}$ 多，多 $\dfrac{3}{200}$。

[13] 又假如 $\dfrac{8}{9}$，$\dfrac{6}{7}$。问：哪个多？多多少？答：是 $\dfrac{8}{9}$ 多，多 $\dfrac{2}{63}$。

[14] 又假如 $\dfrac{8}{21}$，$\dfrac{17}{50}$。问：哪个多？多多少？答：是 $\dfrac{8}{21}$ 多，多 $\dfrac{43}{1050}$。

课分淳风等按：各个分数各有不同的分数单位，在数理上不整齐划一。比较它们多少的数，所以叫作课分。计算法则是：分母互乘分子，以小减大，余数作为被除数。分母相乘作为除数，被除数除以除数，就得到相多的数。淳风等提示：这种算法中分母互乘分子，以小减大。这种算法与减分的意义大体相同。只是求相多的数，意思跟减分有所不同：减分是求它们的余数有几，课分是将余数看作相多的数。

古题今解

分数大小的比较，方法是，以第［14］题为例：

1. 母互乘子：$8 \times 50 = 400$，$17 \times 21 = 357$。以多减少：$400 - 357 = 43$。余为实：43 作被除数（新的分子，即"实"）。

2. 母相乘为法：$21 \times 50 = 1050$ 为除数（新的分母，即"法"）。

3. 实如法而一，即相多也：$\dfrac{43（实）}{1050}$ 为一新结果，也就是所多的部分。

［12］题的解法是：$\dfrac{5}{8} = \dfrac{5 \times 25}{8 \times 25} = \dfrac{125}{200}$，$\dfrac{16}{25} = \dfrac{16 \times 8}{25 \times 8} = \dfrac{128}{200}$，两数比较大小，$\dfrac{16}{25}$ 大，多出的数为：$\dfrac{16}{25} - \dfrac{5}{8} = \dfrac{128}{200} - \dfrac{125}{200} = \dfrac{3}{200}$。

［13］题的解法是：$\dfrac{8}{9} = \dfrac{8 \times 7}{9 \times 7} = \dfrac{56}{63}$，$\dfrac{6}{7} = \dfrac{6 \times 9}{7 \times 9} = \dfrac{54}{63}$，两数比较大小，$\dfrac{8}{9}$ 大。

多出的数是：$\dfrac{8}{9} - \dfrac{6}{7} = \dfrac{56}{63} - \dfrac{54}{63} = \dfrac{2}{63}$。

［14］题的解法是：$\dfrac{8}{21} = \dfrac{8 \times 50}{21 \times 50} = \dfrac{400}{1050}$，$\dfrac{17}{50} = \dfrac{17 \times 21}{50 \times 21} = \dfrac{357}{1050}$，所以，$\dfrac{8}{21}$ 大，

大出的数是：$\dfrac{8}{21} - \dfrac{17}{50} = \dfrac{400}{1050} - \dfrac{357}{1050} = \dfrac{43}{1050}$。

【原文】

［15］今有三分之一，三分之二，四分之三。问减多益少，各几何①而平②？答曰：减四分之三者二，三分之二者一，并以益三分之一，而各平于十二分之七。

［16］又有二分之一，三分之二，四分之三。问减多益少，各几何而平？答曰：减三分之二者一，四分之三者四，并以益二分之一，而各平于三十六分之二十三。

平分术③曰：母互乘子，副并为平实，母相乘为法。以列数乘未并者，各自为列实，亦以列数乘法。以平实减列实，余，约之为所减。并所减以益于少，以法命平实，各得其平。

【注释】

①几何：多少。

②平：平均数。

③平分术：计算分数的平均算法。

【译文】

[15] 今有 $\frac{1}{3}$，$\frac{2}{3}$，$\frac{3}{4}$。假设减多增少，这三个数各增多少或各减多少才能得到它们的平均数？答：从 $\frac{3}{4}$ 中减去 $\frac{2}{12}$，从 $\frac{2}{3}$ 中减去 $\frac{1}{12}$，并将减下来的 $\frac{2}{12}$、$\frac{1}{12}$ 加给 $\frac{1}{3}$，则3个数均等于其平均数 $\frac{7}{12}$。

[16] 又有 $\frac{1}{2}$，$\frac{2}{3}$，$\frac{3}{4}$。若减多增少，这三个数各增多少或各减多少才能得到它们的平均数？答：从 $\frac{2}{3}$ 中减去 $\frac{1}{36}$，从 $\frac{3}{4}$ 中减去 $\frac{4}{36}$，将减下来的 $\frac{1}{36}$、$\frac{4}{36}$ 都加给 $\frac{1}{2}$，则3个数均等于其平均数 $\frac{23}{36}$。

分数平均的运算法则是：以诸分母与诸分子交叉相乘，另将乘得的积相加，作为平均数的分子（平实）；以诸分母相乘为除数。以列数（即分数个数）去乘（通得的）各列分子作为该列的新分子（列实）。同样又以列数去乘"法"为新分母。以"平实"去减各（较大的）"列实"，所得余数（与新分母）约简，即为（大数）应减之数。将所减各数之和增加于较小数，这样，各列分子皆为"平实"。以"平实"为分子，相应除数为分母，则各数皆得其平均分数。

古题今解

[15] 题的解法是：先求这3个数的平均数：$\left(\frac{1}{3}+\frac{2}{3}+\frac{3}{4}\right)\div 3=\frac{7}{12}$，以平均数分别去减这3个数，可得三个数分别增多少或减多少了。

[16] 题的解法是：先求这3个数的平均数 $\left(\frac{1}{2}+\frac{2}{3}+\frac{3}{4}\right)\div 3=\frac{23}{36}$，将平均数分别去减这3个数，可得三个数分别增多少或减多少了。

【原文】

[17] 今有七人，分①八钱、三分钱之一。问：人得几何？答曰：人得一钱、二十一分钱之四。

[18] 又有三人三分人之一，分六钱、三分钱之一、四分钱之三。问：人得几何？答曰：人得二钱、八分钱之一。

经分②臣淳风等谨按：经分者，自合分已下，皆与诸分相齐，此乃直求一人之分。以人数分所分，故曰经分也③。术曰：以人数为法，钱数为实，实如法而一。有分者通之④。母互乘子知⑤，齐其子；母相乘者，同其母；以母通之者，分母乘全内子⑥。乘全则散为积分⑦，积分则与分子相通，故可令相从。凡数相与者谓之率⑧。率知，自⑨相与通。有分则可散，分重叠则约也⑩。等除法实，相与率⑪也。故散分者，必令两分母相乘法实也。重有分⑫者同而通之。又以法分母乘实，实分母乘法⑬，此谓法、实俱有分，故令分母各乘全分⑭内子，又令分母互乘上下。

【注释】

①分：平均分配。

②经：划分，分割。经分：本义是分割分数，也就是分数相除。

③李淳风等将"经分"理解成"以人数分所分""直求一人之分"，也就是说含有整数除法。

④此言实即被除数是分数，法即除数是整数的情形。此时需将实与法通分。

⑤母互乘子知：与下文"率知"，此二"知"字，训"者"。

⑥此谓以分母通分，就是将分数的整数部分乘以分母后纳入分子，化成假分数。

⑦积分：即分之积。

⑧凡数相与者谓之率：凡诸数相关就称之为率。

⑨自：本来，本是。

⑩有分则可散，分重叠则约也：如果有分数就可以散开，分数单位重叠就可以约简。散：散分。通过乘以散之，即下文之"两分母相乘法实"。

⑪相与率：就是没有等数（公约数）的一组率关系。

⑫重有分：在这里是分数除分数的情形，将除写成分数的关系，就是繁分数。

⑬以法分母乘实，实分母乘法：这是分数除法中的颠倒相乘法。

⑭全分：即"全"，整数部分。

【译文】

[17] 假设有 7 人，分 8 $\frac{1}{3}$ 钱。问：每人得多少？答：每人得 1 $\frac{4}{21}$ 钱。

[18] 又假设有 3 $\frac{1}{3}$ 人，分 6 $\frac{1}{3}$ 钱 + $\frac{3}{4}$ 钱。问：每人得多少？答：每人得 2 $\frac{1}{8}$ 钱。

经分淳风等按：经分，自合分术以下，都能让各个分数相齐。这里却是直接求一人所应分得的部分。用人数去分所分的数，所以叫作经分。计算法则是：把人数作为除数，钱数作为被除数，被除数除以除数。如果有分数，就将其通分。分母互乘分子，是为了使它们的分子相齐；分母相乘，是为了使它们的分母相同；用分母将其通分，使用分母乘整数部分再纳入分子。通过乘将整数部分散开，就成为积分，积分就与分子相通达，所以可以使它们相加。凡是互相关联的数量，就把它们叫作率。率，本来就互相关联通达；如果有分数就可以散开，分数单位重叠就可以约简；用等数除法与实，就得到相与率。所以，散分就必定使两分母互乘法与实。有双重分数的，就要化成同分母而使它们通达。又可以用除数的分母乘实，用实的分母乘法。这里是说法与实都是分数，所以分别用分母乘整数部分纳入分子，又用分母互乘分子、分母。

古题今解

[17] 题的解法是：$8\frac{1}{3}$ 钱 $\div 7 = 1\frac{4}{21}$ 钱。如将 $8\frac{1}{3}$ 化为 $\frac{25}{3}$，这样便于运算。

[18] 题的解法是：$\left(6\frac{1}{3}+\frac{3}{4}\right)$ 钱 $\div 3\frac{1}{3} = 2\frac{1}{8}$ 钱。

【原文】

[19] 今有田广七分步之四，从五分步之三。问：为田几何？答曰：三十五分步之十二。

[20] 又有田广九分步之七，从十一分步之九。问：为田几何？答曰：十一分步之七。

[21] 又有田广五分步之四，从九分步之五。问：为田几何？答曰：九分步之四。

乘分①臣淳风等谨按：乘分者，分母相乘为法，子相乘为实，故曰乘分。术曰：母相乘为法，子相乘为实，实如法而一②。凡实不满法者而有母、子之名③。若有分，以乘其实而长之④，则亦满法，乃为全耳⑤。又以子有所乘，故母当报除⑥。报除者，实如法而一也。今子相乘则母各当报除，因令分母相乘而连除⑦也。此田有广从，难以广谕。

【注释】

①乘分：分数相乘。

②母相乘为法，子相乘为实，实如法而一：此即分数乘法法则。

③当被除数除以除数时，如果出现实不满法的情形，即有余数，则以余数作为分子，法作为分母，就成为一个分数。这是分数产生的第二种方式。

④若有分，以乘其实而长之：如果有分数，以某数乘其实（分子），会使它增长。

⑤则亦满法，乃为全耳：则如果有满法（分母）的部分，就得到整数。

⑥报除：回报以除。

⑦今子相乘则母各当报除，因令分母相乘而连除：如果分子相乘，则应当分别以分母回报以除，因而将分母相乘而连在一起除。

【译文】

［19］今假设有一块田宽$\frac{4}{7}$步，长$\frac{3}{5}$步。问：田的面积是多少？答：是$\frac{12}{35}$平方步。

［20］又假设有一块田，宽$\frac{7}{9}$步，长$\frac{9}{11}$步。问：田的面积是多少？答：是$\frac{7}{11}$平方步。

［21］又假设有一块田，宽$\frac{4}{5}$步，长$\frac{5}{9}$步。问：田的面积是多少？答：是$\frac{4}{9}$平方步。

乘分淳风等按：对于乘分，分母相乘作为除数，分子相乘作为被除数，所以叫作乘分。计算法则是：分母相乘作为除数，分子相乘作为被除数，被除数除以除数。凡是有实法的情况才有分母、分子的名称。若有分数，通过乘它的实而扩大它，则如果满了法，就形成整数部分。又因为分子有所乘，所以在分母上应当用除回报。用除回报，就是被除数除以除数。如果分子相乘，则应当分别以分母回报，因而将分母相乘而连在一起除。这里田地有宽长，难以比喻更多的方面。

古题今解

［19］题的解法是：所求田面积的计算法则为：$\frac{4}{7}$步$\times\frac{3}{5}$步$=\frac{12}{35}$平方步。

［20］题的解法是：所求田面积的计算法则为：$\frac{7}{9}$步$\times\frac{9}{11}$步$=\frac{7}{11}$平方步。

［21］题的解法是：所求田面积的计算法则为：$\frac{4}{5}$步$\times\frac{5}{9}$步$=\frac{4}{9}$平方步。

【原文】

[22] 今有田广三步、三分步之一，从五步、五分步之二。问：为田几何？答曰：十八步。

[23] 又有田广七步、四分步之三，从十五步、九分步之五。问：为田几何？答曰：一百二十步、九分步之五。

[24] 又有田广十八步、七分步之五，从二十三步、十一分步之六。问：为田几何？答曰：一亩二百步、十一分步之七。

大广田[①]臣淳风等谨按：大广田知[②]，初术直有全步而无余分；次术空[③]有余分而无全步；此术先见全步复有余分，可以广兼三术，故曰大广。术曰：分母各乘其全，分子从之，"分母各乘其全，分子从之"者，通全步内分子，如此则母、子皆为实矣。相乘为实；分母相乘为法；犹乘分也。实如法而一[④]。今为术广从俱有分，当各自通其分。命母入者，还须出之。故令"分母相乘为法"而连除之。

【注释】

①大广田：面积为带分数的长方形田地。

②知：训"者"。

③空：只。

④实如法而一：实，被除数。法，除数。被除数除以除数。

【译文】

[22] 假设有田宽 $3\frac{1}{3}$ 步，长 $5\frac{2}{5}$ 步。问：田的面积多大？答：18 平方步。

[23] 又假设田宽 $7\frac{3}{4}$ 步，长 $15\frac{5}{9}$ 步。问：田的面积多大？答：$120\frac{5}{9}$ 平方步。

[24] 又假设田宽 $18\frac{5}{7}$ 步，长 $23\frac{6}{11}$ 步，问：田的面积多大？答：1 亩 $200\frac{7}{11}$ 平方步。

大广田淳风等按：所谓"大广田"，开头的术只有整数步而无分数；第二术只有分数而无整数；现在这种算法先出现整数步，又有分数，可以广泛地兼容三种术，所以叫作"大广"。计算法则是：分母分别乘自己的整数部分，加入分子，"分母分别乘自己的整数部分，加入分子"，这是将整数部分通分，纳入分子。这样，分子、分母都化成被除数。互相乘作为被除数；分母相乘作为除数；如同乘分术。被除数除以除数。现在所建立的术是宽、长都有分数部分，应当各自通分。既然分母已融入分子，那么还必须将它别除。所以"令分母相乘作为除数"而作连除计算。

《古题今解》

[22] 题的解法是：$3\frac{1}{3}$步 $\times 5\frac{2}{5}$步 $= \frac{10}{3}$步 $\times \frac{27}{5}$步 $= 18$ 平方步。

[23] 题的解法是：$7\frac{3}{4}$步 $\times 15\frac{5}{9}$步 $= \frac{31}{4}$步 $\times \frac{140}{9}$步 $= 120\frac{5}{9}$平方步。

[24] 题的解法是：$18\frac{5}{7}$步 $\times 23\frac{6}{11}$步 $= \frac{131}{7}$步 $\times \frac{259}{11}$步 $= 440\frac{7}{11}$平方步 $= 1$ 亩 $200\frac{7}{11}$平方步。

【原文】

[25] 今有圭田①，广十二步，正从②二十一步。问：为田几何？答曰：一百二十六步。

[26] 又有圭田，广五步、二分步之一，从八步、三分步之二③。问：为田几何？答曰：二十三步、六分步之五。

术曰：半广以乘正从④。半广知⑤，以盈补虚⑥为直田也。亦可半正从以乘广⑦。按：半广乘从，以取中平之数⑧，故广从相乘为积步⑨。亩法除之，即得也。

【注释】

①圭田：圭，本是古代帝王、诸侯举行隆重仪式所执玉制礼器，上尖下方。圭田是古代卿、大夫、士供祭祀用的田地。《孟子·滕文公上》："卿以下必有圭田。"圭田应是等腰三角形。《九章算术》之圭田可以理解为三角形。

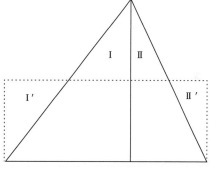

图 1-02　圭田之出入相补图示

②正从：即"正纵"，三角形的高。

③此圭田给出"从"，而不说"正从"，可见从就是正从，即其高。因此此圭田应是勾股形。

④这是圭田面积公式。

⑤知：训"者"。

⑥以盈补虚：今通称为出入相补原理（如图 1-02）。

⑦这是刘徽记载的圭田面积的另一公式。

⑧中平之数：平均值。中平，中等，平均。

⑨此是刘徽记载的关于圭田面积公式的推导。

【译文】

[25] 假设有一块圭田，宽 12 步，长 21 步。问：田的面积是多少？答：126 平方步。

[26] 又假设有一块圭田，宽 $5\frac{1}{2}$ 步，长 $8\frac{2}{3}$ 步。问：田的面积是多少？

答：$23\frac{5}{6}$平方步。

计算法则是：用宽的一半乘正长。取宽的一半，是为了以盈补虚，使它变为长方形田。又可以取正长的一半，以它乘宽。按：宽的一半乘正长，是为了取其宽的平均值，所以宽与长相乘成为积步。以亩法除之，就得到答案了。

图 1-03　圭田

古题今解

[25] 题的解法是：如图 1-03，所求田面积为：$\frac{1}{2} \times 12$ 步 $\times 21$ 步 $= 126$ 平方步。

[26] 题的解法是：所求田面积为：$\frac{1}{2} \times 5\frac{1}{2}$ 步 $\times 8\frac{2}{3}$ 步 $= 23\frac{5}{6}$ 平方步。

【原文】

[27] 今有邪田①，一头广三十步，一头广四十二步，正从②六十四步。问：为田几何？答曰：九亩一百四十四步。

[28] 又有邪田，正广③六十五步，一畔从一百步，一畔从七十二步。问：为田几何？答曰：二十三亩七十步。

术曰：并两邪④而半之，以乘正从若广⑤。又可半正从若广，以乘并⑥，亩法而一。并而半之者，以盈补虚也⑦。

【注释】

①邪（xié）田：直角梯形。邪，通"斜"。

②正从：直角梯形的底边横放时，称它的高为正从。

③正广：直角梯形的底边竖放时，称它的高为正广。

④两邪：指与邪（斜）边相邻的两广或两从，此是古汉语中实词活用的修辞方式。

⑤以并两邪而半之乘正从若广：这里给出了邪田面积公式。

⑥给出了邪田面积的另一公式。

⑦证明以上两个公式的以盈补虚方法。

【译文】

[27] 假设有一块斜田，一头宽 30 步，一头宽 42 步，正长 64 步。问：田的面积是多少？答：是 9 亩 144 平方步。

[28] 又假设有一块斜田，正宽 65 步，一侧的长 100 步，另一侧的长 72 步。问：田的面积是多少？答：是 23 亩 70 平方步。

计算法则是：求与斜边相邻两宽或两长之和，取其一半，以乘正长或正宽。又可以取其正长或正宽的一半，用以乘两宽或两长之和，除以亩法。求其和，取其一半，这是以盈补虚。

古题今解

邪田（直角梯形田）面积为：（上底 + 下底）×高÷2，所以：

[27] 题的解法是：

图 1-04　直角梯形田

如图 1-04，直角梯形田面积 =（30 + 42）步 × 64 步 ÷ 2 = 2304 平方步 = 9 亩 144 平方步。

[28] 题的解法是：

图 1-05　直角梯形田

如图 1-05，直角梯形田面积 =（100 + 72）步 × 65 步 ÷ 2 = 5590 平方步 = 23 亩 70 平方步。

图形的出入相补

出入相补，又称以盈补虚，是中国古代数学中一个用于推证几何图形的面积或体积的基本原理。其大意是：一个几何图形，可以切割成任意多块任何形状的小图形，总面积或体积维持不变，等于所有小图形面积或体积之和（如图1-06）。一个几何图形，可以任意旋转、倒置、移动、复制，面积或体积不变。多个几何图形，可以任意拼合，总面积或总体积不变。几何图形与其复制图形拼合，总面积或总体积加倍。将难以计算面积或体积的物体，拼成容易计算的形状。

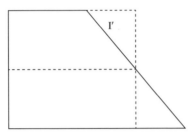

图1-06 直角梯形的出入相补图示

【原文】

[29] 今有箕田^①，舌广二十步，踵（zhǒng）广五步，正从三十步。问：为田几何？答曰：一亩一百三十五步。

[30] 又有箕田，舌广一百一十七步，踵广五十步，正从一百三十五步。问：为田几何？答曰：四十六亩二百三十二步半。

术曰：并踵、舌而半之，以乘正从。亩法而一^②。中分箕田则为两邪田^③，故其术相似。又可并踵、舌，半正从以乘之^④。

【注释】

①箕（jī）田：是形如簸箕的田地，即一般的梯形。

②此给出了箕田面积公式。

③箕田分割成两邪田。

④刘徽提出箕田的另一面积公式。

【译文】

[29] 假设有一块箕田，长底边20步，短底边5步，高30步。问：田的面积是多少？答：1亩135平方步。

[30] 又假设有一块箕田，长底边117步，短底边50步，高135步。问：田的面积是多少？答：46亩232$\frac{1}{2}$平方步。

计算法则是：求踵、舌处的两宽之和而取其一半，以它乘正长。除以亩法。从中间分割箕田，则成为两块斜田，所以它们的术相似。又可求踵、舌处两宽之和，取正长的一半，用来相乘。

古题今解

箕田（等腰梯田）面积 =（踵广 + 舌广）× 正从 ÷ 2，即（长底边长 + 短底边长）× 高 ÷ 2。

所以：

[29] 题的解法是：所求田面积为：$\dfrac{(20+5) \text{步} \times 30 \text{步} \div 2}{240 \, (1 \text{亩} = 240 \text{平方步})} = \dfrac{375 \text{平方步}}{240} =$ 1 亩 135 平方步。

[30] 题的解法是：所求田面积为：$\dfrac{(117+50) \text{步} \times 135 \text{步} \div 2}{240} = = 46$ 亩 $232\dfrac{1}{2}$ 平方步。

【原文】

[31] 今有圆田^①，周三十步，径十步^②。臣淳风等谨按：术意以周三径一为率，周三十步，合径十步。今依密率^③，合径九步、十一分步之六。问：为田几何？答曰：七十五步。此于徽术^④，当为田七十一步、一百五十七分步之一百三。臣淳风等谨依密率，为田七十一步、二十二分步之一十三。

[32] 又有圆田，周一百八十一步，径六十步、三分步之一。臣淳风等谨按：周三径一，周一百八十一步，径六十步、三分步之一。依密率，径五十七步、二十二分步之十三。问：为田几何？答曰：十一亩九十步、十二分步之一。此于徽术，当为田十亩二百八步、三百一十四分步之一百一十三。臣淳风等谨依密率，为田十亩二百五步、八十八分步之八十七。术曰：半周半径相乘得积步^⑤。按：半周为从，半径为广，故广从相乘为积步^⑥也。假令圆径二尺：圆中容六觚^⑦之一面与圆径之半，其数均等。合径率一而觚周率三^⑧也。

【注释】

①圆田：即圆。

②由此问及下问知当时取"周三径一"之率，即 π = 3。后来常将此率称为"古率"。

③密率：精密之率。密率是个相对概念。

④徽术：又称作"徽率"，即下文刘徽所求出的圆周率近似值。

⑤此即圆面积公式。

⑥半周为从，半径为广，故广从相乘为积步：这是刘徽记载的前人对《九章算术》的圆面积公式的求法。

⑦觚（gū）：多棱角的器物。

⑧合径率一而觚周率三：刘徽指出，以上的推证是以"周三径一"为前提的，实际上是以圆内接正六边形的周长代替圆周长，以圆内接正十二边形的面积代替圆面积，因而并没有真正证明《九章算术》的圆面积公式。

【译文】

[31] 假设有一块圆田，周长 30 步，直径 10 步。淳风等按：问题的意思是以周三径一作为率，那么周长 30 步，直径应当是 10 步。现在依照密率，直径应当是 $9\frac{6}{11}$ 步。问：田的面积是多少？答：75 平方步。用我（刘徽）的方法，此田的面积应当是 $71\frac{103}{157}$ 平方步。淳风等按：依照密率，此田的面积是 $71\frac{13}{22}$ 平方步。

[32] 又假设有一块圆田，周长 181 步，直径 $60\frac{1}{3}$ 步。淳风等按：按照周三径一，周长 181 步，直径应当是 $60\frac{1}{3}$ 步。依照密率，直径为 $57\frac{13}{22}$ 步。问：田的面积是多少？答：11 亩 $90\frac{1}{12}$ 平方步。用我（刘徽）的方法，此田的面积应当是 10 亩 $208\frac{113}{314}$ 平方步。淳风等依照密率，此田的面积是 10 亩 $205\frac{87}{88}$ 平方步。

计算法则是：半周与半径相乘便得到圆面积的积步。按：以圆内接正六边形的周长之半作为长，圆半径作为宽，所以宽长相乘就成为圆面积的积步。假设圆的直径为 2 尺，圆内接正六边形的一边与半径，其数值相等。这符合"周三径一"。

《古题今解》

[31] 题的解法是：圆的面积为：$S = \pi r^2$（r 为半径） $= 3 \times (10 \div 2)^2$（π 的值取 3） $= 75$ 平方步。

[32] 题的解法是：圆的面积为：$S = \pi r^2 = 3 \times \left(60\frac{1}{3} \div 2\right)^2 = 3 \times \left(\frac{181}{6}\right)^2 =$ $3 \times \frac{32761}{36} = \frac{32761}{12}$ 平方步（π 的值取 3）。1 亩 $= 240$ 平方步，所以 $\frac{32761}{12}$ 平方步等

于 11 亩 90 $\frac{1}{12}$ 平方步。

【原文】

以六觚之一面乘一弧半径①，三之，得十二觚之幂②。若又割之，次以十二觚之一面乘一弧之半径③，六之，则得二十四觚之幂。

割之弥细④，所失弥少⑤。割之又割，以至于不可割⑥，则与圆周合体⑦而无所失矣。觚面之外，犹有余径。以面乘余径⑧，则幂出弧表⑨。若夫觚之细者，与圆合体，则表无余径⑩。表无余径，则幂不外出矣。觚而裁之⑪。以一面乘半径，每辄自倍⑫。故以半周乘半径而为圆幂⑬。

【注释】

①一弧半径：即圆半径。

②十二觚之幂：即圆内接正十二边形之面积。

③一弧之半径：即圆半径。

④这里指将圆内接正六边形割成正二十四、四十八、九十六……边形，那么割的次数越多，则它们的边长就越细小。

⑤此谓如果把圆内接正多边形的面积当作圆面积，则圆面积的损失越来越少。

⑥不可割：不可再割。这里指无限割下去，会达到对圆内接多边形不可再割的境地。当然只有圆内接多边形的边都变成点，才会不可再割。

⑦合体：合为一体，重合。此谓无限分割下去，割到不可割的境地，则圆内接正无穷多边形就与圆周完全重合。

⑧余径：半径剩余的部分，即圆半径与圆内接正多边形的边心距之差。

⑨幂出弧表：面积超出了圆周。弧表：即圆周。

⑩圆内接正多边形与圆周合体的时候，则不再有余径。

⑪觚而裁之：将与圆周合体的正多边形从每个角将其裁开。

⑫以一面乘半径：以正多边形的一边乘圆半径。每辄自倍：由于每个小等腰三角形的高就是圆半径，显然以正多边形的一边乘圆半径，总是每个小等腰三角形面积的二倍。

⑬故以半周乘半径而为圆幂：所以以圆周长的一半乘半径就得到圆面积。

【译文】

以圆内接正六边形的一边乘圆半径，以 3 乘之，便得到正十二边形的面积。如果再分割它，以正十二边形的一边乘圆半径，又以 6 乘之，便得到正二十四边形的面积。

　　分割得越细，正多边形与圆的面积之差就越小。这样分割后再割，一直分割到不可再分割的地步，则正多边形就与圆周完全吻合而没有什么差别了。正多边形每边之外，还有余径。以边长乘余径，加到正多边形上，则其面积就超出了圆弧的表面。如果是其边非常细微的正多边形，因为与圆吻合，那么每边之外就没有余径。每边之外没有余径，则它的面积就不会超出圆弧的表面。将与圆周合体的正多边形从每个角到圆心裁开，分割成无穷多个小等腰三角形。以正多边形的每边乘圆半径，其乘积总是每个小等腰三角形的面积的 2 倍。所以以圆的周长之半乘半径，就成为圆面积。

关于 π

　　在《周髀算经》中记载："径一周三"，这是将 π 的值取为 3。魏晋时，刘徽曾用使正多边形的边数逐渐增加以逼近圆周的方法（即"割圆术"），求得 π 的值精确到 3.1416。汉朝时，张衡得出 π 的平方除以 16 等于 $\frac{5}{8}$，即 π 等于 10 的开方（约为 3.162）。虽然这个值不太准确，但在亚洲算是最精确的值了。公元 5 世纪，祖冲之和他的儿子用正 24576 边形求出圆周率约为 $\frac{355}{113}$，和真正的值相比误差小于八亿分之一，这个数值纪录保持了一千多年才被打破。

【原文】

　　此以周、径，谓至然之数①，非周三径一之率也。周三者，从其六觚之环②耳。以推圆规多少之觉③，乃弓之与弦也④。然世传此法，莫肯精核；学者踵古⑤，习⑥其谬失。不有明据，辩之斯难。凡物类形象，不圆则方。方圆之率，诚著于近，则虽远可知也⑦。由此言之，其用博矣。谨按图验，更造密率。恐空设法，数昧而难譬⑧。故置诸检括⑨，谨详其记注⑩焉。

【注释】

①至然之数：非常精确的数值。

②六觚之环：圆内接正六边形的周长。

③觉："较"之通假字。

④此谓圆内接正六边形与圆的关系，就是弓与弦的关系。

⑤踵（zhǒng）古：追随古人。

⑥习：沿袭。

⑦此谓在近处求出方率与圆率，在远处也是可以知道的。其意思是，方率与圆率是常数，在任何地方都是一样的。

⑧譬：明白，通晓。

⑨检括：法则，法度。

⑩其记注就是刘徽在中国首创的求圆周率的程序。

【译文】

这里所用的圆周和直径，说的是非常精确的数值，而不是周三径一之率。周三，只符合正六边形的周长，用来推算与圆周多少的差别，就像弓与弦一样。然而世代传袭这一方法，不肯精确地核验；学者跟随古人的脚步，沿袭他们的谬失。没有明晰的证据，辩论这个问题就很困难。凡是事物的形象，不是圆的，就是方的。方率与圆率，如果在切近处确实很明显，那么即使在邈远处也是可以知道的。由此说来，它的应用是非常广博的。我谨借助图形作为验证，提出计算精密圆周率值的方法。我担心凭空设立一种方法，数值不清晰而且使人难以通晓，因此把它置于一个法度之中，谨慎详细地写下这个注释。

【原文】

割六觚以为十二觚术曰：置圆径二尺，半之为一尺，即圆里六觚之面也。令半径一尺为弦，半面五寸为勾，为之求股：以勾幂①二十五寸减弦幂，余七十五寸。开方除之，下至秒、忽②。又一退法，求其微数③。微数无名知以为分子，以十为分母，约作五分忽之二。故得股八寸六分六厘二秒五忽、五分忽之二。以减半径，余一寸三分三厘九毫七秒四忽、五分忽之三，谓之小勾。觚之半面又谓之小股，为之求弦。其幂二千六百七十九亿④四千九百一十九万三千四百四十五忽，余分弃之⑤。开方除之，即十二觚之一面也。

【注释】

①勾幂：是以勾为边长的正方形的面积。该正方形称为勾方。下"弦幂""股幂""股方"同。

②秒、忽：都是长度单位。李籍云："忽者，数之始也。一蚕所吐谓之忽。"

③微数：微小的数。求微数是刘徽创造的以十进分数逼近无理根的近似值方法。

④亿：万万是亿。

⑤余分弃之：舍去分数部分。

【译文】

割圆内接正六边形为正十二边形的计算法则是：布置圆直径2尺，取其一半，为1尺，就是圆内接正六边形之一边长。取圆半径1尺作为弦，正六边形边长之半5寸作为勾，求它们的股：以勾方的面积25平方寸减弦方的面积，余75平方寸。对它作开方除法，求至秒、忽。又再退法，求它的微数。微数中没有名数单位的，就作为分子，以10作为分母，约简成 $\frac{2}{5}$ 忽。因此得到股是8寸6分6厘2秒5 $\frac{2}{5}$ 忽。以它减圆半径，余1寸3分3厘9毫7秒4 $\frac{3}{5}$ 忽，称作小勾。正六边形边长之半又称作小股，求它们的弦。它的面积是267949193445平方忽，舍弃了忽以下剩余的分数。对它作开方除法，就是圆内接正十二边形的一边长。

【原文】

割十二觚以为二十四觚术曰：亦令半径为弦，半面为勾，为之求股。置上小弦幂，四而一，得六百六十九亿八千七百二十九万八千三百六十一忽，余分弃之，即句幂也。以减弦幂，其余开方除之，得股九寸六分五厘九毫二秒五忽、五分忽之四。以减半径，余三分四厘七秒四忽、五分忽之一，谓之小勾。觚之半面又谓之小股，为之求小弦。其幂六百八十一亿四千八百三十四万九千四百六十六忽，余分弃之。开方除之，即二十四觚之一面也。

【译文】

割圆内接正十二边形为正二十四边形的计算法则是：也取圆半径作为弦，正十二边形边长之一半作为勾，求它们的股。布置上述小弦方的面积，除以4，得66987298361平方忽，舍弃了忽以下剩余的分数，就是勾方的面积。以它减弦方的面积，对其余数作开方除法，得到股是9寸6分5厘9毫2秒5 $\frac{4}{5}$ 忽。以它减圆半径，余3分4厘7秒4 $\frac{1}{5}$ 忽，称作小勾。正十二边形边长之半又称作小股，求它们的小弦。它的面积是68148349466平方忽，舍弃了忽以下剩余的分数。对它作开方除法，就是圆内接正二十四边形的一边长。

【原文】

割二十四觚以为四十八觚术曰：亦令半径为弦，半面为勾，为之求股。置上小弦幂，四而一，得一百七十亿三千五百七十八万七千三百六十六忽，余分弃之，即句幂也。以减弦幂，其余，开方除之，得股九寸九分一厘四毫四秒四忽、五分忽之四。以减半径，余八厘五毫五秒五忽、五分忽之一，谓之小勾。觚之半面又谓之小股，为之求小弦。其幂一百七十一亿一千二十七万八千八百一十三忽，余分弃之。开方除之，得小弦一寸三分八毫六忽，余分弃之，即四十八觚之一面。以半径一尺乘之，又以二十四乘之，得幂三万一千三百九十三亿四千四百万忽。以百亿除之，得幂三百一十三寸、六百二十五分寸之五百八十四，即九十六觚之幂也。

【译文】

割圆内接正二十四边形为正四十八边形的计算法则是：也取圆半径作为弦，正二十四边形边长之一半作为勾，求它们的股。布置上述小弦方的面积，除以4，得17037087366平方忽，舍弃了忽以下剩余的分数，就是勾方的面积。以它减弦方的面积，对其余数作开方除法，得到股是9寸9分1厘4毫4秒4$\frac{4}{5}$忽。

以它减圆半径，余8厘5毫5秒5$\frac{1}{5}$忽，称作小勾。正二十四边形边长之半又称作小股，求它们的小弦。它的面积是17110278813平方忽，舍弃了忽以下剩余的分数。对它作开方除法，得小弦1寸3分8毫6忽，舍弃忽以下剩余的分数，就是圆内接正四十八边形的一边长。以圆半径1尺乘之，又以24乘之，得到面积3139344000000平方忽。以10000000000除之，得到面积313$\frac{584}{625}$平方寸，就是圆内接正九十六边形的面积。

【原文】

割四十八觚以为九十六觚术曰：亦令半径为弦，半面为勾，为之求股。置次上弦幂，四而一，得四十二亿七千七百五十六万九千七百三忽，余分弃之，则句幂也。以减弦幂，其余，开方除之，得股九寸九分七厘八毫五秒八忽、十分忽之九。以减半径，余二厘一毫四秒一忽、十分忽之一，谓之小勾。觚之半面又谓之小股，为之求小弦。其幂四十二亿八千二百一十五万四千一百一十二忽，余分弃之。开方除之，得小弦六分五厘四毫三秒八忽，余分弃之，即九十六觚之一面。以半径一尺乘之，又以四十八乘之，得幂三万一千四百一十亿二千四百百万忽。以百亿除之，得幂三百一十四寸、六百二十五分寸之六十四，即一百九十二觚之幂也。以九十六觚之幂减之，余六百二十五分寸之一百五，谓之差幂[①]。倍之，为六百二十五分寸之二百一十，即九十六觚之外弧田九十六，所谓以弦乘矢之凡幂[②]也。加此幂于九十六觚之幂，得三百一十四寸、六百二十五分寸之一百六十九，则出于圆之表矣。故还就一百九十二觚之全幂三百一十四寸，以为圆幂之定率[③]，而弃其余分。

【注释】

①差幂：谓圆内接正一百九十二边形与九十六边形的面积之差。

②以弦乘矢之凡幂：以弦乘矢的总面积。凡，总共，总计。

③定率：确定的率。此谓取圆内接正一百九十二边形面积的整数部分314平方寸作为圆面积的近似值。

【译文】

割圆内接正四十八边形为正九十六边形的计算法则是：也取圆半径作为弦，正四十八边形边长之一半作为勾，求它们的股。布置上述小弦方的面积，除以4，得4277569703平方忽，舍弃了忽以下剩余的分数，就是勾方的面积。以它减弦方的面积，对其余数作开方除法，得到股是9寸9分7厘8毫5秒8$\frac{9}{10}$忽。以它减圆半径，余2厘1毫4秒1$\frac{1}{10}$忽，称作小勾。正四十八边形边长之半又称作小股，求它们的小弦。它的面积是4282154012平方忽，舍弃了忽以下剩余的分数。对它作开方除法，得小弦6分5厘4毫3秒8忽，舍弃了忽以下剩余的分数，就是圆内接正九十六边形的一边长。以圆半径1尺乘之，又以48乘之，得到面积3141024000000平方忽。以10000000000除之，得到面积314$\frac{64}{625}$平方寸，就是圆内接正一百九十二边形的面积。以圆内接正九十六边形的面积减之，余$\frac{105}{625}$平方寸，称作差幂。将其加倍，为$\frac{210}{625}$平方寸，就是圆内接正九十六边形之外96块位于圆弧上的田，是以弦乘矢之总面积。将此面积加到正九十六边形的面积上，得到314$\frac{169}{625}$平方寸，则就超出于圆弧的表面了。因而回过头来取圆内接正一百九十二边形的面积的整数部分314平方寸作为圆面积的定率，而舍弃了剩余的分数。

【原文】

以半径一尺除圆幂，倍所得，六尺二寸八分，即周数①。令径自乘为方幂四百寸，与圆幂相折，圆幂得一百五十七为率，方幂得二百为率。方幂二百，其中容圆幂一百五十七也。圆率犹为微少②。按：弧田图令方中容圆，圆中容方，内方合外方之半。然则圆幂一百五十七，其中容方幂一百也。又令径二尺与周六尺二寸八分相约，周得一百五十七，径得五十，则其相与之率也。周率犹为微少也。

【注释】

①以半径一尺除圆幂，倍所得，六尺二寸八分，即周数：以半径1尺除圆面积，将结果加倍，得到6尺2寸8分，就是圆周长。

②圆率犹为微少：圆率仍然微少。犹，还，仍。

【译文】

以圆半径1尺除圆面积，将所得的数加倍，为6尺2寸8分，就是圆周长。使圆的直径自乘，为正方形的面积400平方寸，与圆面积相折算，圆面积得157作为率，正方形面积得200作为率。如果正方形面积是200，其内切圆的面积就是157，而圆面积之率仍然稍微小一点。提示：弧田图中，使正方形中有内切圆，内切圆中又有内接正方形，内接正方形的面积恰恰是外切正方形的一半。那么，如果圆面积是157，其内接正方形的面积就是100。又使圆直径2尺与圆周长6尺2寸8分相约，圆周得157，直径得50，就是它们的相与之率。而圆周的率仍然稍微小一点。

【原文】

晋武库①中汉时王莽作铜斛，其铭曰："律嘉量斛②，内方尺而圆其外③，庣旁④九厘五毫，幂一百六十二寸，深一尺，积一千六百二十寸，容十斗。"以此术求之，得幂一百六十一寸有奇，其数相近矣。此术微少。而斛差幂六百二十五分寸之一百五。以一百九十二觚之幂，以率消息，当取此分寸之三十六，以增于一百九十二觚之幂，以为圆幂，三百一十四寸、二十五分寸之四。置径自乘之方幂四百寸，令与圆幂通相约，圆幂三千九百二十七，方幂得五千，是为率。方幂五千中容圆幂三千九百二十七；圆幂三千九百二十七中容方幂二千五百也。以半径一尺除圆幂三百一十四寸、二十五分寸之四，倍之得六尺二寸八分、二十五分寸之八，即周数也。全径二尺，与周数通相约，径得一千二百五十，周得三千九百二十七，即其相与之率。若此者，盖尽其纤微矣。举而用之，上法为约耳。当求一千五百三十六觚之一面，得三千七十二觚之幂，而裁其微分，数亦宜然，重其验耳。

【注释】

①晋武库：刘徽所称"晋武库"是晋朝之武库，还是晋王之武库，学术界有争论。武库，储藏兵器的仓库。《汉书》："武库兵器，天下公用。"

②律嘉量斛：标准量器中的斛器。律，本是用竹管或金属管制成的定音仪器，后引申为标准、法纪。

③内方尺而圆其外：王莽铜斛的斛量的截面是圆形的，内部是一个边长1

尺的正方形，这是虚拟的，实际上并不存在。

④庣（tiǎo）旁：是铜斛的截面中假设的边长1尺的正方形的对角线不满外圆周的部分。

【译文】

晋武库中西汉王莽制作的铜斛，其铭文说："律嘉量斛，外面是圆形的，而内部相当于一个有9厘5毫的庣旁而边长为1尺的正方形，面积是162平方寸，深是1尺，容积是1620立方寸，容量为10斗。"用这种周径之率计算之，得到面积为161平方寸，还带有奇零，它们的数值与铭文记载的相近。这样的计算结果稍微小一点。而圆内接正一百九十二边形与正九十六边形的面积差为$\frac{105}{625}$平方寸。以一百九十二边形的面积作为求率时增减的基础，应该取$\frac{36}{625}$平方寸，加到正一百九十二边形的面积上，作为圆面积，即$314\frac{4}{25}$平方寸。布置圆直径自乘的正方形面积400平方寸，使之与圆面积通分约简，圆面积得3927，正方形面积得5000，这就是方圆之率。如果正方形面积是5000，其内切圆的面积就是3927；如果圆面积是3927，则其内接正方形的面积是2500。以圆半径1尺除圆面积$314\frac{4}{25}$平方寸，将所得的数加倍，为6尺2寸8$\frac{8}{25}$分，就是圆周长。圆直径2尺与圆周长通分相约，直径得1250，圆周得3927，就是它们的相与之率。如果取这样的值，大概达到非常精确的地步了。拿来应用，前一种方法是简约一些。应当求出圆内接正一千五百三十六边形的一边长，得出正三千零七十二边形的面积，裁去其微小的分数，其数值也是这样，再次得到验证。

【原文】

臣淳风等谨按：旧术①求圆，皆以周三径一为率。若用之求圆周之数，则周少径多。用之求其六觚之田，乃与此率合会耳。何则？假令六觚之田，觚间各一尺为面，自然从角至角，其径二尺可知。此则周六径二，与周三径一已合。恐此犹以难晓，今更引物为喻。设令刻物作主形者六枚，枚别三面，皆长一尺。攒此六物，悉使锐头向里，则成六觚之周，角径亦皆一尺。更从觚角外畔，围绕为规②，则六觚之径尽达规矣。当面径短，不至外规。若以径言之，则为规六尺，径二尺，面径皆一尺。面径股不至外畔，定无二尺可知。故周三径一之率，于圆周乃是径多周少。径一而三，理非精密。盖术从简要，举大纲略而言之。刘徽将③以为疏，遂乃改张其率。但周、径相乘，数难契合。徽虽出斯二法④，终不能究其纤毫也。祖冲之以其不精，就中更推其数。今者修撰，捃摭⑤诸家，考其是非，冲之为密。故显之于徽术之下，冀学者之所裁焉⑥。

【注释】

①旧术：指《九章算术》时代的圆周率。

②规：这里指用圆规画出的圆。

③将：训"则"，即在这里，"将"相当于"则"。

④二法：指刘徽求出的两个圆周率近似值。

⑤捃摭（jùn zhí）：摘取，搜集。

⑥李淳风等指出祖冲之所求的圆周率比徽率精确，是对的。但对刘徽有微词，则不妥。

【译文】

淳风等按：以旧术解决圆的各种问题，皆以周三径一为率。若用之求圆周长，则圆周小，直径大。用来求正六边形的田地，才与此率相吻合。为什么呢？假设正六边形的田，棱角之间各是1尺，作为边长，那么自然可以知道，从角至角，直径为2尺。这就是周六径二，与周三径一相吻合。我们担心，这仍然使人难以明白，今进一步拿一种物品作为比喻。假设将一种物品刻成三角形，共6枚，每一枚各有3边，每边1尺。把这6个物品集中起来，使它们的尖头都朝里，就成为正六边形的周长，相邻两角间的长度都是1尺。再从棱角的外缘，围绕成圆弧形，则正六边形的直径全都抵达圆弧。而正六边形对边之间的直径短，不能抵达外圆弧。如果以圆直径说来，则应该为圆弧6尺，直径2尺，每边长都是1尺。然而每边的股不能抵达外圆弧，可以知道肯定不足2尺长。所以周三径一之率对圆直径而言就是直径略大而圆周长略小。周三径一，从数理上说并不精密。因为数学方法都要遵从简易的原则，所以略举它的大纲，概略地表示之。刘徽则认为这个率太粗疏，于是就改变它的率。但是圆周长与直径相乘，其数值难以吻合。刘徽尽管提出了这两种方法，终究不能穷尽其纤毫。祖冲之因为他的值不精确，就此重新推求其数值。现在修撰本书，搜集各家的方法，考察他们的是非，认为祖冲之的值是精密的。因此，将它显扬于刘徽的方法之下，希望读者有所裁断。

【原文】

又术曰：周、径相乘，四而一①。此周与上觚同耳。周、径相乘各当以半。而今周、径两全，故两母相乘为四，以报除之。于徽术，以五十乘周，一百五十七而一，即径也②；以一百五十七乘径，五十而一，即周也③。新术径率犹当微少。据周以求径，则失之长④；据径以求周，则失之短⑤。诸据见径以求幂者，皆失之于微⑥少；据周以求幂者，皆失之于微多。臣淳风等按：依密率，以七乘周，二十二而一，即径⑦；以二十二乘径，七而一，即周⑧。依术求之，即得。

【译文】

又一个计算法则是：圆周与直径相乘，除以4。此处的圆周与上术中的周是相同的。圆周与直径相乘，应当各用它们的一半。而现在圆周与直径两者都是整个的，所以两者的分母相乘为4，回报以除。用我（刘徽）的方法，用50乘圆周，除以157，就是直径；用157乘直径，除以50，就是圆周。新的方法中，直径的率还应当再稍微小一点。那么，根据圆周来求直径，则产生的失误在于长了；根据直径来求圆周，则产生的失误在于短了。至于根据已给的直径来求圆面积，那么产生的失误都在于稍微小了一点；根据已给的圆周来求圆面积，那么产生的失误都在于稍微大了一点。淳风等按：依照密率，用7乘圆周，除以22，就是直径；用22乘直径，除以7，就是圆周。用这种方法求，就得到了。

【原文】

又术曰：径自相乘，三之，四而一①。按：圆径自乘为外方②。"三之，四而一"者，是为圆居外方四分之三也③。若令六觚之一面乘半径，其幂即外方四分之一也。因而三之，即亦居外方四分之三也④。是为圆里十二觚之幂耳。取以为圆，失之于微少。于徽新术，当径自乘，又以一百五十七乘之，二百而一⑤。臣淳风等谨按：密率，令径自乘，以十一乘之，十四而一，即圆幂也⑥。

【注释】

①此即圆面积的又一个公式。

②外方：即圆的外切正方形。

③这是说，圆面积是其外切正方形面积。

④此谓以圆内接正十二边形的面积为圆面积。

⑤此为刘徽修正的公式。

⑥此为李淳风等修正的公式。

【译文】

又一个计算法则是：圆直径自乘，乘以 3，除以 4。按：圆的直径自乘为它的外切正方形。"乘以 3，除以 4"，这是因为圆占据外切正方形的 $\frac{3}{4}$。若令圆内接正六边形的一边长乘圆半径，其面积就是外切正方形的 $\frac{1}{4}$。乘以 3，就占据外切正方形的 $\frac{3}{4}$。这就成为圆内接正十二边形的面积。取它作为圆，产生的失误在于小了一点。用我（刘徽）的方法，应该使圆直径自乘，又乘以 157，除以 200。淳风等按：依照密率，使圆直径自乘，乘以 11，除以 14，就是圆面积。

【原文】

又术曰：周自相乘，十二而一①。六觚之周，其于圆径，三与一②也。故六觚之周自相乘为幂，若圆径自乘者九方③，九方凡为十二觚者十有二④，故曰十二而一，即十二觚之幂也⑤。今此令周自乘，非但若为圆径自乘者九方而已⑥。然则十二而一，所得又非十二觚之类也⑦。若欲以为圆幂，失之于多矣⑧。以六觚之周自乘，十二而一可也⑨。于徽新术，直令圆周自乘，又以二十五乘之，三百一十四而一，得圆幂⑩。其率：二十五者，圆幂也；三百一十四者，周自乘之幂也。置周数六尺二寸八分，令自乘，得幂三十九万四千三百八十四分。又置圆幂三万一千四百分。皆以一千二百五十六约之，得此率⑪。

臣淳风等谨按：方面自乘即得其积。圆周求其幂，假率乃通。但此术所求，用三、一为率。圆田正法，半周及半径以相乘。今乃用全周自乘，故须以十二为母。何者？据全周而求半周，则须以二为法。就全周而求半径，复假六以除之。是二、六相乘，除周自乘之数。依密率，以七乘之，八十八而一⑫。

【注释】

①此即圆面积的又一公式。

②三与一：3与1之率。此谓圆内接正六边形的周长是圆直径的3倍。

③以圆直径自乘形成一个正方形（含有4个以半径为边长的小正方形），而以圆内接正六边形的边长自乘形成一个大正方形，含有9个以直径为边长的正方形。

④这里仍以圆内接正十二边形的面积代替圆面积。

⑤此谓1个正十二边形的面积恰为大正方形的面积。

⑥此谓以圆周形成的正方形不只9个圆直径形成的正方形，换言之，不只12个圆内接正十二边形的面积。非但：不仅，不只。若，乃，就。

⑦此谓不是圆内接正十二边形的面积。

⑧此谓如果以此作为圆面积，失误在于多了一点。

⑨此谓圆内接正六边形周长形成的正方形的面积，除以12，是圆内接正十二边形的面积，是可以的。

⑩此为刘徽的修正公式。

⑪以上的率这样得到。

⑫此为李淳风等的修正公式。

【译文】

又一个计算法则是：圆周自乘，除以12。圆内接正六边形的周长对于圆的直径是3比1。因此，正六边形的周长自乘形成的面积，相当于9个圆直径自乘所形成的正方形。这9个正方形总共形成12个正十二边形，所以说除以12，就是正十二边形的面积。现在使圆周自乘，那就不只是9个圆直径自乘所形成的正方形。那么，除以12，更不是正十二边形之类。如果想把它作为圆面积，产生的失误就在于多了一点。用正六边形的周长自乘，除以12，作为正十二边形的面积，是可以的。用我（刘徽）的新方法，径直使圆周自乘，又乘以25，除以314，就得到圆面积。其中的率，25是圆面积的，314是圆周自乘的面积的。布置圆周数6尺2寸8分，使自乘，得到面积394384平方分。又布置圆面积31400平方分。都以1256约简，就得到这个率。

淳风等按：边长自乘就得到它的面积。用圆周求它的面积，借助于率就会通达。但是这一方法中所求的却是用周三径一作为率。正确的圆田面积计算方法是半圆周与半径相乘，现在却是整个圆周自乘，所以须以12作为分母。为什么呢？根据整个圆周而求半圆周，则必须以2作为除数。根据整个圆周而求它的半径，应再除以6。这就是用2与6相乘，去除圆周自乘之数。依照密率，乘以7，除以88。

刘徽的"割圆术"

"割圆术"是以"圆内接正多边形的面积"来无限逼近"圆面积"（如图1-07）。刘徽形容他的"割圆术"说："割之弥细，所失弥少，割之又割，以至于不可割，则与圆合体，而无所失矣。"即圆内接正多边形越多，正多边形的周长无限接近圆的周长，进而来求得较为精确的圆周率。

刘徽发明"割圆术"是为求"圆周率"。那么圆周率究竟是指什么呢？它其实就是指"圆周长与该圆直径的比率"。由于"圆周率 = 圆周长/圆直径"，其中"直径"是直的，好测量；难计算精确的是"圆周长"。而通过刘徽的"割圆术"，这个难题就解决了。

【原文】

[33] 今有宛田①，下周三十步，径十六步。问：为田几何？答曰：一百二十步。

[34] 又有宛田，下周九十九步，径五十一步。问：为田几何？答曰：五亩六十二步、四分步之一。

术曰：以径乘周，四而一②。

此术不验③。故推方锥以见其形④。假令方锥下

图1-07　割圆术

方六尺，高四尺。四尺为股，下方之半三尺为句，正面邪为弦⑤，弦五尺也。令句、弦相乘。四因之，得六十尺，即方锥四面见者之幂⑥。若令其中容圆锥，圆锥见幂⑦与方锥见幂，其率犹方幂之与圆幂也。按：方锥下六尺，则方周二十四尺，以五尺乘而半之，则亦方锥之见幂。故求圆锥之数，折径以乘下周之半，即圆锥之幂也。今宛田上径圆宛，而与圆锥同术，则幂失之于少矣⑧。然其术难用，故略举大较⑨，施之大广田也。求圆锥之幂，犹求圆田之幂也。今用两全相乘，故以四为法，除之，亦如圆田矣。开立圆术，说圆方诸率甚备，可以验此。

【注释】

①宛田：是类似于球冠的曲面形。其径指宛田表面上穿过顶心的大弧。

②此是《九章算术》提出的宛田面积公式。

③刘徽指出，《九章算术》宛田术是错误的。

④此谓通过计算方锥的体积以显现《九章算术》宛田术不正确。

⑤刘徽考虑以方锥下方之半为句，方锥高为股，正面邪为弦构成的勾股形。

正面邪：即方锥侧面上的高。

⑥方锥四面见者之幂：即"方锥见幂"，也就是方锥的表面积（不计底面）。

⑦圆锥见幂：即圆锥的表面积（不计底面）。此即刘徽提出的重要原理。

⑧刘徽指出《九章算术》宛田术"不验"是对的，然而此处的论证并不充分。

⑨大较：大略，大致。

【译文】

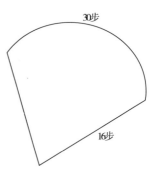

[33] 假设有一块宛田（如图1-08），下周长30步，穿径16步。问：田的面积是多少？答：是120平方步。

[34] 又假设有一块宛田，下周长99步，穿径51步。问：田的面积是多少？答：是 5 亩 $62\frac{1}{4}$ 平方步。

图1-08 宛田（面积：120步）

计算法则是：以穿径乘下周，除以4。

这一方法不正确。特地用方锥进行推算以显现这一问题的真相。假令方锥底面6尺见方，高4尺。把4尺作为股，底边长的一半3尺作为勾，那么侧面上的高就是弦，弦是5尺。使勾与弦相乘，乘以4，得60平方尺，就是方锥四个侧面所显现的面积。如果使其中内切一个圆锥，那么圆锥所显现的面积与方锥所显现的面积，其率如同正方形的面积之对于内切圆的面积。按：方锥底边6尺，那么底的周长是24尺，乘以5，取其一半，那么也是方锥所显现的面积。所以求圆锥的数值，将穿径折半，乘以底周长的一半，就是圆锥的面积。现在宛田的上径是一段圆弧，而与圆锥用同一种方法，则产生的面积误差在于过小。然而这一方法难以处置，因此粗略地举出其大概，应用于大的田地。求圆锥的面积，如同求圆田的面积。现在用两个整体相乘，因此以4作为除数除之，也像圆田那样。开立圆术中解释圆方诸率非常详细，可以检验这里的方法。

古题今解

[33] 题的解法是：设扇形弧长为 L，半径 R，则其面积 $=\frac{1}{2}LR=\frac{1}{2}\times30$ 步 $\times\frac{16 步}{2}=\frac{30 步\times16 步}{4}=120$ 平方步。

[34] 题的解法是：扇形田面积：$\frac{1}{2}\times99$ 步 $\times\frac{51 步}{2}=\frac{99 步\times51 步}{4}=\frac{5049 步}{4}=$

$1262\frac{1}{4}$ 平方步 $=5$ 亩 $62\frac{1}{4}$ 平方步。（1 亩 $=240$ 平方步）

【原文】

[35] 今有弧田[①]，弦三十步，矢十五步。问：为田几何？答曰：一亩九十七步半。

[36] 又有弧田，弦七十八步、二分步之一，矢十三步、九分步之七。问：为田几何？答曰：二亩一百五十五步、八十一分步之五十六。

术曰：以弦乘矢，矢又自乘，并之，二而一[②]。方中之圆，圆里十二觚之幂，合外方之幂四分之三也。中方合外方之半，则朱青合外方四分之一也[③]。弧田，半圆之幂也[④]，故依半圆之体而为之术[⑤]。以弦乘矢而半之则为黄幂[⑥]，矢自乘而半之为二青幂[⑦]。青、黄相连为弧体[⑧]。弧体法当应规[⑨]。今觚面不至外畔[⑩]，失之于少矣。圆田旧术以周三径一为率，俱得十二觚之幂，亦失之于少也。与此相似，指验半圆之弧耳。若不满半圆者，益复疏阔。

【注释】

①弧田：即今之弓形、扇形。

②此即扇形面积公式。

③"中方"是圆内接正方形，其面积是外方之半。两朱幂、两青幂是圆内接正十二边形减去中方所剩余的部分。

④弧田可以是半圆之幂。

⑤故以半圆为例论证《九章算术》弧田术之不准确。

⑥黄幂是弦矢相乘之半即勾股形。

⑦矢自乘而半之为二青幂：即勾股形之和。

⑧青、黄相连为弧体：二青幂与黄幂形成所设的弧体，亦即半圆。

⑨此谓弧田的弧应与圆弧重合。

⑩这是说，如此算出的面积是圆内接正十二边形的一半，达不到外面的圆弧。

【译文】

[35] 假设有一块弧田（如图 1-09），弦是 30 步，矢是 15 步。问：田的面积是多少？答：是 1 亩 $97\frac{1}{2}$ 平方步。

[36] 又假设有一块弧田，弦是 $78\frac{1}{2}$ 步，

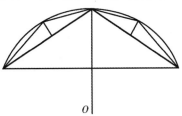

图 1-09 弧田

矢是 $13\frac{7}{9}$ 步。问：田的面积是多少？答：是 2 亩 $155\frac{56}{81}$ 平方步。

计算法则是：以弦乘矢，矢又自乘，两者相加，除以2。正方形中有一个内切圆，圆中的内接正十二边形的面积等于外切正方形面积的 $\frac{3}{4}$，中间的正方形的面积等于外正方形的一半，那么朱青的面积等于外正方形面积的 $\frac{1}{4}$。这里的弧田是半圆，因此就依照半圆的图形而考察该术。以弦乘矢，取其一半，作为黄色的面积；矢自乘，取其一半，是二青色的面积。如果青色的与黄色的面积连在一起成为弧体，那么弧体在道理上应当与圆弧相吻合。但现在这个多边形的边达不到圆弧的外周，产生的失误在于小了。旧的圆田面积的方法以周三径一为率，都是得到圆内接正十二边形的面积，产生的失误也在于太小了。与此相似，不过这里只考察了半圆形弧田。如果不是半圆形弧田，这种方法更有疏漏。

【古题今解】

[35] 题的解法是：如图 1-10，由弦长是弧高的 2 倍得知，此弓形田为半圆形田。所求面积为：$\frac{1}{2}\pi r^2 = \frac{1}{2} \times 3.14 \times（15 \text{步}）^2$（π 为 3.14）＝ $353\frac{1}{4}$ 平方步 ＝ 1 亩 $113\frac{1}{4}$ 平方步。

图 1-10　弓形田

[36] 题的解法是：设弦长以：$78\frac{1}{2}$ 步，弧高 $h = 13\frac{7}{9}$ 步，所求弓形田面积 $= \frac{2}{3}ah + \frac{16h^3}{31a} = 3$ 亩 $5\frac{17}{50}$ 平方步。

因为本书的 π 取 3，所以答案和原文有出入。

【原文】

宜依勾股锯圆材之术①，以弧弦为锯道长，以矢为锯深②，而求其径③。既知圆径，则弧可割分也④。割之者，半弧田之弦以为股，其矢为勾，为之求弦，即小弧之弦⑤也。以半小弧之弦为勾，半圆径为弦，为之求股⑥，以减半径，其余即小弦之矢⑦也。割之又割，使至极细。但举弦、矢相乘之数，则必近密率矣⑧。然于算数差繁⑨，必欲有所寻究也⑩。若但度田，取其大数，旧术为约⑪耳。

【注释】

①锯圆材之术：参见卷九。

②以弧弦为锯道长，以矢为锯深：把弧田的弦作为锯道长，把矢作为锯深。

③依据勾股章（指"卷九"内容）的"锯圆材术"求其直径。

④这是将弧田分割成弦。

⑤小弧之弦：小弧的弦。

⑥为之求股：求它的股。

⑦小弦之矢：即小弧之矢。

⑧上述的分割过程可以无限继续下去。

⑨差繁：繁杂。差，不整齐，参差。

⑩刘徽的意思是，有所寻究，才这样做。

⑪约：简约。刘徽认为，如果实际应用，还是用旧的方法简约。

【译文】

应当按照勾股章"锯圆材之术"，把弧田的弦作为锯道长，把矢作为锯道深，而求弧田所在圆的直径。既然知道了圆的直径，那么弧田就可以被分割。如果分割它的话，以弧田弦的一半作为股，它的矢作为勾，求它的弦，就是小弧之弦。以小弧弦的一半作为勾，圆半径作为弦，求它的股，以股减半径，其剩余就是小弦的矢。对弧割了又割，使至极细。只要全部列出弦与矢相乘的数值，则必定会接近密率。然而这种方法的算数非常繁杂，必定要有所研求才这样做。如果只是度量田地，取它大概的数，那么旧的方法还是简约的。

【原文】

[37] 今有环田，中周九十二步，外周一百二十二步，径五步①。此欲令与周三径一之率相应，故言径五步也。据中、外周，以徽术言之，当径四步、一百五十七分步之一百二十二也②。臣淳风等谨按：依密率，合径四步、二十二分步之十七③。问：为田几何？答曰：二亩五十五步。于徽术，当为田二亩三十一步、一百五十七分步之二十三④。臣淳风等依密率，为田二亩三十步、二十二分步之十五⑤。

[38] 又有环田，中周六十二步、四分步之三，外周一百一十三步、二分步之一，径十二步、三分步之二。此田环而不通匝⑥，故径十二步、三分步之二。若据上周求径者，此径失之于多，过周三径一之率，盖为疏矣。于徽术，当径八步、六百二十八分步之五十一⑦。臣淳风等谨按：依周三径一考之，合径八步、二十四分步之一十一⑧。依密率，合径八步、一百七十六分步之一十三⑨。问：为田几何？答曰：四亩一百五十六步、四分步之一。于徽术，当为田二亩二百三十二步、五千二十四分步之七百八十七也⑩。依周三径一，为田三亩二十五步、六十四分步之二十五⑪。臣淳风等谨按：密率，为田二亩二百三十一步、

一千四百八分步之七百一十七也^⑫。

术曰：并中、外周而半之，以径乘之，为积步^⑬。此田截，而中之周则为长。并而半之知^⑭，亦以盈补虚也^⑮。此可令中、外周各自为圆田，以中圆减外圆，余则环实^⑯。

【注释】

①今环田，中周……径五步：环田，即今之圆环。中周，即圆环的内圆之周。外周，即圆环的外圆之周。径，即中外周之间的距离。

②记圆环之径，构成圆环的内圆的周长和半径分别是外圆的周长和半径，分别是刘徽求出的圆环之径。

③李淳风等求出的圆环之径。

④刘徽求得的面积。

⑤李淳风等求得的面积。

⑥此田环而不通匝：匝，周。环绕一周曰一匝。

⑦不知为什么，刘徽和李淳风等都将其看成"通匝"的圆环进行计算。

⑧李淳风等依周三径一的计算。

⑨李淳风等依密率的计算。

⑩刘徽依环田密率术的计算。

⑪刘徽依周三径一之率的计算。

⑫李淳风等依环田密率术的计算。

⑬术曰：并中、外周而半之，以径乘之，为积步。计算法则是：中外周长相加，取其一半，乘以环径长，就是积步。

⑭知：训"者"。

⑮此处"以盈补虚"是将圆环沿环径剪开，展成等腰梯形，然后如梯形（箕田）那样出入相补。

⑯这是刘徽提出的圆环的另一面积公式。

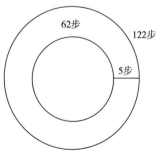

图 1-11　环田（面积：2 亩 55 步）

【译文】

[37] 假设有一块环田（如图 1-11），中周长 92 步，外周长 122 步，环径 5 步。这里想与周三径一之率相应，所以说环径 5 步。根据中、外周，用我（刘徽）的方法处理，环径应当是 $4\frac{122}{157}$ 步。淳风等按：依照密率，环径是 $4\frac{17}{22}$ 步。问：田

的面积是多少？答：是 2 亩 55 平方步。用我（刘徽）的方法，田的面积应当是

2 亩 31 $\frac{23}{157}$ 平方步。淳风等按：依照密率，田的面积是 2 亩 30 $\frac{15}{22}$ 平方步。

[38] 又假设有一块环田，中周长是 62 $\frac{3}{4}$ 步，外周长是 113 $\frac{1}{2}$ 步，环径是

12 $\frac{2}{3}$ 步。这块田是环形的但不满一周，所以环径为 12 $\frac{2}{3}$ 步。如果根据上述周长

求环径，这一环径的误差在于太大，超过了周三径一之率，很粗疏。用我（刘

徽）的方法，环径应当是 8 $\frac{51}{628}$ 步。淳风等按：依照周三径一之率考察之，环径

是 8 $\frac{11}{24}$ 步。依照密率，环径是 8 $\frac{13}{176}$ 步。问：田的面积是多少？答：4 亩 156 $\frac{1}{4}$

平方步。用我（刘徽）的方法，田的面积应当是 2 亩 232 $\frac{787}{5024}$ 平方步。依周三

径一之率，田的面积是 3 亩 25 $\frac{25}{64}$ 平方步。淳风等按：依照密率，田的面积是 2

亩 231 $\frac{717}{1408}$ 平方步。

是这样算的：中外周长相加，取其一半，乘以环径长，就是积步。这块田
被截割而得到的中平之周，就作为长。"中外周长相加，取其一半"，也是以盈
补虚。这里也可以使中、外周各自构成圆田，以中周减外周，由其余数就得到
环田的面积。

古题今解

[37] 题的解法是：设径长 $a = 5$ 步，外圆半径为 R、外圆周长 $C = 122$ 步，
内圆半径为 r，内圆周长 $C = 92$ 步。

因周长的公式：$C = 2\pi r$，故外圆半径 $r = C/2\pi = 122$ 步/$2\pi = 61$ 步/π。

内圆半径 $r = C/2\pi = 92$ 步/$2\pi = 46$ 步/π。

圆环形面积 = 外圆面积 – 内圆面积。$= \pi$（61 步/π）$^2 - \pi$（46 步/π）$^2 = 535$
步 $= 2$ 亩 55 平方步（π 的值取 3）。

[38] 题的解法是：古人将圆环伸直，成为
等腰梯形，按照等腰梯形求面积（如图 1–12）。

所以所求的面积是：

$\left[\left(62\frac{3}{4} + 113\frac{1}{2}\right) \div 2\right]$ 步 $\times 12\frac{2}{3}$ 步 $= 1116\frac{1}{4}$

图 1–12　圆环拉直为等腰梯形

平方步 = 4 亩 156 $\frac{1}{4}$ 平方步。

【原文】

密率术①曰：置中、外周步数，分母、子各居其下。母互乘子，通全步，内分子。以中周减外周，余半之，以益中周。径亦通分内子，以乘周为密实。分母相乘为法。除之为积步，余，积步之分。以亩法除之，即亩数也②。按：此术，并中、外周步数于上，分母、子于下。母互乘子者，为中、外周俱有分，故以互乘齐其子，母相乘同其母。子齐母同，故通全步，内分子。"半之"知③，以盈补虚，得中平之周④。周则为从，径则为广，故广、从相乘而得其积。既合分母，还须分母出之。故令周、径分母相乘而连除之，即得积步。不尽，以等数除之而命分。以亩法除积步，得亩数也。

【注释】

①这种计算法则是针对各项数值都带有分数的情形而设的，比关于整数的上术精密，故称"密率术"。

②计算面积的方法。

③知：训"者"。

④中平之周：中周与外周长的平均值。

【译文】

密率是这样算的：布置中、外周长的步数，分子、分母各置于下方，分母互乘分子，将整数部分通分，纳入分子。以中周减外周，取其余数的一半，增益到中周上。对环径亦通分，纳入分子。以它乘周长，作为密实。周、径的分母相乘，作为除数。被除数除以除数，就是积步；余数是积步中的分数。以亩法除之，就是亩数。按：在这种计算法则中，将中、外周长步数相加，置于上方，分子、分母置于下方。"分母互乘分子"，是因为中、外周长都有分数，所以通过互乘使它们的分子相齐。分母相乘，是使它们的分母相同。分子相齐，分母相同，所以可以将步数的整数部分通分，纳入分子。取中、外周长之和的一半，这是为了以盈补虚，得中平之周。中平之周就是长，环径就是宽，所以宽长相乘就得到它们的积。既然分子中融合了分母，还需把分母分离出去。所以要使周、径的分母相乘而合起来除，就得到积步。如不尽，就用等数约之，命名一个分数。以亩数除积步，便得到亩数。

卷二

粟米①以御交质②变易

（粟米：处理抵押交换问题）

　　本章主要讲比例问题，如在成比例的四个数中，根据三个已知数求第四个数。这种方法称为"今有术"，也是古代算学术语。这样的比例算法，传入印度和西方后称为"三率法"。在实践运用中，粮食交易会涉及许多比例问题，所以在《九章算术》中以"粟米"为题。本章的例题，也是多用粮食的分配、折算来解释比例的算法。

【原文】

粟米之法③：凡此诸率相与大通，其特④相求，各如本率。可约者约之，别术然也。

粟率五十，粝米⑤三十，粺米⑥二十七，繫米⑦二十四，御米⑧二十一，小麮⑨十三半，大麮⑩五十四，粝饭七十五，粺饭五十四，繫饭四十八，御饭四十二，菽⑪、荅⑫、麻⑬、麦各四十五，稻六十，豉⑭六十三，飧⑮九十，熟菽一百三半，糵⑯一百七十五。

【注释】

①粟米：泛指谷类，粮食。粟：古代泛指谷类，又指谷子。下文粟率指后者之率。

②交质：互相以物品作抵押，即交易称量。

③粟米之法：这里是互换的标准，即各种粟米的率。法：标准。

④特：特地。

⑤粝（lì）米：糙米，有时省称为米。《九章算术》及其刘徽注、李淳风等注释，单言"米"，则指粝米。粝：李籍云："粗也。"指粗米，糙米。

⑥粺（bài）米：精米。李籍云："精于粝也。"《诗经·大雅》："彼疏斯粺，胡不自替。"《毛传》："彼宜食疏，今反食精粺。"

⑦繫（zuò）米：舂过的米，稍精于粺米。

⑧御米：供宫廷食用的米。上等精米，精于繫米。

⑨小麮（zhí）：磨碎后未分筛的麦屑。磨得较细一点的为小麮。

⑩大麮：磨碎后未分筛的麦屑。粗一点的称大麮。

⑪菽（shū）：大豆。又，豆类的总称。

⑫荅（dá）：小豆。

⑬麻：古代指大麻，亦指芝麻。

⑭豉（chǐ）：用煮熟的大豆发酵后制成的食品。

⑮飧（sūn）：熟食。

⑯糵（niè）：酿酒用的发酵剂，即酒曲，以粮食制成。

【译文】

粟米之率：这里的各种率都相互关联而广泛地通达。如果特地互相求取，则要遵从各自的率。可以进行约简的，就约简之。其他的术也是这样。

粟率50，粝米30，粺米27，糳米24，御米21，小䵂13 $\frac{1}{2}$，大䵂54，粝饭75，粺饭54，糳饭48，御饭42，菽、荅、麻、麦各45，稻60，豉63，飧90，熟菽103 $\frac{1}{2}$，糵175。

【原文】

今有此都术①也。凡九数以为篇名，可以广施诸②率，所谓告往而知来③，举一隅而三隅反④者也。诚能分诡数⑤之纷杂，通彼此之否塞⑥，因物⑦成率，审辨名分⑧，平其偏颇⑨，齐其参差⑩，则终无不归于此术也⑪。术⑫曰：以所有数乘所求率⑬为实，以所有率为法。少者多之始，一者数之母⑭，故为率者必等之于一⑮。

【注释】

①都术：总术，总的方法，普遍方法。

②诸："之于"的合音。

③告往而知来：根据已经发生的事情，可以推知事物未来的发展趋势。

④举一隅而三隅反：根据某一事物的性质，可以推知与它同类的事物的性质。

⑤诡数：不同的数。

⑥通彼此之否塞：通过"通分"等运算使各种阻隔不通的数量关系互相通达。

⑦物：这里指各种物品的数量。

⑧名分：地位，身份。

⑨偏颇：又作"偏陂"，本义是不公正。

⑩齐其参差：即"齐同"运算。

⑪刘徽将《九章算术》大部分术文，200余个题目归结为"今有术"。

⑫术：即今之三率法，或称三项法。

⑬所求率："今有术"的重要概念，指所求物品的率。

⑭少者多之始，一者数之母：1是数之母，在有理数范围之内无疑是正确的，但在实数内则不尽然。

⑮为率者必等之于一：某物率的确定，必须以1为标准。多少数量的某物能化为1，则该物的率就是多少。

【译文】

"今有术"这样的算法是一种普遍方法。凡是用九数作为篇名的问题，都可以对它们广泛地施用率。这就是所谓告诉了过去的就能推知未来的，举出一个角，就能推论到其他三个角。如果能分辨各种不同的数的错综复杂，疏通它们彼此之间的闭塞之处，根据不同的物品构成各自的率，仔细地研究辨别它们的地位与关系，使偏颇的持平，参差不齐的相齐，那么就没有不归结到这一术的。计算法则是：以所有数乘所求率作为被除数，以所有率作为除数。小是大的开始，1是数的起源。所以建立率必须使它等于1。

【原文】

据粟率五，粝率三，是粟五而为一，粝米三而为一也。欲化粟为粝米者，粟当先本是一①。一者，谓以五约之，令五而为一也。讫，乃以三乘之，令一而为三。如是，则率至于一②，以五为三矣。然先除后乘，或有余分③，故术反之。又完言之④，知粟五升为粝米三升；分言之⑤，知粟一斗为粝米五分斗之三。以五为母，三为子。以粟求粝米者，以子乘，其母报除⑥也。然则所求之率常为母也。臣淳风等谨按：宜云"所求之率常为子，所有之率常为母"。今乃云"所求之率常为母"知，脱错也⑦。实如法而一⑧。

【注释】

①粟当先本是一：粟本来应当先成为1。

②则率至于一：由率的本义，粟率5是说粟5为1，粝米率3是说粝米3为1。从粟求粝米，粟数先除以粟率5，就是粟5变成了1，再乘以粝米率3，粝米1又变成了3。如是，则率至于1。

③余分：剩余的分数。

④完言之：以整数表示之。

⑤分言之：以分数表示之。

⑥报除：回报以除。

⑦李淳风等所见到的刘徽注已有脱错。

⑧实如法而一：被除数除以除数。

【译文】

根据粟率是5，粝米率是3，这是说粟5成为1，粝米3成为1。如果想把粟化成粝米，那么粟应当本身先变成1。变成1，是说用5约之，使5变为1。完了，再以3乘之，使1变为3。像这样，那么率就达到了1，把粟5变成了粝米3。然而，先作除法，后作乘法，有时会剩余分数，所以这种算法将运算程序反过来。又，如果以整数表示之，5升粟变成3升粝米；以分数表示之，1斗粟变成斗粝米，以5作为分母，3作为分子。如果用粟求粝米，就用分子乘，用它的分母回报以除。那么，所求率永远作为分母。淳风等按：应该说"所求率永远作为分子，所有率永远作为分母"。这里却说"所求率永远作为分母"，有脱错。被除数除以除数。

三率法

"三率法"是算学术语。已知所有数、所有率与所求率三项，而计算所求数的方法。印度于公元五、六世纪间有"三率法"的算法。印度三率法传入阿拉伯国家，再传到西欧各国，欧洲在更晚的时期也有类似的算法。欧洲的商人很重视这种算法，称它为"金法"。比例和比例分配都要用到率。率的这种意义至今仍然使用。刘徽拓展了率的意义，提出"凡数相与者谓之率"。意思是，成率关系的数量，同时扩大或缩小同样的倍数，其率关系不变。

【原文】

[01] 今有粟一斗，欲为粝米。问：得几何？答曰：为粝米六升。

术曰：以粟求粝米，三之，五而一①。臣淳风等谨按：都术，以所求率乘所有数，以所有率为法。此术以粟求米，故粟为所有数。三是米率，故三为所求率。五为粟率，故五为所有率。粟率五十，米率三十，退位求之，故唯云三、五也。

[02] 今有粟二斗一升，欲为粺米。问：得几何？答曰：为粺米一斗一升、五十分升之十七。

术曰：以粟求粺米，二十七之，五十而一。臣淳风等谨按：粺米之率二十有七，故直以二十七之，五十而一也。

[03] 今有粟四斗五升，欲为糳米。问：得几何？答曰：为糳米二斗一升、

五分升之三。

术曰：以粟求糳米，十二之，二十五而一^②。臣淳风等谨按：糳米之率二十有四，以为率太繁，因而半之，故半所求之率，以乘所有之数。所求之率既减半，所有之率亦减半。是故十二乘之，二十五而一也。

[04] 今有粟七斗九升，欲为御米。问：得几何？答曰：为御米三斗三升，五十分升之九。

术曰：以粟求御米，二十一之，五十而一。

【注释】

①三之，五而一：即乘以 5，或说以 3 乘，以 5 除。这是"今有术"在以粟求米问题中的应用。余类此。

②十二之，二十五而一：是将有关的粟米之法以等数 2 约简，得相与之率，再进行计算。

【译文】

[01] 假设有 1 斗粟，想换成粝米。问：得多少？答：换成 6 升粝米。

计算法则是：由粟求粝米，乘以 3，除以 5。淳风等按：普遍方法是以所求率乘所有数作为被除数，以所有率作为除数。这种计算法则由粟求粝米，所以粟为所有数。3 是粝米率，所以 3 是所求率。5 是粟率，所以 5 是所有率。粟率是 50，粝米率是 30。通过退一位约简之，所以只说 5 与 3 就够了。

[02] 假设有 2 斗 1 升粟，想换成粺米。问：得多少？答：换成 1 斗 1$\frac{17}{50}$升粺米。

计算法则是：由粟求粺米，乘以 27，除以 50。淳风等按：粺米率是 27，直接乘以 27，除以 50。

[03] 假设有 4 斗 5 升粟，想换成糳米。问：得多少？答：换成 2 斗 1$\frac{3}{5}$升糳米。

计算法则是：由粟求糳米，乘以 12，除以 25。淳风等按：糳米率是 24，以它作为率太烦琐，所以取其一半，也就是取所求率的一半，以它乘所有数。所求率既然减半，所有率也应减半。这就是为什么乘以 12，除以 25。

[04] 假设有 7 斗 9 升粟，想换成御米。问：得多少？答：换成 3 斗 3$\frac{9}{50}$升御米。

计算法则是：由粟求御米，乘以 21，除以 50。

[01]

已知粟数求粝米数，以粟数乘以3，再除以5就可以获得答案了。

具体解法是：

粟：粝米 = 50：30，答案 = 1 斗 × $\frac{30}{50}$ = 10 升 × $\frac{3}{5}$ = 6 升。

[02]

所求粺米数 = 粟数 × 27 ÷ 50 = 2 斗 1 升 × 27 ÷ 50 = 1 斗 $\frac{17}{50}$ 升。

[03]

粟：糳米 = 50：24，所求粟米数 = 粟数 × 12 ÷ 25 = 4 斗 5 升 × 12 ÷ 25 = 2 斗 1 $\frac{3}{5}$ 升。

[04]

粟：御米 = 50：21，所求御米数 = 粟数 × 21 ÷ 50 = 7 斗 9 升 × 21 ÷ 50 = 3 斗 3 $\frac{9}{50}$ 升。

【原文】

[05] 今有粟一斗，欲为小𪎭。问：得几何？答曰：为小𪎭二升、一十分升之七。

术曰：以粟求小𪎭，二十七之，百而一①。臣淳风等谨按：小𪎭之率十三有半，半者二为母，以二通之，得二十七，为所求率。又以母二通其粟率，得一百，为所有率。凡本率有分者，须即乘除也。他皆放此。）

[06] 今有粟九斗八升，欲为大𪎭。问：得几何？答曰：为大𪎭一十斗五升、二十五分升之二十一。

术曰：以粟求大𪎭，二十七之，二十五而一。臣淳风等谨按：大𪎭之率五十有四，因其可半，故二十七之，亦如粟求糳米，半其二率。

[07] 今有粟二斗三升，欲为粝饭。问：得几何？答曰：为粝饭三斗四升半。

术曰：以粟求粝饭，三之，二而一。臣淳风等谨按：粝饭之率七十有五，粟求粝饭，合以此数乘之。今以等数二十有五约其二率，所求之率得三，所有之率得二，故以三乘二除。

[08] 今有粟三斗六升，欲为粺饭。问：得几何？答曰：为粺饭三斗八升、二十五分升之二十二。

术曰：以粟求粺饭，二十七之，二十五而一。臣淳风等谨按：这种算法与大䵆多同。

【注释】

①二十七之，百而一：以2通之，化为整数，以相与之率入算。

【译文】

[05] 假设有1斗粟，想换成小䵆。问：得多少？答：换成 $2\frac{7}{10}$ 升小䵆。

计算法则是：由粟求小䵆，乘以27，除以100。淳风等按：小䵆率是 $13\frac{1}{2}$，是以2为分母，用2通分，得27，作为所求率。又用分母2通其粟率，得100，作为所有率。凡原来的率有分数的，必须作乘除化成整数。其他的都仿照这种算法。

[06] 假设有9斗8升粟，想换成大䵆。问：得多少？答：换成10斗 $5\frac{21}{50}$ 升大䵆。

计算法则是：由粟求大䵆，乘以27，除以25。淳风等按：大䵆率是54，因为它可以被2除，所以乘以27。这也像由粟求糳米那样，取两种率的一半。

[07] 假设有2斗3升粟，想换成粝饭。问：得多少？答：换成3斗 $4\frac{1}{2}$ 升粝饭。

计算法则是：由粟求粝饭，乘以3，除以2。淳风等按：粝饭率是75，由粟求粝饭，应当用此数乘。现在用等数25约简这两种率，所求率得3，所有率得2，所以乘以3，除以2。

[08] 假设有3斗6升粟，想换成粺饭。问：得多少？答：换成3斗 $8\frac{22}{25}$ 升粺饭。

计算法则是：由粟求粺饭，乘以27，除以25。淳风等按：这种算法与求大䵆的算法大体相同。

⟨古题今解⟩

[05]

粟：细麦屑（小䵆）＝ 50：132，麦屑数＝ 1斗 $\times \left(13\frac{1}{2} \div 50\right) = 10$ 升 $\times \frac{27}{100} = 2\frac{7}{10}$ 升。

[06]

粟：粗麦屑（大麷）= 50:54，所求粗麦屑数 = 粟数×27÷25 = 9斗8升×27÷25 = 10斗5$\frac{21}{50}$升。

[07]

粟：粝饭 = 50:75，所求粝饭数 = 粟数×3÷2 = 2斗3升×3÷2 = 3斗4$\frac{1}{2}$升。

[08]

粟：粺饭 = 50:54，所求粺饭 = 粟数×27÷25 = 3斗6升×27÷25 = 3斗8$\frac{22}{25}$升。

【原文】

[09] 今有粟八斗六升，欲为糳饭。问：得几何？答曰：为糳饭八斗二升、二十五分升之一十四。

术曰：以粟求糳饭，二十四之，二十五而一。**臣淳风等谨按：糳饭率四十八，此亦半二率而乘除。**

[10] 今有粟九斗八升，欲为御饭。问：得几何？答曰：为御饭八斗二升、二十五分升之八。

术曰：以粟求御饭，二十一之，二十五而一。**臣淳风等谨按：此术半率，亦与糳饭多同。**

[11] 今有粟三斗少半①升，欲为菽。问：得几何？答曰：为菽二斗七升、一十分升之三。

[12] 今有粟四斗一升、太半②升，欲为荅。问：得几何？答曰：为荅三斗七升半。

[13] 今有粟五斗、太半升，欲为麻。问：得几何？答曰：为麻四斗五升、五分升之三。

【注释】

①少半：即$\frac{1}{3}$。

②太半：即$\frac{2}{3}$。

【译文】

[09] 假设有8斗6升粟,想换成糳饭。问:得多少?答:换成8斗2$\frac{14}{25}$升糳饭。

计算法则是:由粟求糳饭,乘以24,除以25。淳风等按:糳饭率是48,这也是取两种率的一半再作乘除。

[10] 假设有9斗8升粟,想换成御饭。问:得多少?答:换成8斗2$\frac{8}{25}$升御饭。

计算法则是:由粟求御饭,乘以21,除以25。淳风等按:这种算法取两种率的一半,也与求糳饭的算法大体相同。

[11] 假设有3$\frac{1}{3}$斗粟,想换成菽。问:得多少?答:换成2斗7$\frac{3}{10}$升菽。

[12] 假设有4斗1$\frac{2}{3}$升粟,想换成荅。问:得多少?答:换成3斗7$\frac{1}{2}$升荅。

[13] 假设有5斗$\frac{2}{3}$升粟,想换成麻。问:得多少?答:换成4斗5$\frac{3}{5}$升麻。

古题今解

[09]

因为粟:糳饭 = 50:48,所求糳饭数 = 粟数×24÷25 = 8斗6升×24÷25 = 8斗2$\frac{14}{25}$升。

[10]

粟:御饭 = 50:42,所求御饭数 = 粟数×21÷25 = 9斗8升×21÷25 = 8斗2$\frac{8}{25}$升。

[11]

粟:大豆 = 50:45,所求大豆数 = 粟数×9÷10 = 3斗$\frac{1}{3}$升×9÷10 = 2斗7$\frac{3}{10}$升。

[12]

粟:小豆 = 50:45,所求小豆数 = 粟数×9÷10 = 4斗1升×9÷10 = 3斗7$\frac{1}{2}$升。

[13]

粟:麻 = 50:45,所求麻数 = 粟数×9÷10 = 5斗$\frac{2}{3}$升×9÷10 = 4斗5$\frac{3}{5}$升。

【原文】

［14］今有粟一十斗八升、五分升之二，欲为麦。问：得几何？答曰：为麦九斗七升、二十五分升之一十四。

术曰：以粟求菽、荅、麻、麦，皆九之，十而一。臣淳风等谨按：四术率并四十五，皆是为粟所求，俱合以此率乘其本粟。术欲从省①，先以等数五约②之，所求之率得九，所有之率得十。故九乘十除，义由于此。

［15］今有粟七斗五升、七分升之四，欲为稻。问：得几何？答曰：为稻九斗、三十五分升之二十四。

术曰：以粟求稻，六之，五而一。臣淳风等谨按：稻率六十，亦约二率而乘除。

【注释】

①省：简单。

②约：约分。

【译文】

［14］假设有 10 斗 8$\frac{2}{5}$ 升粟，想换成麦。问：得多少？答：换成 9 斗 7$\frac{14}{25}$ 升麦。

计算法则是：由粟求菽、荅、麻、麦，皆乘以 9，除以 10。淳风等按：四种术中的率全是 45，都是由粟所求，所以都应当用此率乘本来的粟。想算法简单，先用等数 5 约简之，所求率得 9，所有率得 10。所以乘以 9，除以 10，其义理源于此。

［15］假设有 7 斗 5$\frac{4}{7}$ 升粟，想换成稻。问：得多少？答：换成 9 斗$\frac{24}{35}$升稻。

计算法则是：由粟求稻，乘以 6，除以 5。淳风等按：稻率是 60，也约简两种率再作乘除。

《古题今解》

［14］

粟：麦 = 50：45，所求麦数 = 粟数 $\times 9 \div 10 = 10$ 斗 8$\frac{2}{5}$升 $\times 9 \div 10 = 9$ 斗 7$\frac{14}{25}$升。

［15］

粟：稻 = 50：60，所求稻数 = 粟数 $\times \frac{6}{5} = 7$ 斗 4$\frac{4}{5}$升 $\times \frac{6}{5} = 9$ 斗$\frac{24}{35}$升。

[16] 今有粟七斗八升,欲为豉。问:得几何?答曰:为豉九斗八升、二十五分升之七。

术曰:以粟求豉,六十三之,五十而一。

[17] 今有粟五斗五升,欲为飧①。问:得几何?答曰:为飧九斗九升。

术曰:以粟求飧,九之,五而一。臣淳风等谨按:飧率九十,退位②,与求稻多同。

[18] 今有粟四斗,欲为熟菽。问:得几何?答曰:为熟菽八斗二升、五分升之四。

术曰:以粟求熟菽,二百七之,百而一。臣淳风等谨按:熟菽之率一百三半,半者其母二,故以母二通之。所求之率既被二乘,所有之率随而俱长,故以二百七之,百而一。

[19] 今有粟二斗,欲为蘖。问:得几何?答曰:为蘖七斗。

术曰:以粟求蘖,七之,二而一。臣淳风等谨按:蘖率一百七十有五,合以此数乘其本粟。术欲从省,先以等数二十五约之,所求之率得七,所有之率得二。故七乘二除。

【注释】

①飧:熟食。

②退位:退一位。

【译文】

［16］假设有7斗8升粟，想换成豉。问：得多少？答：换成9斗8$\frac{7}{25}$升豉。

计算法则是：由粟求豉，乘以63，除以50。

［17］假设有5斗5升粟，想换成熟食。问：得多少？答：换成9斗9升熟食。

计算法则是：由粟求飧，乘以9，除以5。淳风等按：熟食率是90，退一位，与求稻的方式大体相同。

［18］假设有4斗粟，想换成熟菽。问：得多少？答：换成8斗2$\frac{4}{5}$升熟菽。

计算法则是：由粟求熟菽，乘以207，除以100。淳风等按：熟菽的率是103$\frac{1}{2}$，分母是2，所以用分母2通分。既然所求率乘以2，那么所有率应随着一起增加，所以乘以207，除以100。

［19］假设有2斗粟，想换成糵。问：得多少？答：换成7斗糵。

计算法则是：由粟求糵，乘以7，除以2。淳风等按：糵率是175，应当用此数，乘本来的粟。想使术简省，先用等数25约简之，所求率得7，所有率得2。所以乘以7，除以2。

古题今解

［16］

粟：豉 = 50∶63，所求豉数 = 粟数 ×63÷50 = 7斗8升 ×63÷50 = 9斗8$\frac{7}{25}$升。

［17］

粟：飧 = 50∶90，所求飧数 = 粟数 ×9÷5 = 5斗5升 ×9÷5 = 9斗9升。

［18］

粟：熟菽 = 50∶103$\frac{1}{2}$，所求熟菽数 = 粟数 ×207÷100 = 4斗 ×207÷100 = 8斗2$\frac{4}{5}$升。

［19］

粟：糵 = 50∶175，所求糵数 = 粟数 ×7÷2 = 2斗 ×7÷2 = 7斗。

其率术、反其率术、经率术、今有术之间的关系

"今有术"是比率算法"都术"，其产生背景是"物物交换"的生活实践。随着商品交换的日益增多，出现了"货币"，"今有术"不能计算"钱物"交换，促成了"经率术"的产生。这种方法旨在推求单位实物对应的货币量，实质上是一种单价算法。

为方便实际运算，古人巧妙地易除为乘，改变"所率"除"所买率"为"所率乘钱数"，"其率术"先如"经率术"布筹运算，但在"实"不能被"法"除尽时，并不"命分"，而是"反以实减法"。作为一种比率算法，"反其率"源于"今有术"。事实上，求近似数值单价问题的"反其率术"既是"其率术"的一个并行算法，又是"其率术"的一个补充算法。当"物数"小于"钱数"时，选定"其率术"，当"物数"大于"钱数"时，选定"反其率术"。

【原文】

[20] 今有粝米十五斗五升、五分升之二，欲为粟。问：得几何？答曰：为粟二十五斗九升。

术曰：以粝米求粟，五之，三而一。臣淳风等谨按：上术以粟求米，故粟为所有数，三为所求率，五为所有率。今此以米求粟，故米为所有数，五为所求率，三为所有率。准①都术求之，各合其数。以下所有反求多同，皆准此。

[21] 今有粺米二斗，欲为粟。问：得几何？答曰：为粟三斗七升、二十七分升之一。

术曰：以粺米求粟，五十之，二十七而一。

[22] 今有糳米三斗、少半升，欲为粟。问：得几何？答曰：为粟六斗三升、三十六分升之七。

术曰：以糳米求粟，二十五之，十二而一。

[23] 今有御米十四斗，欲为粟。问：得几何？答曰：为粟三十三斗三升、少半升。

术曰：以御米求粟，五十之，二十一而一。

【注释】

①准：依照，按照。

【译文】

[20] 假设有 15 斗 5$\frac{2}{5}$升粝米，想换成粟。问：得多少？答：换成 25 斗 9

升粟。

计算法则是：由粝米求粟，乘以 5，除以 3。淳风等按：前面的术由粟求粝米，所以粟为所有数，3 为所求率，5 为所有率。现在这里由粝米求粟，所以粝米为所有数，5 为所求率，3 为所有率。按照普遍方法求之，都符合各自的数。以下所有的逆运算都大体相同，皆按照这一方法。

[21] 假设有 2 斗粺米，想换成粟。问：得多少？答：换成 3 斗 7 $\frac{1}{27}$ 升粟。

计算法则是：由粺米求粟，乘以 50，除以 27。

[22] 假设有 3 斗 $\frac{1}{3}$ 升糳米，想换成粟。问：得多少？答：换成 6 斗 3 $\frac{7}{36}$ 升粟。

计算法则是：由糳米求粟，乘以 25，除以 12。

[23] 假设有 14 斗御米，想换成粟。问：得多少？答：换成 33 斗 3 $\frac{1}{3}$ 升粟。

计算法则是：由御米求粟，乘以 50，除以 21。

古题今解

[20]

粝米∶粟 = 30∶50，所求粝米数 = 粟数 ×5÷3 = 15 斗 5 $\frac{2}{3}$ 升 ×5÷3 = 25 斗 9 升。

[21]

粺米∶粟 = 27∶50，所求粺米数 = 粟数 ×50÷27 = 2 斗 ×50÷27 = 3 斗 7 $\frac{1}{27}$ 升。

[22]

糳米∶粟 = 24∶50，所求粟数 = 糳米数 ×25÷12 = 3 斗 $\frac{1}{3}$ 升 ×25÷12 = 6 斗 3 $\frac{7}{36}$ 升。

[23]

御米∶粟 = 21∶50，所求粟数 = 御米数 ×50÷21 = 14 斗 ×50÷21 = 33 斗 3 $\frac{1}{3}$ 升。

[24] 今有稻一十二斗六升、一十五分升之一十四，欲为粟。问：得几何？答曰：为粟一十斗五升、九分升之七。

术曰：以稻求粟，五之，六而一。

[25] 今有粝米一十九斗二升、七分升之一，欲为粺米。问：得几何？答曰：为粺米一十七斗二升、一十四分升之一十三。

术曰：以粝米求粺米，九之，十而一^①。**臣淳风等谨按：粺率二十七，合以此数乘粝米。术欲从省，先以等数三约之，所求之率得九，所有之率得十，故九乘而十除。**

[26] 今有粝米六斗四升、五分升之三，欲为粝饭。问：得几何？答曰：为粝饭一十六斗一升半。

术曰：以粝米求粝饭，五之，二而一。**臣淳风等谨按：粝饭之率七十有五，宜以本粝米乘此率数。术欲从省，先以等数十五约之，所求之率得五，所有之率得二，故五乘二除，义由于此。**

【注释】

①此处亦将粝米率30与粟率50以等数2约简，得相与之率，再入算。

【译文】

[24] 假设有12斗6$\frac{14}{15}$升稻，想换成粟。问：得多少？答：换成10斗5$\frac{7}{9}$升粟。

计算法则是：由稻求粟，乘以5，除以6。

[25] 假设有19斗2$\frac{1}{7}$升粝米，想换成粺米。问：得多少？答：换成17斗2$\frac{13}{14}$升粺米。

计算法则是：由粝米求粺米，乘以9，除以10。淳风等按：粺米率27，应当用这一数乘粝米。想使术简省，就先用等数3约简之，所求率得9，所有率得10，所以乘以9，除以10。

[26] 假设有6斗4$\frac{3}{5}$升粝米，想换成粝饭。问：得多少？答：换成16斗1$\frac{1}{2}$升粝饭。

计算法则是：由粝米求粝饭，乘以5，除以2。淳风等按：粝饭率是75，应当用本来的粝米乘这一率的数。想使术简省，先用等数15约简之，所求率得5，所有率得2，所以乘以5，除以2。其义理源于此。

《古题今解》

［24］

稻：粟 = 60：50，所求粟数 = 稻数 ×5÷6 = 12 斗 6 $\frac{14}{15}$ 升 ×5÷6 = 10 斗

5 $\frac{7}{9}$ 升。

［25］

粝米：粺米 = 30：27，所求粺米数 = 粝米数 ×9÷10 = 19 斗 2 $\frac{1}{7}$ 升 ×9÷10 =

17 斗 2 $\frac{13}{14}$ 升。

［26］

粝米：粝饭 = 30：75，所求粝饭数 = 粝米数 ×5÷2 = 6 斗 4 $\frac{3}{5}$ 升 ×5÷2 = 16

斗 1 $\frac{1}{2}$ 升。

【原文】

［27］今有粝饭七斗六升、七分升之四，欲为飧。问：得几何？答曰：为飧九升一升、三十五分升之三十一。

术曰：以粝饭求飧，六之，五而一。臣淳风等谨按：飧率九十，为粝饭所求，宜以粝饭乘此率。术欲从省，先以等数十五约之，所求之率得六，所有之率得五。以此故六乘五除也。

［28］今有菽一斗，欲为熟菽。问：得几何？答曰：为熟菽二斗三升。

术曰：以菽求熟菽，二十三之，十而一①。臣淳风等谨按：熟菽之率一百三半，因其有半，各以母二通之，宜以菽数乘此率。术欲从省，先以等数九约之，所求之率得一十一半，所有之率得五也。

［29］今有菽二斗，欲为豉。问：得几何？答曰：为豉二斗八升。

术曰：以菽求豉，七之，五而一。臣淳风等谨按：豉率六十三，为菽所求，宜以菽乘此率。术欲从省，先以等数九约之，所求之率得七，而所有之率得五也。

【注释】

①二十三之，十而一：以2通之。所得的结果又有等数9，故以9约简，为

相与之率，再入算。

【译文】

[27] 假设有 7 斗 6 $\frac{4}{7}$ 升粝饭，想换成飧。问：得多少？答：换成 9 斗 1 $\frac{31}{35}$ 升飧。

计算法则是：由粝饭求飧，乘以 6，除以 5。淳风等按：飧率是 90，从粝饭求飧，应当用粝饭乘这一率。想使术简省，先用等数 15 约简之，所求率得 6，所有率得 5。因此，乘以 6，除以 5。

[28] 假设有 1 斗菽，想换成熟菽。问：得多少？答：换成 2 斗 3 升熟菽。

计算法则是：由菽求熟菽，乘以 23，除以 10。淳风等按：熟菽率是 103 $\frac{1}{2}$，因为它有半，各用分母 2 通分，应当用菽数乘这一率。想使术简省，先用等数 9 约简之，所求率得 11 $\frac{1}{2}$，所有率得 5。

[29] 假设有 2 斗菽，想换成豉。问：得多少？答：换成 2 斗 8 升豉。

计算法则是：由菽求豉，乘以 7，除以 5。淳风等按：豉率是 63，从菽求豉，应当用菽率乘这一率。想使术简省，先用等数 9 约简之，所求率得 7，而所有率得 5。

古题今解

[27]

粝饭：飧 = 75：90，所求飧数 = 粝饭数 × 6 ÷ 5 = 7 斗 6 $\frac{4}{7}$ 升 × 6 ÷ 5 = 9 斗 1 $\frac{31}{35}$ 升。

[28]

菽：熟菽 = 45：103 $\frac{1}{2}$，所求熟菽数 = 菽数 × 23 ÷ 10 = 1 斗 × 23 ÷ 10 = 2 斗 3 升。

[29]

菽：豉 = 45：63，所求豉数 = 菽数 × 7 ÷ 5 = 2 斗 × 7 ÷ 5 = 2 斗 8 升。

【原文】

[30] 今有麦八斗六升、七分升之三，欲为小𪍿。问：得几何？答曰：为小𪍿二斗五升、一十四分升之一十三。

术曰：以麦求小麹，三之，十而一。臣淳风等谨按：小麹之率十三半，宜以母二通之^①，以乘本麦之数^②。术欲从省，先以等数九约之，所求之率得三，所有之率得十也。

[31] 今有麦一斗，欲为大麹。问：得几何？答曰：为大麹一斗二升。

术曰：以麦求大麹，六之，五而一。臣淳风等谨按：大麹之率五十有四，合以麦数乘此率。术欲从省，先以等数九约之，所求之率得六，所有之率得五也。

【注释】

①宜以母二通之：应当用分母2通分。

②用来乘麦本来的数。

【译文】

[30] 假设有8斗6$\frac{3}{7}$升麦，想换成小麹。问：得多少？答：换成2斗5$\frac{13}{14}$升小麹。

计算法则是：由麦求小麹，乘以3，除以10。淳风等按：小麹率是13$\frac{1}{2}$，应当用分母2通分，用来乘麦本来的数。想使术简省，先用等数9约简之，所求率得3，所有率得10。

[31] 假设有1斗麦，想换成大麹。问：得多少？答：换成1斗2升大麹。

计算法则是：由麦求大麹，乘以6，除以5。淳风等按：大麹率是54，应当用麦的数量乘这一率。想使术简省，先用等数9约简之，所求率得6，所有率得5。

古题今解

[30]

麦：小麹 = 45：13$\frac{1}{2}$，所求小麹数 = 小麦数×3÷10 = 8斗6$\frac{3}{7}$升×3÷10 = 2斗5$\frac{13}{14}$升。

[31]

麦：大麹 = 45：54，所求大麹数 = 麦数×6÷5 = 1斗×6÷5 = 1斗2升。

【原文】

[32] 今有出钱一百六十，买瓴甓^①十八枚。瓴甓，砖也。问：枚几何？答曰：一枚，八钱、九分钱之八。

[33] 今有出钱一万三千五百，买竹二千三百五十个。问：个几何？答曰：

一个，五钱、四十七分钱之三十五。

经率②臣淳风等谨按：今有之义，以所求率乘所有数，合以瓴甓一枚乘钱一百六十为实。但以一乘不长③，故不复乘，是以径将所买之率与所出之钱为法、实也。此又按：今有之义，出钱为所有数，一枚为所求率，所买为所有率，而今有之，即得所求数。一乘不长，故不复乘。是以径将所买之率为法，以所出之钱为实。故实如法得一枚钱。不尽者，等数而命分。术曰：以所买率为法，所出钱数为实，实如法得一钱。

【注释】

①瓴甓（líng pì）：长方砖。

②《九章算术》有两条"经率术"。此条是整数除法法则。

③一乘不长：以1乘任何数，不改变其值。

【译文】

[32] 假设出 160 钱，买 18 枚瓴甓。瓴甓是砖。问：1 枚瓴甓值多少钱？

答：1 枚瓴甓值 $8\frac{8}{9}$ 钱。

[33] 假设出 13500 钱，买 2350 根竹。问：1 根竹值多少钱？答：1 根竹值 $5\frac{35}{47}$ 钱。

经率淳风等按：根据今有术的意义，用所求率乘所有数，应当用瓴甓 1 枚乘 160 钱作为被除数。但是用 1 来乘，并不增加，所以不再乘，因此直接把所买率与所出钱作为除数与被除数。又按：根据今有术的意义，出钱作为所有数，1 枚作为所求率，所买物作为所有率，对它施行今有术，就得到所求数。用 1 乘并不增加，所以不再乘，因此直接把所买物的率作为除数，把所出的钱作为被除数。所以被除数除以除数就得到 1 枚的钱数。除不尽的，就用等数约简之而命名一个分数。计算法则是：以所买率作为除数，所出钱数作为被除数。被除数除以除数，得 1 枚的钱数。

古题今解

[32]

每一块砖价格为：160 钱 ÷ 18 = $8\frac{8}{9}$ 钱。

[33]

每一根竹价格为：13500 钱 ÷ 2350 = $5\frac{35}{47}$ 钱。

【原文】

[34] 今有出钱五千七百八十五，买漆一斛^①六斗七升、太半升，欲斗率之^②。问：斗几何？答曰：一斗，三百四十五钱、五百三分钱之一十五。

[35] 今有出钱七百二十，买缣^③一匹二丈一尺，欲丈率之。问：丈几何？答曰：一丈，一百一十八钱、六十一分钱之二。

[36] 今有出钱二千三百七十，买布九匹二丈七尺，欲匹率之。问：匹几何？答曰：一匹，二百四十四钱、一百二十九分钱之一百二十四。

[37] 今有出钱一万三千六百七十，买丝一石二钧^④一十七斤，欲石率之。问：石几何？答曰：一石，八千三百二十六钱、一百九十七分钱之百七十八。

经率^⑤此术犹经分。术曰：以所求率乘钱数为实，以所买率为法，实如法得一^⑥。

【注释】

①斛（hú）：容量单位。1 斛为 10 斗。

②斗率之：求以斗为单位的价钱。下"丈率之""匹率之""石率之""斤率之""钧率之""两率之""铢率之"等同。

③缣（jiān）：双丝织成的细绢。

④钧：重量单位，1 钧为 30 斤。

⑤此条经率术是除数为分数的除法，与经分术相同。

⑥此处钱数为所有数，所买率就是所有率，"斗（丈，匹，石）率之"为所求率，则归结为今有术。

【译文】

[34] 假设出 5785 钱，买 1 斛 6 斗 7 $\frac{2}{3}$ 升漆，想以斗为单位计价。问：每斗多少钱？答：1 斗值 345 $\frac{15}{503}$ 钱。

[35] 假设出 720 钱，买 1 匹 2 丈 1 尺缣，想以丈为单位计价。问：每丈多少钱？答：1 丈值 118 $\frac{2}{61}$ 钱。

[36] 假设出 2370 钱，买 9 匹 2 丈 7 尺布，想以匹为单位计价。问：每匹多少钱？答：1 匹值 244 $\frac{124}{129}$ 钱。

[37] 假设出 13670 钱，买 1 石 2 钧 17 斤丝，想以石为单位计价。问：每石多少钱？答：1 石值 8326 $\frac{178}{197}$ 钱。

经率这种算法如同经分术。计算法则是：以所求率乘钱数作为被除数，以所买率作为除数，被除数除以除数。

《古题今解》

[34]

1 斛 6 斗 $7\frac{2}{3}$ 升 $=\left(1\times10+6+7\frac{2}{3}\div10\right)$ 斗 $=16\frac{23}{30}$ 斗，5785 钱 $\div16\frac{23}{30}=$

$345\frac{15}{503}$ 钱。

[35]

1 匹 2 丈 1 尺 $=\left(1\times4+2+\frac{1}{10}\right)$ 丈 $=6\frac{1}{10}$ 丈，720 钱 $\div6\frac{1}{10}=118\frac{2}{61}$ 钱。

[36]

9 匹 2 丈 7 尺 $=\left(9+\frac{2}{4}+\frac{7}{40}\right)$ 匹 $=9\frac{27}{40}$ 匹，2370 钱 $\div9\frac{27}{40}=244\frac{124}{129}$ 钱。

[37]

1 石 2 钧 17 斤 $\left(1+\frac{2}{4}+\frac{17}{120}\right)$ 石 $=1\frac{77}{120}$ 石，13670 钱 $\div1\frac{77}{120}=8326\frac{178}{197}$ 钱。

【原文】

[38] 今有出钱五百七十六，买竹七十八个，欲其大小率之^①。问：各几何？答曰：其四十八个，个七钱；其三十个，个八钱。

[39] 今有出钱一千一百二十，买丝一石二钧十八斤，欲其贵贱斤率之^②。问：各几何？答曰：其二钧八斤，斤五钱；其一石一十斤，斤六钱。

[40] 今有出钱一万三千九百七十，买丝一石二钧二十八斤三两五铢，欲其贵贱石率之。问：各几何？答曰：其一钧九两一十二铢，石八千五十一钱；其一石一钧二十七斤九两一十七铢，石八千五十二钱。

[41] 今有出钱一万三千九百七十，买丝一石二钧二十八斤三两五铢，欲其贵贱钧率之。问：各几何？答曰：其七斤一十两九铢，钧二千一十二钱；其一石二钧二十斤八两二十铢，钧二千一十三钱。

[42] 今有出钱一万三千九百七十，买丝一石二钧二十八斤三两五铢，欲其贵贱斤率之。问：各几何？答曰：其一石二钧七斤十两四铢，斤六十七钱；其二十斤九两一铢，斤六十八钱。

[43] 今有出钱一万三千九百七十，买丝一石二钧二十八斤三两五铢，欲其贵贱两率之。问：各几何？答曰：其一石一钧一十七斤一十四两一铢，两四钱；

其一钧十斤五两四铢，两五钱。

其率③"其率"知④，欲令无分⑤。按："出钱五百七十六，买竹七十八个"，以除钱，得七，实余三十，是为三十个复可增一钱。然则实余之数则是贵者之数⑥。故曰"实贵"⑦也。本以七十八个为法，今以贵者减之，则其余悉是贱者之数。故曰"法贱"⑧也。"其求石、钧、斤、两，以积铢各除法、实，各得其积数，余各为铢"知，谓石、钧、斤、两积铢除实，以石、钧、斤、两积诛除法，余各为铢，即合所问。术曰：各置所买石、钧、斤、两以为法，以所率乘钱数为实，实如法而一。不满法者，反以实减法，法贱实贵⑨。其求石、钧、斤、两，以积铢各除法、实，各得其积数，余各为铢。

【注释】

①大小率之：按大小两种价格计算，此问实际上是按"大小个率之"。

②贵贱斤率之：以斤为单位，求物价，而贵贱差1钱。

③其率：揣度它们的率。

④"其率"知：与下文""其求……余各为铢'知"，二"知"字，训见刘徽序"故枝条虽分而同本干知"之注释。

⑤欲令无分：是说要求没有零分的正整数解。

⑥实余之数则是贵者之数：实中的余数就是贵者的数量。

⑦实贵：由实的余数得到贵的数。比如在买竹问中，贵的个数30，由"实

余"产生，所以称为"实贵"。

⑧法贱：由法的余数得到贱的数。

⑨不满法者，反以实减法，法贱实贵：有不满法的余实，就以余实减法，法中的剩就是贱的数量，实中的剩余就是贵的数量。

【译文】

[38] 假设出 576 钱，买 78 根竹，想按大小计价。问：各多少钱？答：其中小者 48 根，1 根值 7 钱；其中大者 30 根，1 根值 8 钱。

[39] 假设出 1120 钱，买 1 石 2 钧 18 斤丝，想按贵贱以斤为单位计价。问：各多少钱？答：其中（贱者）2 钧 8 斤，1 斤值 5 钱；其中（贵者）1 石 10 斤，1 斤值 6 钱。

[40] 假设出 13970 钱，买 1 石 2 钧 28 斤 3 两 5 铢丝，想按贵贱以石为单位计价。问：各多少钱？答：其中（贱者）1 钧 9 两 12 铢，1 石值 8051 钱；其中（贵者）1 石 1 钧 27 斤 9 两 17 铢，1 石值 8052 钱。

[41] 假设出 13970 钱，买 1 石 2 钧 28 斤 3 两 5 铢丝，想按贵贱以钧为单位计价。问：各多少钱？答：其中（贱者）7 斤 10 两 9 铢，1 钧值 2012 钱；其中（贵者）1 石 2 钧 20 斤 8 两 20 铢，1 钧值 2013 钱。

[42] 假设出 13970 钱，买 1 石 2 钧 28 斤 3 两 5 铢丝，想按贵贱以斤为单位计价。问：各多少钱？答：其中（贱者）1 石 2 钧 7 斤 10 两 4 铢，1 斤值 67 钱；其中（贵者）20 斤 9 两 1 铢，1 斤值 68 钱。

[43] 假设出 13970 钱，买 1 石 2 钧 28 斤 3 两 5 铢丝，想按贵贱以两为单位计价。问：各多少钱？答：其中（贱者）1 石 1 钧 17 斤 14 两 1 铢，1 两值 4 钱；其中（贵者）1 钧 10 斤 5 两 4 铢，1 两值 5 钱。

其率，其率是想使答案没有分数。按：出 576 钱，买 78 根竹。用它除钱数，得到 7。实还剩余 30，这就是说，有 30 根，每根的价钱可再增加 1。那么，实中剩余的数量就是价钱贵的物品的数量，所以说"剩余的实是贵的数量"。本来以 78 作为除数，现在以贱的数量减之，那么它的剩余就是价钱贱的物品的数量，所以说"剩余的法是贱的数量"。如果求石、钧、斤、两，就用积铢的数分别除剩余的法和实，依次得到石、钧、斤、两的数，每次余下的都是铢数，就符合所问问题的答案。计算法则是：布置所买的石、钧、斤、两作为除数，以所要计价的单位乘钱数作为被除数，被除数除以除数。不满法者，反过来用剩余的实减法，剩余的法是贱的数量，剩余的实是贵的数量。如果求石、钧、斤、两的数，就用积铢数分别除剩余的法和实，依次得到石、钧、斤、两的数，每次余下的都是铢数。

古题今解

[38] 576 钱 ÷ 78 根 = 7 钱/根，并剩余 30 钱，因大竹比小竹多用 1 钱，由剩余数 30 可知，买大竹 30 根，又得买小竹 78 根 – 30 根 = 48 根。所以小竹每支 7 钱，大竹每支 8 钱。

[39] 1 石 = 120 斤，1 钧 = 30 斤，1 石 = 4 钧，1 斤 = 16 两，1 两 = 24 铢。1 石 2 钧 18 斤（1 × 120 + 2 × 30 + 18）斤 = 198 斤，1 120 钱 ÷ 198 斤 = 5 钱/斤，剩余 130 钱，因好丝比差丝每斤价多 1 钱，可知：买好丝 130 斤 = 4 钧 10 斤 = 1 石 10 斤，买差丝 198 斤 – 130 斤 = 68 斤 = 2 钧 8 斤，好丝单价：6 钱/斤，差丝单价：5 钱/斤。

[40] 1 石 2 钧 28 斤 3 两 5 铢 = $\frac{79949}{46080}$ 石。13970 钱 ÷ $\frac{79949}{46080}$ 石 = 8050 钱/石，剩余 68201 钱。由余数 68201 钱可知：可买好丝 68201 铢 = $\frac{68201}{46080}$ 石 = 1 石 1 钧 27 斤 9 两 17 铢，可买差丝：1 石 2 钧 28 斤 3 两 5 铢 – 1 石 1 钧 27 斤 9 两 17 铢 = 1 钧 9 两 12 铢，差丝单价是 8501 钱/石，好丝单价是 8502 钱/石。

[41] 1 石 2 钧 28 斤 3 两 5 铢 = 79949 铢 = $\frac{79949}{11520}$ 钧，13970 钱 ÷ $\frac{79949}{11520}$ 钧 = 2012 钱/钧，剩余 77012 钱，因钧已化为铢，余数 77012 应与好丝"铢"数相对应。由余数 77012 钱知：可买好丝 77012 铢 = $\frac{79949}{11520}$ = 1 石 2 钧 20 斤 8 两 20 铢，可买差丝 1 石 2 钧 28 斤 3 两 5 铢 – 1 石 2 钧 20 斤 8 两 20 铢 = 7 斤 10 两 9 铢，好丝单价是 2013 钱/钧，差丝单价是 2012 钱/钧。

[42] 1 石 2 钧 7 斤 10 两 4 铢 = $\frac{79949}{384}$ 斤，13970 钱 ÷ $\frac{79949}{384}$ 斤 = 67 钱/斤，剩余 7897 钱。因"斤"已化成"铢"计，余数 7897 钱应与好丝"铢"对应，所以由余数 7897 钱可知：可买好丝 7897 铢 = $\frac{79949}{384}$ 斤 = 20 斤 9 两 1 铢，可购差丝 1 石 2 钧 28 斤 3 两 5 铢 – 20 斤 9 两 1 铢 = 1 石 2 钧 7 斤 10 两 4 铢，好丝单价是 68 钱/斤，差丝单价是 67 钱/斤。

[43] 1 石 2 钧 28 斤 3 两 5 铢 = $\frac{79949}{24}$ 两，13970 钱 ÷ $\frac{79949}{24}$ 两 = 4 钱/两，剩余 15484 钱，因"两"已化为"铢"计，余数 15484 钱应与"铢"数相对应。所以由余数 15484 钱知：能购好丝 15484 铢 = $\frac{15484}{24}$ 两 = 1 钧 10 斤 5 两 4 铢，能

购差丝 1 石 2 钧 28 斤 3 两 5 铢 − 1 钧 10 斤 5 两 4 铢 = 1 石 1 钧 17 斤 14 两 1 铢，好丝单价是 5 钱/两，差丝单价是 4 钱/两。

古代重量单位的换算

中国古代的重量单位中，三十斤为一钧，十圭重一铢，二十四铢重一两，十六两重一斤。石是古代的容量或者重量单位。十斗为一石，一百二十斤为一石。钧和匀是中国的重量单位，以见于彝器上的钧和匀为最早。在战国时期，只有两种重量单位，即斤和镒，一斤为十六两，一镒为二十两。从当时文献中的记载来看，这两个单位同钧和匀似乎没有正式的联系，这是一件难以解释的事。后来的人用铢、两把这几个单位联系起来，四个单位都成为铢或两的倍数，但是在甲骨文和殷周间的金文中似乎并没有铢和两这两种单位。

【原文】

[44] 今有出钱一万三千九百七十，买丝一石二钧二十八斤三两五铢，欲其贵贱铢率之。问：各几何？答曰：其一钧二十斤六两十一铢，五铢一钱；其一石一钧七斤一十二两一十八铢，六铢一钱。

[45] 今有出钱六百二十，买羽①二千一百翭（hóu）。翭，羽本也。数羽称其本，犹数草木称其根株。欲其贵贱率之。问：各几何？答曰：其一千一百四十翭，三翭一钱；其九百六十翭，四翭一钱。

[46] 今有出钱九百八十，买矢簳（gǎn）五千八百二十枚，欲其贵贱率之。问：各几何？答曰：其三百枚，五枚一钱；其五千五百二十枚，六枚一钱。

反其率②臣淳风等谨按："其率"者，钱多物少；"反其率"知③，钱少物多。多少相反，故曰反其率也。其率者，以物数为法，钱数为实；反之知，以钱数为法，物数为实。不满法知，实余也。当以余物化为钱矣。法为凡钱，而今以化钱减之，故以实减法。"法少"知，经分④之所得故曰"法少"⑤ "实多"者，余分之所益，故曰"实多"⑥。乘实宜以多，乘法宜以少，故曰"各以其所得多少之数乘法、实，即物数"。"其求石、钧、斤、两，以积铢各除法、实，各得其数，余各为铢"者，谓之石、钧、斤、两积铢除实，石、钧、斤、两积铢除法，余各为铢，即合所问。术曰：以钱数为法，所率为实，实如法而一⑦。不满法者，反以实减法，法少实多⑧。二物各以所得多少之数乘法、实，即物数⑨。其率，按：出钱六百二十，买羽二千一百翭。反之，当二百四十钱，一钱四翭；其三百八十钱，一钱三翭。是钱有二价，物有贵贱。故以羽乘钱，反其率也。

【注释】

①羽：箭翎，装饰在箭杆的尾部，用以保持箭飞行的方向。

②反其率：与其率相反。盖其率术求单价贵贱差1，故以物数为除数，钱数为被除数。

③"反其率"知：与下文"反之知""不满法知""'法少'知"此四"知"字，训"者"，见刘徽序"故枝条虽分而同本干知"之注释。

④经分：《九章算术》中的分数除法。

⑤故曰"法少"：从上文看不出为什么说"故曰'实少'"。

⑥故曰"实多"：从上文看不出为什么说"故曰'实多'"。

⑦以钱数为法，所率为实，实如法而一：以出的钱作为除数，所买物品作为被除数，相除以法。

⑧不满法者，反以实减法，法少实多：有不满法的余实，就以余实减法，余法就是1钱买的少的钱数，余实就是1钱买的多的钱数。

⑨二物各以所得多少之数乘法、实，即物数：两种东西分别以1钱所买的多、少的数乘余实，得1钱买的多的东西的数量。

【译文】

[44] 假设出13970钱，买1石2钧28斤3两5铢丝，想按贵贱以铢为单位计价。问：各多少钱？答：其中（贵者）1钧20斤6两11铢，5铢值1钱；其中（贱者）1石1钧7斤12两18铢，6铢值1钱。

[45] 假设出620钱，买2100翭，翭，鸟羽的本。数鸟羽称本，就如同数草称根，数木称株一样。想按贵贱计价。问：各多少钱？答：其中（贵者）1140翭，3翭值1钱；其中（贱者）960翭，4翭值1钱。

[46] 假设出980钱，买5820枚箭杆，想按贵贱计价。问：各多少钱？答：其中（贵者）300枚，5枚值1钱；其中（贱者）5520枚，6枚值1钱。

反其率淳风等按：其率术是出的钱数量大，而买的物品数量小；反其率术是出的钱数量小，而买的物品数量大；大与小的情况正好相反，所以叫作反其率。计算法则是：以出的钱数作为除数，所买物品作为被除数，被除数除以除数。不满法者，反过来用剩余的实减法。剩余的法是买的少的物品的数量，剩余的实是买的多的物品的数量。分别用所得到的买的多少两种物品数乘剩余的实与法，就得到贱与贵的物品的数量。"如果求石、钧、斤、两，就用积铢的数分别除剩余的法和实，除得到石、钧、斤、两外，余数是铢数"，指用石、钧、斤、两所含的铢数除贵、贱物品铢数，余数的单位也是铢，符合问题要求。法则：以出钱数作为除数，买物品数作为被除数，被除数除以除数。如果有余数，余数是买得多的物品的数，用余数和剩余的除数，乘以买得多、少的物品数，得到贵、贱物品数。其率，按：其率术是出 620 钱买 2100 簇鸟羽。反过来，应当是其中 240 钱，1 钱买 4 簇；其中 380 钱，1 钱买 3 簇。这是出钱有两个价钱，物品有贵有贱。所以用 1 钱买的鸟羽数乘钱数，这就是反其率术。

《古题今解》

[44] 1 石 2 钧 28 斤 3 两 5 铢 = 79949 铢，79949 铢 ÷ 13970 钱 = 5 铢/钱，剩余 10099 铢，由此可知，每钱 5 铢是好丝的价格，每钱 6 铢是差丝的价格。所以差丝重 10099 钱 × 6 铢/钱 = 60594 铢 = 1 石 1 钧 7 斤 12 两 18 铢，好丝重：1 石 2 钧 28 斤 3 两 5 铢 – 1 石 1 钧 7 斤 12 两 18 铢 = 1 钧 20 斤 6 两 11 铢。

[45] 2100 支 ÷ 620 钱 = 3 支/钱，剩余 240 支，由此可知，每钱 3 支是价格好的箭矢，每钱 4 支则是价格便宜的箭矢。可买价便宜的箭矢数：240 钱 × 4 支/钱 = 960 支，可买价贵的箭矢数：2100 支 – 960 支 = 1140 支。

[46] 5820 支 ÷ 980 钱 = 5 支/钱，剩余 920 支，由此可得，每钱 5 支是好的箭杆的价格，每钱 6 支是差箭杆的价格。差箭杆数：920 钱 × 6 支/钱 = 5520 支，好的箭杆数：5820 支 – 5520 支 = 300 支。

衰分① 以御贵贱廪②税

（衰分：处理物价贵贱、赐予谷物及赋税等问题）

衰分是按比例递减分配的意思。其中含有用比例方法解决的等差数列、等比数列问题。这一章主要讲按比例分配物资或按一定比例摊派税收的比例分配问题。本章所涉及的算数算法，在实际运用中涉及社会生活的很多方面，比如按爵分配，赔偿问题，纳税，徭役，还有贷款利息的计算等。

【原文】

衰分衰分，差③也。术曰：各置列衰④，列衰，相与率也⑤。重叠⑥，则可约。副并为法⑦；以所分⑧乘未并者各自为实；法集而衰别⑨，数本一也。今以所分乘上别，以下集除之，一乘一除适足相消，故所分犹存，且各应率而别也。于今有术，列衰各为所求率，副并为所有率，所分为所有数⑩。又以经分⑪言之，假令甲家三人，乙家二人，丙家一人，并六人，共分十二，为人得二也。欲复作逐家⑫者，则当列置人数，以一人所得乘之。今此术先乘而后除⑬也。实如法而一⑭。不满法者，以法命之⑮。

【注释】

①衰（cuī）分：按一定的等级进行分配，即按比例分配。

②禀（lǐn）：通"廪（lǐn）"，赐人以谷。《说文解字》："禀，赐谷也。"

③差：次第，等级。

④列衰：列出的等级数，即各物品的分配比例。

⑤列衰，相与率也：计算中所使用的列衰都是相与率。

⑥重叠：重复叠加。这里实际上指有等数。如果有等数，可以约简。

⑦副并为法：合在一起作为除数。

⑧所分：被分配的总量。

⑨法集而衰别：法是列衰集中到一起，而列衰是有区别的。

⑩刘徽将列衰作为所求率，副并作为所有率，所分作为所有数，从而将衰分术归结为今有术。

⑪经分：从以下的内容看，这里的经分指整数除法。

⑫逐家：一家一家依次（求之）。逐，依次，挨着次序。

⑬此术先乘而后除：指衰分术是先乘后除。

⑭实如法而一：被除数除以除数。

⑮以法命之：如果实有余数，便用除数命名一个分数。

【译文】

衰分衰分，就是按等级分配。计算法则是：分别布置"列衰"，列衰是相与之率。如果有重叠，就可以约简。在旁边将它们相加作为除数；以所分的数量乘未相加的列衰，分别作为被除数；法是将列衰集合在一起，而列衰是各自的。这个所分的数量本来是一个整体，现在用所分的数量乘布置在上方的各自的列衰，用布置在下方的集合在一起的法除之，一乘一除恰好相消，所以所分的数量仍然存在，只是分别对应于各自的率而有所区别罢了。对于今有术，列衰分别是所求率，在旁边将它们相加的结果是所有率，所分的数量是所有数。又用经分术来表述之。假设甲家有3人，乙家有2人，丙家有1人，相加为6人，共同分12，就是每人得到2。想再得到一家一家的数量，则应当列出各家的人数，以1人所得的数量乘之。现在这种算法是先作乘法而后作除法。被除数除以除数。不满法者，用除数命名一个分数。

有趣的衰分术

衰分术就是按已知的比例分配物品的方法。各部分的比例称为列衰。

在民间流传着这样一个有趣的衰分问题：有一老翁膝下有三个儿子，老翁对家中17头耕牛立遗嘱分之：老大得一半，老二得$\frac{1}{3}$，老三得$\frac{1}{9}$。老翁死后，由于耕牛要耕地，三兄弟让邻居老太给他们分牛，老太牵出自家一耕牛并入这17头耕牛，老大得一半分得9头，老二得$\frac{1}{3}$分得6头，老三得$\frac{1}{9}$分得2头，余下1头，老太仍牵回家。

【原文】

[01] 今有大夫①、不更②、簪裹③、上造④、公士⑤，凡五人，共猎得五鹿。欲以爵次⑥分之。问：各得几何？答曰：大夫得一鹿、三分鹿之二；不更得一鹿、三分鹿之一；簪裹得一鹿；上造得三分鹿之二；公士得三分鹿之一。

术曰：列置爵数，各自为衰；爵数者，谓大夫五，不更四，簪裹三，上造二，公士一也。《墨子·号令篇》"以爵级为赐⑦"，然则战国之初有此名也。副并为法；以五鹿乘未并者，各自为实；实如法得一鹿⑧。于今有术，列衰各为所求率，副并为所有率，今有鹿数为所有数，而今有之，即得。

【注释】

①大夫：秦国二十等爵第五级。

②不更：秦国二十等爵第四级。

③簪裒（zān niǎo）：亦作簪袅。秦国二十等爵第三级。

④上造：秦国二十等爵第二级。

⑤公士：秦国二十等爵第一级。

⑥爵次：爵位的等级。

⑦以爵级为赐：按照爵位的等级进行赏赐。

⑧实如法得一鹿：被除数除以除数，得到每人的鹿数。

【译文】

[01] 假设大夫、不更、簪裒、上造、公士5人，共猎得5只鹿。想按爵位的等级分配。问：各得多少？答：大夫得 $1\frac{2}{3}$ 只鹿，不更得 $1\frac{1}{3}$ 只鹿，簪裒得1只鹿，上造得 $\frac{2}{3}$ 只鹿，公士得 $\frac{1}{3}$ 只鹿。

计算法则是：列出爵位的等级，各自作为衰；爵位的级数，是说大夫是5，不更是4，簪裒是3，上造是2，公士是1。《墨子·号令篇》说"按照爵位的等级进行赏赐"，那么战国初期就有这些名号了。在旁边将它们相加作为除数，以5只鹿乘未相加的列衰作为被除数，得到每人的鹿数。对于今有术，列衰各自作为所求率，在旁边将它们相加作为所有率，现猎得的鹿数作为所有数，对之施用今有术，就得到答案。

古题今解

[01]

由题设条件得：5只 ÷ (5 + 4 + 3 + 2 + 1) = $\frac{1}{3}$ 只。五人所得鹿数分别为，公士：三只×1 = $\frac{1}{3}$ 只；上造：$\frac{1}{3}$ 只×2 = $\frac{2}{3}$ 只；簪裒：$\frac{1}{3}$ 只×3 = 1只；不更：$\frac{1}{3}$ 只×4 = $1\frac{1}{3}$ 只；大夫：$\frac{1}{3}$ 只×5 = $1\frac{2}{3}$ 只。

【原文】

[02] 今有牛、马、羊食人苗。苗主责之粟五斗。羊主曰："我羊食半马。"

马主曰:"我马食半牛。"今欲衰偿①之。问:各出几何?答曰:牛主出二斗八升、七分升之四;马主出一斗四升、七分升之二;羊主出七升、七分升之一。

术曰:置牛四、马二、羊一,各自为列衰;副并为法;以五斗乘未并者②各自为实;实如法得一斗。臣淳风等谨按:此术问意,羊食半马,马食半牛,是谓四羊当一牛,二羊当一马。今术置羊一、马二、牛四者,通其率以为列衰。

【注释】

①衰偿:按列衰赔偿。偿:偿还。

②未并者:未相加的列衰。

【译文】

[02] 假设牛、马、羊啃了人家的庄稼。庄稼的主人索要 5 斗粟作为赔偿。羊的主人说:"我的羊啃的是马的一半。"马的主人说:"我的马啃的是牛的一半。"现在想按照比例偿还。问:各出多少?答:牛的主人出 2 斗 8 $\frac{4}{7}$ 升;马的主人出 1 斗 4 $\frac{2}{7}$ 升;羊的主人出 7 $\frac{1}{7}$ 升。

计算法则是:布置牛 4、马 2、羊 1,各自作为列衰;在旁边将它们相加作为除数;以 5 斗乘未相加的列衰各自作为被除数;被除数除以除数,得每人赔偿的斗数。淳风等按:这一问题的意思是,羊啃的是马的一半,马啃的是牛的一半,这是说 4 只羊啃的相当于 1 头牛啃的,2 只羊啃的相当于 1 匹马啃的,现在术中布置羊 1、马 2、牛 4,这是使它们的率相通并以其作为列衰。

古题今解

[02]

根据条件得: 5 斗 ÷ (1 + 2 + 4) = $\frac{5}{7}$ 斗。三人应赔偿的粟数分别为,牛主人: $\frac{5}{7}$ 斗 ×4 = 2 $\frac{6}{7}$ 斗 = 2 斗 8 $\frac{4}{7}$ 升;马主人: $\frac{5}{7}$ 斗 ×2 = 1 $\frac{3}{7}$ 斗 = 1 斗 4 $\frac{2}{7}$ 升;羊主人: $\frac{5}{7}$ 斗 ×1 = $\frac{5}{7}$ 斗 = 7 $\frac{1}{7}$ 升。

【原文】

[03] 今有甲持钱五百六十,乙持钱三百五十,丙持钱一百八十,凡三人俱出关。关税①百钱,欲以钱数多少衰出之。问:各几何?答曰:甲出五十一钱、一百九分钱之四十一;乙出三十二钱、一百九分钱之一十二;丙出一十六钱、一百九分钱之五十六。

术曰：各置钱数为列衰；副并为法；以百钱乘未并者，各自为实；实如法得一钱。臣淳风等谨按：此术甲、乙、丙持钱数以为列衰，副并为所有率，未并者各为所求率，百钱为所有数，而今有之^②，即得。

【注释】

①关税：指关卡征收赋税。

②而今有之：应用今有术。

【译文】

[03] 假设甲带着560钱，乙带着350钱，丙带着180钱，3人一道出关，关防征税100钱，想按照所带钱数多少分配税额。问：各出多少？答：甲出 $51\frac{41}{109}$ 钱；乙出 $32\frac{12}{109}$ 钱；丙出 $16\frac{56}{109}$ 钱。

计算法则是：分别布置所带的钱数作为列衰；在旁边将它们相加作为除数；用100钱乘未相加的列衰，各自作为被除数；被除数除以除数，得到每人出的税钱。淳风等按：这种算法中以甲、乙、丙所带的钱数作为列衰，在旁边将它们相加，作为所有率，未相加的列衰分别作为所求率，100钱作为所有数，应用今有术，就得到答案。

古题今解

[03]

根据题设条件得：100 钱 ÷（560 + 350 + 180）钱 = $\frac{10}{109}$。分别应付的关税为，甲：$\frac{10}{109} \times 560$ 钱 = $51\frac{41}{109}$ 钱；乙：$\frac{10}{109} \times 350$ 钱 = $32\frac{12}{109}$ 钱；丙：$\frac{10}{109} \times 180$ 钱 = $16\frac{56}{109}$ 钱。

【原文】

[04] 今有女子善织，日自倍^①，五日织五尺。问：日织几何？答曰：初日织一寸、三十一分寸之十九；次日织三寸、三十一分寸之七；次日织六寸、三十一分寸之十四；次日织一尺二寸、三十一分寸之二十八；次日织二尺五寸、三十一分寸之二十五。

术曰：置一、二、四、八、十六^②为列衰；副并为法；以五尺乘未并者，各自为实；实如法得一尺。

【注释】

①日自倍：第二日是第一日的2倍。

②此处的列衰是第二天是第一天的2倍而来的。

【译文】

[04] 假设一女子善于纺织，每天都增加一倍，5 天共织了 5 尺。问：每天织多少？答：第 1 天织 $1\frac{19}{31}$ 寸；第 2 天织 $3\frac{7}{31}$ 寸；第 3 天织 $6\frac{14}{31}$ 寸；第 4 天织 1 尺 $2\frac{28}{31}$ 寸；第 5 天织 2 尺 $5\frac{25}{31}$ 寸。

计算法则是：布置 1、2、4、8、16 作为列衰；在旁边将它们相加作为除数；以 5 尺乘未相加的列衰，各自作为被除数；被除数除以除数，得到每天织的尺数。

古题今解

[04]

根据题设条件，并且，1 尺 = 10 寸，得：5 尺 ÷（1 + 2 + 4 + 8 + 16）= $\frac{5}{31}$ 尺，则第 1 天织布数：$\frac{5}{31}$ 尺 × 1 = $1\frac{19}{31}$ 寸；第 2 天织布数：$\frac{5}{31}$ 尺 × 2 = $\frac{10}{31}$ 尺 = $3\frac{7}{31}$ 寸；第 3 天织布数：$\frac{5}{31}$ 尺 × 4 = $\frac{20}{31}$ 尺 = $6\frac{14}{31}$ 寸；第 4 天织布数：$\frac{5}{31}$ 尺 × 8 = $\frac{49}{31}$ 尺 = 1 尺 $2\frac{28}{31}$ 寸；第 5 天织布数：$\frac{5}{31}$ 尺 × 16 = $\frac{80}{31}$ 尺 = 2 尺 $5\frac{25}{31}$ 寸。

【原文】

[05] 今有北乡算①八千七百五十八，西乡算七千二百三十六，南乡算八千三百五十六，凡三乡，发徭②三百七十八人，欲以算数多少衰出之。问：各几何？答曰：北乡遣一百三十五人、一万二千一百七十五分人之一万一千六百三十七；西乡遣一百一十二人、一万二千一百七十五分人之四千四；南乡遣一百二十九人、一万二千一百七十五分人之八千七百九。

术曰：各置算数为列衰，臣淳风等谨按：三乡算数可约，半者为列衰。副并为法；以所发徭人数乘未并者，各自为实；实如法得一人。按：此术，今有之义也。

【注释】

①算：算赋，汉代的人丁税。

②徭：劳役。

【译文】

[05] 假设北乡的算赋是 8758，西乡的算赋是 7236，南乡的算赋是 8356。三乡总共要派遣徭役 378 人，想按照各乡算赋数的多少分配。问：各乡派遣多少人？答：北乡派遣 $135\frac{11637}{12175}$ 人；西乡派遣 $112\frac{4004}{12175}$ 人；南乡派遣 $129\frac{8709}{12175}$ 人。

计算法则是：分别布置各乡的算赋数作为列衰，淳风等提示：三乡的算赋数相约简，取其一半作为列衰。在旁边将它们相加作为除数；以所要派遣的徭役人数乘未相加的列衰，分别作为被除数；被除数除以除数，得每乡派遣的徭役人数。提示：这种算法有今有术的意思。

《古题今解》

[05]

各自的分配比率为：北乡 8758，西乡 7236，南乡 8356。众比率之和为 $8758 + 7236 + 8356 = 24350$，根据题设条件得：378 人 ÷（8758 + 7236 + 8356）$= \frac{378}{24350}$ 人 $= \frac{189}{12175}$ 人。三乡应派徭役的人数分别为，北乡：$\frac{189}{12175}$ 人 × 8758 $= 135\frac{11637}{12175}$ 人；西乡：$\frac{189}{12175}$ 人 × 7236 $= 112\frac{4004}{12175}$ 人；南乡：$\frac{189}{12175}$ 人 × 8356 $= 129\frac{8709}{12175}$ 人。

【原文】

[06] 今有禀粟①，大夫、不更、簪裹、上造、公士，凡五人，一十五斗。今有大夫一人后来，亦当禀五斗。仓无粟，欲以衰出之。问：各几何？答曰：大夫出一斗、四分斗之一；不更出一斗；簪裹出四分斗之三；上造出四分斗之二；公士出四分斗之一。

术曰：各置所禀粟斛斗数，爵次均之②，以为列衰，副并而加后来大夫亦五斗，得二十以为法；以五斗乘未并者，各自为实；实如法得一斗。禀前"五人十五斗"者，大夫得五斗，不更得四斗，簪裹得三斗，上造得二斗，公士得一斗。欲令五人各依所得粟多少，减与后来大夫，即与前来大夫同。据前来大夫已得五斗，故言"亦"③也。各以所得斗数为衰，并得十五，而加后来大夫亦五斗，凡二十，为法也。是为六人共出五斗，后来大夫亦俱损折。于今有术，副

并为所有率，未并者各为所求率，五斗
为所有数，而今有之，即得。

【注释】

①禀粟：发放粟米。

②爵次均之：以爵位等级调节之。

③"亦"："也是5斗"。

【译文】

[06] 假设要发放粟米，大夫、不
更、簪褭、上造、公士共5人，发放15
斗。如果有另一个大夫来晚了，也应当
发给他5斗。可是粮仓中已经没有粟
米，想让各人按爵位等级拿出粟给他。

问：各人出多少？答：大夫拿出 $1\frac{1}{4}$

斗；不更拿出1斗；簪褭拿出 $\frac{3}{4}$ 斗；上

造拿出 $\frac{2}{4}$ 斗；公士拿出 $\frac{1}{4}$ 斗。

计算法则是：分别布置所发放的粟
米的斗数，以爵位等级调节之，作为列
衰。在旁边将它们相加，又加晚来的大
夫的爵位数也是5斗，得到20，作为除
数。以5斗乘未相加的列衰，各自作为
被除数。被除数除以除数，得到每人拿
出的斗数。重新发放粟米之前，"5人
共15斗"，这时大夫得5斗，不更得4

斗，簪褭得3斗，上造得2斗，公士得1斗。想使5人各按照所得到的粟的多少
减损并给晚来的大夫，使他与先来的大夫相同。根据先来的大夫已得到5斗，
所以说晚来的大夫"也是5斗"。各以所得的斗数作为列衰，相加得15，又加晚
来的大夫也是5斗，总共是20斗，作为除数。这就成为6人共出5斗，晚来的
大夫也一道减损。对于今有术，在旁边相加列衰作为所有率，未相加的列衰各
为所求率，5斗作为所有数，应用今有术，就得到答案。

[06]

根据题设条件得：$5+4+3+2+1=15$，15 斗 $\div$（$5+5+4+3+2+1$）$=\dfrac{3}{4}$ 斗。

五人应退还的粟数分别为，大夫：5 斗 $-\dfrac{3}{4}$ 斗 $\times5=1\dfrac{1}{4}$ 斗；不更：4 斗 $-\dfrac{1}{4}$ 斗 $\times4=1$ 斗；簪裹：3 斗 $-\dfrac{3}{4}$ 斗 $\times3=\dfrac{3}{4}$ 斗；上造：2 斗 $-\dfrac{3}{4}$ 斗 $\times2=\dfrac{2}{4}$ 斗 $=\dfrac{1}{2}$ 斗；公士：1 斗 $-\dfrac{3}{4}$ 斗 $\times1=\dfrac{1}{4}$ 斗。

【原文】

[07] 今有禀粟五斛，五人分之。欲令①三人得三，二人得二。问：各几何？

答曰：三人，人得一斛一斗五升、十三分升之五；二人，人得七斗六升、十三分升之十二。

术曰：置三人，人三；二人，人二；为列衰，副并为法②；以五斛乘未并者，各自为实；实如法得一斛。

【注释】

①令：使得。

②副并为法：在旁边将它们相加，作为除数。

【译文】

[07] 假设发放粟米 5 斛，5 个人分配。想使 3 个人每人得 3 份，2 个人每人得 2 份。问：各得多少？答：3 个人，每人得 1 斛 1 斗 5 $\dfrac{5}{13}$ 升；2 个人，每人得 7 斗 6 $\dfrac{12}{13}$ 升。

计算法则是：列出三人，每人所得份数为三；两人，每人所得份数为二，为分配比数。另取众比数之和为除数。用 5 斛乘以各比数，各自为被除数。以除数除被除数即得每一人所得数量。

[07]

根据题设条件得：5 斛 $\div$（$3\times3+2\times2$）$=\dfrac{5}{13}$ 斛。

三人各得：$\frac{5}{13}$斛 $\times 3 = 1\frac{2}{13}$斛 $= 1$ 斛 1 斗 $5\frac{5}{13}$升。

二人各得：$\frac{5}{13}$斛 $\times 2 = \frac{10}{13}$斛 $= 7$ 斗 $6\frac{12}{13}$升。

【原文】

返衰①以爵次言之，大夫五、不更四……欲令高爵得多者，当使大夫一人受五分，不更一人受四分……人数为母，分数为子。母同则子齐，齐即衰也。故上衰分宜以五、四……为列焉。今此令高爵出少，则当使大夫五人共出一人分，不更四人共出一人分……故谓之返衰。人数不同，则分数不齐。当令母互乘子。母互乘子，则"动者为不动者衰"也。亦可先同其母，各以分母约，其子②为返衰；副并为法；以所分乘未并者，各自为实。实如法而一。术曰：列置衰而令相乘③，动者为不动者衰。

【注释】

①返衰：以列衰的倒数进行分配。

②其子：指以分母约"同"的结果。同即公分母。

③列置衰而令相乘：就是布置列衰，使分母互乘分子。

【译文】

返衰以爵位等级表述之，大夫是5，不更是4……想使爵位高的得的多，应当使大夫1人接受5份，不更1人接受4份……人数作为分母，每人接受的份数作为分子。分母相同，则分子应该相齐，相齐就能作列衰。所以应用上面的衰分术应当以5，4……作为列衰。现在此处使爵位高的出的少，那么应当使大夫5个人共出1份，不更4个人共出1份……所以称之为返衰。

人数不同，则份数不相齐。应当使分母互乘分子。分母互乘分子，就是"变动了的为不变动的进行衰分"。也可以先使它们的分母相同，以各自的分母除同，以它们的分子作为返衰术的列衰；在旁边将它们相加作为除数；用所分的数量乘未相加的列衰，分别作为被除数。被除数除以除数。计算法则是：布置列衰而使它们相乘，变动了的为不变动的进行衰分。

【原文】

[08] 今有大夫、不更、簪袅、上造、公士，凡五人，共出百钱。欲令高爵出少，以次渐多①。问：各几何？答曰：大夫出八钱、一百三十七分钱之一百四；不更出一十钱、一百三十七分钱之一百三十；簪袅出一十四钱、一百三十七分钱之八十二；上造出二十一钱、一百三十七分钱之一百二十三；公士出四

十三钱、一百三十七分钱之一百九。

术曰：置爵数，各自为衰，而返衰之，副并为法；以百钱乘未并者，各自为实；实如法得一钱。

[09] 今有甲持粟三升，乙持粝米三升，丙持粝饭三升。欲令合而分之。问：各几何？答曰：甲二升、一十分升之七；乙四升、一十分升之五；丙一升、一十分升之八。

术曰：以粟率五十、粝米率三十、粝饭率七十五为衰，而返衰之；副并为法；以九升乘未并者，各自为实；实如法得一升[②]。按：此术，三人所持升数虽等，论其本率，精粗不同。米率虽少，令最得多；饭率虽多，返使得少。故令返之，使精得多而粗得少。于今有术，副并为所有率，未并者各为所求率，九升为所有数，而今有之，即得。

【注释】

①本来大夫、不更、簪褭、上造、公士的列衰为5、4、3、2、1。

②本来甲、乙、丙的列衰为50、30、75。

【译文】

[08] 假设大夫、不更、簪褭、上造、公士5个人，共出100钱。想使爵位高得出得少，按顺序逐渐增加。问：各出多少？答：大夫出 $8\frac{104}{137}$ 钱；不更出 $10\frac{130}{137}$ 钱；簪褭出 $14\frac{82}{137}$ 钱；上造出 $21\frac{123}{137}$ 钱；公士出 $43\frac{109}{137}$ 钱。

计算法则是：布置爵位等级数，各自作为衰，而对之施行返衰术。在旁边将返衰相加。用100钱乘未相加的返衰，各自作为被除数。被除数除以除数，得每人出的钱数。

[09] 假设甲拿来3升粟，乙拿来3升粝米，丙拿来3升粝饭。想把它们混合起来重新分配。问：各得多少？答：甲得 $2\frac{7}{10}$ 升，乙得 $4\frac{5}{10}$ 升，丙得 $1\frac{8}{10}$ 升。

计算法则是：以粟率50，粝米率30，粝饭率75作为列衰，而对之施行返衰术。将返衰相加作为除数，以9升乘未相加的返衰，各自作为被除数。被除数除以除数，得每人分得的升数。按：这种算法中，三个人所拿来的粟米的升数虽然相等，但是论到它们各自的率，却有精粗的不同。粝米率虽然小，却使得到的多；粝饭率虽然大，反而使得到的少。所以对之施行返衰术，使精的得到的多而粗的得到的少。按今有术的意义，在旁边将返衰相加作为所有率，未相加的返衰各自作为所求率，9升作为所有数，而应用今有术，即得到答案。

［08］

根据题设条件得：$100 \text{ 钱} \div \left(\dfrac{1}{5} + \dfrac{1}{4} + \dfrac{1}{3} + \dfrac{1}{2} + 1 \right) = \dfrac{6000}{137} \text{ 钱。}$

五人所出的钱数分别为，大夫：$\dfrac{6000}{137} \text{ 钱} \times \dfrac{1}{5} = 8 \dfrac{104}{137} \text{ 钱；}$ 不更：$\dfrac{6000}{137} \text{ 钱} \times \dfrac{1}{4} = 10 \dfrac{130}{137} \text{ 钱；}$ 簪裹：$\dfrac{6000}{137} \text{ 钱} \times \dfrac{1}{3} = 14 \dfrac{82}{137} \text{ 钱；}$ 上造：$\dfrac{6000}{137} \text{ 钱} \times \dfrac{1}{2} = 21 \dfrac{123}{137} \text{ 钱；}$ 公士：$\dfrac{6000}{137} \text{ 钱} \times 1 = 43 \dfrac{109}{137} \text{ 钱。}$

［09］

根据题设条件得：$(3 + 3 + 3) \text{ 升} \div \left(\dfrac{1}{50} + \dfrac{1}{30} + \dfrac{1}{75} \right) = 135 \text{ 升。}$

三人所得混合后的粮食数分别为，

甲：$135 \text{ 升} \times \dfrac{1}{50} = 2 \dfrac{7}{10} \text{ 升；}$ 乙：$135 \text{ 升} \times \dfrac{1}{30} = 4 \dfrac{5}{10} \text{ 升；}$ 丙：$135 \text{ 升} \times \dfrac{1}{75} = 1 \dfrac{8}{10} \text{ 升。}$

贾宪和增乘开方法

贾宪，中国北宋数学家。贾宪的主要贡献是创造了贾宪三角和增乘开方法。增乘开方法即求高次幂的正根法，目前中学数学中的综合除法依然运用这种方法。

增乘开方法比传统的方法整齐简单、更程序化，所以在开高次方时，尤其显出它的优越性。增乘开方法的计算程序大致和欧洲数学家霍纳的方法相同，故称为鲁菲尼—霍纳法或霍纳法，他比贾宪晚 800 余年。

【原文】

［10］今有丝一斤，价直①二百四十。今有钱一千三百二十八。问：得丝几何？答曰：五斤八两一十二铢、五分铢之四。

术曰：以一斤价数为法，以一斤乘今有钱数为实，实如法得丝数。按：此术，今有之义。以一斤价为所有率，一斤为所求率，今有钱为所有数，而今有之②，即得。

［11］今有丝一斤，价直三百四十五。今有丝七两一十二铢。问：得钱几

何？答曰：一百六十一钱、三十二分钱之二十三。

术曰：以一斤铢数为法；以一斤价数乘七两一十二铢为实；实如法得钱数。按：此术，亦今有之义。以丝一斤铢数为所有率，价钱为所求率，今有丝为所有数，而今有之，即得。

【注释】

①直：通"值"。

② 今有之：今有术。

【译文】

[10] 假设有 1 斤丝，价值是 240 钱。现有 1328 钱。问：得到多少丝？答：得 5 斤 8 两 $12\frac{4}{5}$ 铢丝。

计算法则：以 1 斤价格作除数，以 1 斤乘以今有钱数为被除数，用除数除被除数便得可买丝数。按：这种算法具有今有术的意思。以 1 斤价钱作为所有率，1 斤作为所求率，现有钱数作为所有数，应用今有术，即得到答案。

[11] 假设有 1 斤丝，价值是 345 钱。现有 7 两 12 铢丝。问：得到多少钱？答：得 $161\frac{23}{32}$ 钱。

计算法则：以一斤丝所含铢数为除数，以 1 斤价格乘 7 两 12 铢（所含铢数）作为被除数，以除数除被除数便得钱。按：这种算法具有今有术的意思。以 1 斤的铢数作为所有率，1 斤的价钱作为所求率，现有的丝数作为所有数，应用今有术，即得到答案。

《古题今解》

[10]

1 斤 = 16 两 =384 铢，1 两 =24 铢。

根据题设条件，所求丝数：1328 钱 ÷ 240 钱/斤 = $5\frac{8}{10}$ 斤 = 5 斤 8 两 $12\frac{4}{5}$ 铢。

[11]

根据题设条件，所求钱数为：$\frac{345\ 钱}{384\ 铢}$ × （7 × 24 + 12）铢 = $161\frac{23}{32}$ 钱。

【原文】

[12] 今有缣①一丈，价直②一百二十八。今有缣一匹九尺五寸。问：得钱几何？答曰：六百三十三、钱五分钱之三。

术曰：以一丈寸数为法；以价钱数乘今有缣寸数为实；实如法得钱数。**臣淳风等谨按：此术亦今有之义。以缣一丈寸数为所有率，价钱为所求率，今有缣寸数为所有数，而今有之，即得。**

[13] 今有布一匹，价直一百二十五。今有布二丈七尺。问：得钱几何？答曰：八十四钱、八分钱之三。

术曰：以一匹尺数为法，今有布尺数乘价钱为实，实如法得钱数。**按：此术，亦今有之义。以一匹尺数为所有率，价钱为所求率，今有布为所有数，今有之，即得。**

[14] 今有素③一匹一丈，价直六百二十五。今有钱五百。问：得素几何？曰：得素一匹。

术曰：以价直为法，以一匹一丈尺数乘今有钱数为实，实如法得素数。**按：此术，亦今有之义。以价钱为所有率，五丈尺数为所求率，今有钱为所有数，今有之，即得。**

【注释】

①缣：一种纺织品。

②直：通"值"。

③素：本色的生帛。

【译文】

[12] 假设有 1 丈缣，价值是 128 钱。现有 1 匹 9 尺 5 寸缣。问：得到多少钱？答：得 $633\frac{3}{5}$ 钱。

计算法则：以 1 丈缣所含的寸数作除数，以 1 丈价格乘今有缣的寸数作被除数，以被除数除以除数便得钱数。**淳风等按：这种算法具有今有术的意思。**

以 1 丈缣的寸数作为所有率，1 丈的价钱作为所求率，现有缣的寸数作为所有数，应用今有术，即得到答案。

[13] 假设有 1 匹布，价值是 125 钱。现有 2 丈 7 尺布。问：得到多少钱？

答：得 84 $\frac{3}{8}$ 钱。

计算法则是：以 1 匹的尺数作为除数，现有布的尺数乘价钱作为被除数，被除数除以除数，得到钱数。按：这种算法具有今有术的意思。以 1 匹的尺数作为所有率，1 匹的价钱作为所求率，现有布的尺数作为所有数，应用今有术，即得到答案。

[14] 假设有 1 匹 1 丈素，价钱是 625 钱。现有 500 钱。问：得多少素？答：得 1 匹素。

计算法则是：以价值作为除数，以 1 匹 1 丈的尺数乘现有钱数作为被除数，被除数除以除数，得到素数。按：这种算法具有今有术的意思。以价钱作为所有率，5 丈的尺数作为所求率，现有钱数作为所有数，应用今有术，即得到答案。

〈古题今解〉

[12]

1 丈 = 100 寸，1 匹 = 4 丈，1 尺 = 10 寸，1 匹 9 尺 5 寸 = 495 寸。

根据题设条件，所求钱数为：$\frac{128 \text{ 钱}}{100 \text{ 寸}} \times 495$ 寸 = 633 $\frac{3}{5}$ 钱。

[13]

根据题设条件，所求钱数为：

125 钱/匹 × 2 丈 7 尺 = 125 钱/匹 × $\frac{27}{40}$ 匹 = 84 $\frac{3}{8}$ 钱。

[14]

1 匹 1 丈 = 50 尺。

根据题设条件，所求素数为：50 尺 × $\frac{500 \text{ 钱}}{625 \text{ 钱}}$ = 40 尺 = 1 匹。

【原文】

[15] 今有与人丝一十四斤，约得缣一十斤。今与人丝四十五斤八两。问：得缣几何？答曰：三十二斤八两。

术曰：以一十四斤两数为法，以一十斤乘今有丝两数为实，实法得缣数。此术亦今有之义。以一十四斤两数为所有率，一十斤为所求率，今有丝为所有数，今有之，即得。

[16] 今有丝一斤，耗^①七两。今有丝二十三斤五两。问：耗几何？答曰：一百六十三两四铢半。

术曰：以一斤展十六两为法，以七两乘今有丝两数为实，实如法得耗数。按：此术，亦今有之义。以一斤为十六两^②为所有率，七两为所求率，今有丝为所有数，而今有之，即得。

[17] 今有生丝三十斤，干^③之，耗三斤十二两。今有干丝一十二斤。问：生丝几何？答曰：一十三斤一十一两十铢、七分铢之二。

术曰：置生丝两数，除耗数，余，以为法；余四百二十两，即干丝率。三十斤乘干丝两数为实；实如法得生丝数。

【注释】

①耗：损耗。

②一斤为十六两：古代重量单位一斤等于十六两。古语"半斤八两"，即由此得来。

③干：晒干。

【译文】

[15] 假设给人 14 斤丝，约定取得 10 斤缣。现给人 45 斤 8 两丝。问：得多少缣？答：得 32 斤 8 两缣。

计算法则是：以 14 斤的两数作为除数，以 10 斤乘现有丝的两数作为被除数，被除数除以除数，得到缣数。这种算法具有今有术的意思。以 14 斤的两数作为所有率，10 斤作为所求率，现有丝数作为所有数，应用今有术，即得到答案。

[16] 假设有 1 斤丝，损耗 7 两。现有 23 斤 5 两丝。问：损耗多少？答：损耗 163 两 4 $\frac{1}{2}$ 铢。

计算法则是：将 1 斤展开，成为 16 两，作为除数。以 7 两乘现有丝的两数作为被除数。被除数除以除数，得损耗数。按：这种算法具有今有术的意思。把 1 斤变成 16 两作为所有率，7 两作为所求率，现有丝数作为所有数，应用今有术，即得到答案。

[17] 假设 30 斤生丝，晒干之后，损耗 3 斤 12 两。现有干丝 12 斤。问：原来的生丝是多少？答：原来的生丝是 13 斤 11 两 10 $\frac{2}{7}$ 铢。

计算法则是：布置生丝的两数，减去损耗数，以余数作为除数。余数 420

两，就是干丝率。30 斤乘干丝的两数作为被除数。被除数除以除数，得到生丝数。

古题今解

[15]

1 斤 = 16 两。根据题设条件，所求缣数为：$\dfrac{10\ 斤}{14\ 斤} \times 45\ 斤\ 8\ 两 = 32\dfrac{1}{2}\ 斤 = 32\ 斤\ 8\ 两$。

[16]

1 两 = 24 铢。根据题设条件，所求耗银数为：$\dfrac{7\ 两}{16\ 两} \times 23\ 斤\ 5\ 两 = 163\dfrac{3}{16}\ 两 = 163\ 两\ 4\dfrac{1}{2}\ 铢$。

[17]

3 斤 12 两 = 60 两，30 斤 = 480 两，12 斤 = 192 两。根据题设条件，所求生丝数为：$\dfrac{480}{480-60} \times 192\ 两 = 219\dfrac{3}{7}\ 两 = 13\ 斤\ 11\ 两\ 10\dfrac{2}{7}\ 铢$。

【原文】

凡所谓率知①，细则俱细，粗则俱粗，两数相推②而已。故品物不同，如上缣、丝之比，相与率焉。三十斤凡四百八十两。令生丝率四百八十两，干丝率四百二十两，则其数相通。可俱为铢，可俱为两，可俱为斤，无所归滞也③。若然，宜以所有干丝斤数，乘生丝两数为实。今以斤、两错互而亦同归者，使干丝以两数为率，生丝以斤数为率。譬（pì）之④异类，亦各有一定之势。臣淳风等谨按：此术，置生丝两数，除耗数，余即干丝之率，于今有术为所有率，三十斤为所求率，干丝两数为所有数。凡所谓率者，细则俱细，粗则俱粗。今以斤乘两知，干丝即以两数为率，生丝即以斤数为率，譬之异物，各有一定之率也。

【注释】

①凡所谓率知：与下文"今以斤乘两知"中，两个"知"字，皆训"者"。

②相推：互相推算。

③这是将诸物化成同一单位，以导出诸物之率，是为率的一种最直观、最常用的方式。

④譬（pì）之：谓把它比方作。此谓比方说是不同类的物品也可以形成率。

【译文】

凡是所谓"率"，要细小则都细小，要粗大则都粗大，不过是两个数互相推算罢了。因此，不同的物品，例如上面的缣与丝的比率，就是相与率。30斤共有480两。使生丝率为480两，使干丝率为420两，则它们的数相通。可以都用铢，可以都用两，可以都用斤，没有什么地方有窒碍。如果这样，应该用所有的干丝斤数乘生丝的两数作为被除数。如今斤与两交互使用而结果相同，使干丝以两数形成率，生丝以斤数形成率，这譬如不同种类的物品，也可以各自一定的率而构成相依关系。淳风等按：在这种算法中，布置生丝的两数，减去损耗的数，余数就是干丝率。对于今有术，这作为所有率，30斤作为所求率，干丝的两数作为所有

数。凡是称为率的，要细小则都细小，要粗大则都粗大。现在以斤乘两，是因为干丝以两数形成率，生丝以斤数形成率，比方说是不同的物品，都各有一定的率。

【原文】

[18] 今有田一亩，收粟六升、太半升。今有田一顷二十六亩一百五十九步。问：收粟几何？答曰：八斛四斗四升、一十二分升之五。

术曰：以亩二百四十步为法；以六升、太半升乘今有田积步为实；实除法得粟数。按：此术，亦今有之义。以一亩步数为所有率，六升、太半升为所求率，今有田积步为所有数，而今有之，即得。

[19] 今有取保[①]一岁，价钱二千五百。今先取一千二百。问：当作日[②]几何？答曰：一百六十九日、二十五分日之二十三。

术曰：以价钱为法；以一岁三百五十四日乘先取钱数为实；实如法得日数。

按：此术，亦今有之义。以价为所有率，一岁日数为所求率，取钱为所有数，而今有之，即得。

【注释】

①取保：犯罪者取得他人的担保而被释。

②作日：应保释的时间。

【译文】

[18] 假设1亩田收获 $6\frac{2}{3}$ 升粟。现有1顷26亩159（平方）步田。问：收获多少粟？答：收获8斛4斗 $4\frac{5}{12}$ 升粟。

计算法则是：以1亩的步数240（平方）步作为除数，以 $6\frac{2}{3}$ 升乘现有田的积步作为被除数。被除数除以除数，得到粟数。按：这种算法具有今有术的意思。以1亩的步数作为所有率，$6\frac{2}{3}$ 升作为所求率，现有田的积步作为所有数，应用今有术，即得答案。

[19] 假设取保一年的价钱是2500钱。今先取钱1200。问：应当保释多少天？答：应当保释 $169\frac{23}{25}$ 天。

计算法则是：以价钱作为除数，以一年354天乘先取钱数作为被除数。被除数除以除数，得到日数。按：这种算法具有今有术的意思。以价钱作为所有率，一年的天数作为所求率，领取的钱数作为所有数，应用今有术，即得到答案。

〖古题今解〗

[18]

1顷 = 100亩，1亩 = 240平方步，则1顷26亩159平方步 = $126\frac{159}{240}$ 亩。

根据题设条件，所求粟数为：$6\frac{2}{3}$ 升 × $126\frac{159}{240}$ 亩 = $\frac{10133}{12}$ 升 = 8斛4斗 $4\frac{5}{12}$ 升。

[19]

依原"术"一年354天计，根据题设条件，所求天数为：

$$\frac{354\,天}{2500\,钱} \times 1200\,钱 = 169\frac{23}{25}\,天。$$

【原文】

［20］今有贷^①人千钱，月息三十。今有贷人七百五十钱，九日归之。问：息几何？答曰：六钱、四分钱之三。

术曰：以月三十日乘千钱为法；以三十日乘千钱为法者，得三万，是为贷人钱三万，一日息三十也。以息三十乘今所贷钱数，又以九日乘之，为实；实如法得一钱^②。以九日乘今所贷钱为今一日所有钱，于今有术为所有数；息三十为所求率。三万钱为所有率。此又可以一月三十日约息三十钱，为十分一日，以乘今一日所有钱为实；千钱为法。为率者，当等之于一也。故三十日或可乘本，或可约息，皆所以等之也^③。

【注释】

①贷：借入或借出。李籍云："以物假人也。"

②此即以今所贷钱乘以九日为所有数，一千钱乘以三十日为所有率，月息为所求率，则所求数即所得息。

③这是刘徽提出的另一种使用率。

【译文】

［20］假设向别人借贷 1000 钱，每月的利息是 30 钱。现在向别人借贷了 750 钱，9 天归还。问：利息是多少？答：利息是 $6\frac{3}{4}$ 钱。

计算法则是：以一月 30 天乘 1000 钱作为除数；以 30 天乘 1000 钱作为除数，得到 30000，这相当于向别人借贷 30000 钱，一天的利息是 30 钱。以利息 30 钱乘现在所借贷的钱数，又以 9 天乘之，作为被除数；被除数除以除数，得到利息的钱数。以 9 天乘现在所借贷的钱数作为现在一日所有的钱，对于今有术，作为所有数；利息 30 钱作为所求率；30000 钱作为所有率。这又可以用一月 30 天除利息 30 钱，得到一天 10 分。以它乘现在一日所有钱作为被除数；1000 钱作为除数。建立率，应当使它等于 1。所以，30 天有时可以用来乘本来的钱，有时可以用来除利息，都是用来使率相同。

古题今解

［20］

依原"术"1 月为 30 天计，根据题设条件，所求利息数为：

$$\frac{30\ 钱}{1000\ 钱 \times 30\ 天} \times 750\ 钱 \times 9\ 天 = 6\frac{3}{4}\ 钱。$$

正负开方术

12 世纪，北宋数学家刘益就突破了方程系数为正和首项系数是 1 的限制。刘益为解决这些负系数方程，提出了益积开方术和减从开方术。杨辉指出刘益的方法"实冠前古"。秦九韶提出正负开方术，把以增乘开方法为主体的高次方程数值解法发展到十分完备的程度。他的方程有的高达 10 次，方程系数在有理数范围内没有限制。他规定实常为负，这实际上是求解方程的正根。正负开方术是 13 世纪宋元数学家的最普遍的认识。南宋的杨辉，金元的李冶、朱世杰对正负开方术都有贡献。后来，我国古代的一些数学家不再规定实常为负，而是可正可负，并对常数项变号或绝对值增大的情况也提出了处理意见。

卷四

少广①以御积幂方圆

（少广：处理积幂方圆问题）

　　本章主要讲已知正方形面积或长方体体积边长的算法，也就是开平方或开立方的方法。本章还给出了由圆面积求周长，由球体积求直径的近似公式。但是，由于本书取圆周率为3，所以精确度较差。但是，刘徽在《九章算术》注中，用圆内接多边形割圆的方法，得到精确的 π 值，即 3927/1250=3.1416，后人将其称为"徽率"。

【原文】

少广臣淳风等谨按：一亩之田，广一步，长二百四十步。今欲截取其从少，以益其广，故曰少广。术曰：置全步及分母子，以最下分母遍乘②诸分子及全步，臣淳风等谨按：以分母乘全步者，通其分也；以母乘子者，齐其子也。各以其母除其子，置之于左；命通分者，又以分母遍乘诸分子及已通者，皆通而同之③，并之为法。臣淳风等谨按：诸子悉通，故可并之为法。亦不宜用合分术，列数尤多。若用乘则算数至繁，故别制此术，从省约。置所求步数，以全步积分乘之为实④。此以田广为法，以亩积步为实。法有分者，当同其母，齐其子，以同乘法实，而并齐于法。今以分母乘全步及子，子如母而一。并以并全法，则法实俱长，意亦等也。故如法而一，得从步数。实如法而一，得从步。

【注释】

①少广："九数"之一。少，稍微，少量。广，指长方形的宽。李淳风注"少广"：今欲截取其从（"从"指长方形的长）少，以益其广。根据本段内容，"少广"应理解为：由长方形面积或体积求一边的长。"少广"含有少广术、开方术等，是面积以及体积问题的逆运算，就是已知面积或体积求其广的问题。

②遍乘：普遍地乘。通常指以某数整个地乘一行的情形。

③通而同之：依次对各个分数通分，即"通"，再使分母相同，即"同"。

④置所求步数，以全步积分乘之为实：这是以同，即1步的积分乘1亩的步数，作为被除数。

【译文】

少广淳风等按：1亩的田地，如果广是1步，那么长就是二百四十步。现在想从它的长截取少部分，增益到广上，所以叫作少广。计算法则是：布置整步数及分母、分子，以最下面的分母普遍地乘各分子及整步数；淳风等按：以分母乘整步数，是为了将它通分；以分母乘分子，是为了使分子相齐。分别用分母除其分子，将它们布置在左边；使它们通分，又以分母普遍地乘各分子及已经通分的数，使它们统统通过通分而使分母相同。将它们相加作为除数。淳风等按：各分子都互相通达，所以可将它们相加作为除数。使用合分术是不适宜的，布列的数字太多。如果使用乘法，则计算的数字太烦琐。所以另外制定这种算法，遵从省约的原则。布置所求的步数，以1整步的积分乘之，作为被除数。这里把田的广作为除数，以田亩面积的（平方）步作为被除数。法中有分数者，应当使它们的分母相同，使它们的分子相齐，以同乘法与实，而将诸齐相加，作为除数。现在依次用分母乘整步数及各分子，分子除以分母，皆加到整个法中，那么法与实同时增长，意思也是等同的。所以除以法，得到长的步数。被除数除以除数，得到长的步数。

【原文】

[01] 今有田广一步半，求田一亩。问：从几何？答曰：一百六十步。

术曰：下有半，是二分之一①。以一为二，半为一②，并之得三，为法。置田二百四十步，亦以一为二乘之，为实。实如法得从步。

[02] 今有田广一步半、三分步之一，求田一亩。问：从几何？答曰：一百三十步、一十一分步之一十。

术曰：下有三分。以一为六，半为三，二分之一为二，并之得一十一，以为法。置田二百四十步，亦以一为六乘之，为实。实如法得从步。

【注释】

①是二分之一：即 $\frac{1}{2}$。

②以一为二，半为一：是将1化为2，半化为1。

【译文】

[01] 假设田的宽是 $1\frac{1}{2}$ 步，需要1亩田。问：长是多少？答：长是160步。

计算法则是：列在下方的"半"，即 $\frac{1}{2}$。按少广术将1化为2，$\frac{1}{2}$ 化为1，将化得之数相加得3，作除数。取1亩的平方步数240乘数列1所化得的全步积分2作为被除数。用除数除被除数，便为所求的田长步数。

[02] 假设田的宽是 $\left(1\frac{1}{2}+\frac{1}{3}\right)$ 步，求 1 亩田。问：长是多少？答：长是 $130\frac{10}{11}$ 步。

计算法则是：列在下面的分母是 3。按少广术将 1 化为 6，$\frac{1}{3}$ 化为 3，$\frac{1}{2}$ 化为 2，将所化得之数相加得 11 作为除数；取 1 亩的平方步数 240 乘数列 1 所化得的全步积分 6 作为被除数。用除数去除被除数，便为所求的田长步数。

《古题今解》

[01]

1 亩 = 240 平方步。根据题设条件，所求田长为：240 平方步 ÷ $1\frac{1}{2}$ 步 = 160 步。

[02]

根据题设条件，所求田长为：240 平方步 ÷ $\left(1+\frac{1}{2}+\frac{1}{3}\right)$ 步 = $130\frac{10}{11}$ 步。

少广术

少广是"九数"之一，含有少广术、开方术等，是面积以及体积问题的逆运算，就是已知面积或体积求其广的问题。根据少广术的例题中都是田地的广（宽）远小于从（长），我们推断"少广"的本义是小广。李籍说"广少从多"，符合其本义。李籍又说"截从之多，益广之少，故曰少广"，似与前说抵牾。此源于李淳风等的注释"截取其从少，以益其广"。李淳风等的理解未必符合其本义。这种理解大约源于商周时人们通过截长补短，将不规则的田地化成正方形衡量其大小，如《墨子·非命上》云"古者汤封于亳，绝长继短，方地百里""昔者文王封于岐周，绝长继短，方地百里"。春秋以后，人们还有这种习惯，《孟子·滕文公上》云"今滕绝长补矩，将五十里也"。李淳风等的理解符合开方术。《算数书》中亦有少广术及其例题。

【原文】

[03] 今有田广一步半、三分步之一、四分步之一，求田一亩。问：从几何？答曰：一百一十五步、五分步之一。

术曰：下有四分，以一为一十二①，半为六，三分之一为四，四分之一为三，并之得二十五，以为法②。置田二百四十步，亦以一为一十二乘之，为实。

实如法而一，得从步。

[04] 今有田广一步半、三分步之一、四分步之一、五分步之一，求田一亩。问：从几何？答曰：一百五步、一百三十七分步之一十五。

术曰：下有五分，以一为六十，半为三十，三分之一为二十，四分之一为一十五，五分之一为一十二，并之得一百三十七，以为法。置田二百四十步，亦以一为六十乘之，为实。实如法得从步。

【注释】

①以一为一十二：把 1 分成 12 份。

②以为法：用这样的方法就行了。

【译文】

[03] 假设田的宽是 $1\frac{1}{2}$ 步与 $\frac{1}{3}$ 步、$\frac{1}{4}$ 步，需要 1 亩田。问：长是多少？答：长是 $115\frac{1}{5}$ 步。

计算法则是：下方有 4 分，将 1 化为 12，$\frac{1}{2}$ 化为 6，$\frac{1}{3}$ 化为 4，$\frac{1}{4}$ 化为 3，相加得到 25，作为除数。布置 1 亩田 240（平方）步，也将 1 化为 12，乘之，作为被除数。被除数除以除数，得长的步数。

[04] 假设田的宽是 $1\frac{1}{2}$ 步与 $\frac{1}{3}$ 步、$\frac{1}{4}$ 步、$\frac{1}{5}$ 步，需要 1 亩田。问：长是多少？答：长是 $105\frac{15}{137}$ 步。

计算法则是：下方有 5 分，将 1 化为 60，$\frac{1}{2}$ 化为 30，$\frac{1}{3}$ 化为 20，$\frac{1}{4}$ 化为 15，$\frac{1}{5}$ 化为 12，相加得到 137，作为除数。布置 1 亩田 240（平方）步，也将 1 化为 60，乘之，作为被除数。被除数除以除数，得长的步数。

古题今解

[03]

根据题设条件，所求田长步数为：240 平方步 $\div \left(1\frac{1}{2} + \frac{1}{3} + \frac{1}{4}\right)$ 步 $=$ $115\frac{1}{5}$ 步。

[04]

根据题设条件，所求田长步数为：

$$240 \text{平方步} \div \left(1 + \frac{1}{2} + \frac{1}{3} + \frac{1}{4} + \frac{1}{5}\right) = 105\frac{15}{137}\text{步。}$$

【原文】

[05] 今有田广一步半、三分步之一、四分步之一、五分步之一、六分步之一，求田一亩。问：从几何？答曰：九十七步、四十九分步之四十七。

术曰：下有六分，以一为一百二十，半为六十，三分之一为四十，四分之一为三十，五分之一为二十四，六分之一为二十，并之得二百九十四，以为法。置田二百四十步，亦以一为一百二十乘之，为实。实如法得从步。

[06] 今有田广一步半、三分步之一、四分步之一、五分步之一、六分步之一、七分步之一，求田一亩。问：从几何？答曰：九十二步、一百二十一分步之六十八。

术曰：下有七分，以一为四百二十，半为二百一十，三分之一为一百四十，四分之一为一百五，五分之一为八十四，六分之一为七十，七分之一为六十，并之得一千八十九，以为法。置田二百四十步，亦以一为四百二十乘之，为实。实如法得从步。

【译文】

[05] 假设田的宽是 $1\frac{1}{2}$ 步、$\frac{1}{3}$ 步、$\frac{1}{4}$ 步、$\frac{1}{5}$ 步、$\frac{1}{6}$ 步，需要 1 亩田。问：长是多少？答：长是 $97\frac{47}{49}$ 步。

计算法则是：下方有 6 分，将 1 化为 120，$\frac{1}{2}$ 化为 60，$\frac{1}{3}$ 化为 40，$\frac{1}{4}$ 化为 30，$\frac{1}{5}$ 去化为 24，$\frac{1}{6}$ 化为 20，相加得到 294，作为除数。布置 1 亩田 240（平方）步，也将 1 化为 120，乘之，作为被除数。被除数除以除数，得长的步数。

[06] 假设田的宽是 $1\frac{1}{2}$ 步与 $\frac{1}{3}$ 步、$\frac{1}{4}$ 步、$\frac{1}{5}$ 步、$\frac{1}{6}$ 步、$\frac{1}{7}$ 步，需要 1 亩田。问：长是多少？答：长是 $92\frac{68}{121}$ 步。

计算法则是：下方有 7 分，将 1 化为 420，半化为 210，$\frac{1}{3}$ 化为 140，$\frac{1}{4}$ 化为 105，$\frac{1}{5}$ 化为 84，$\frac{1}{6}$ 化为 70，$\frac{1}{7}$ 化为 60，相加得到 1089，作为除数。布置 1

亩田 240 （平方）步，也将 1 化为 420，乘之，作为被除数。被除数除以除数，得长的步数。

《古题今解》

[05]

1 亩 = 240 平方步，所求田长步数为：

$$240 \text{ 平方步} \div \left(1\frac{1}{2} + \frac{1}{3} + \frac{1}{4} + \frac{1}{5} + \frac{1}{6}\right) \text{步} = 97\frac{47}{49} \text{步。}$$

[06]

根据题意得，所求田长步数为：

$$240 \text{ 平方步} \div \left(1\frac{1}{2} + \frac{1}{3} + \frac{1}{4} + \frac{1}{5} + \frac{1}{6} + \frac{1}{7}\right) \text{步} = 92\frac{68}{121} \text{步。}$$

【原文】

[07] 今有田广一步半、三分步之一、四分步之一、五分步之一、六分步之一、七分步之一、八分步之一，求田一亩。问：从几何？答曰：八十八步，七百六十一分步之二百三十二。

术曰：下有八分，以一为八百四十，半为四百二十，三分之一为二百八十，四分之一为二百一十，五分之一为一百六十八，六分之一为一百四十，七分之一为一百二十，八分之一为一百五，并之得二千二百八十三，以为法。置田二百四十步，亦以一为八百四十乘之，为实。实如法得从步。

【译文】

[07] 假设田的宽是 $1\frac{1}{2}$ 步与 $\frac{1}{3}$ 步、$\frac{1}{4}$ 步、$\frac{1}{5}$ 步、$\frac{1}{6}$ 步、$\frac{1}{7}$ 步、$\frac{1}{8}$ 步，需要 1 亩田。问：长是多少？答：长是 $88\frac{232}{761}$ 步。

计算法则是：下方有 8 分，将 1 化为 840，$\frac{1}{2}$ 化为 420，$\frac{1}{3}$ 化为 280，$\frac{1}{4}$ 化为 210，$\frac{1}{5}$ 化为 168，$\frac{1}{6}$ 化为 140，$\frac{1}{7}$ 化为 120，$\frac{1}{8}$ 化为 105，相加得到 2283，作为除数。布置 1 亩田 240 （平方）步，也将 1 化为 840，乘之，作为被除数。被除数除以除数，得长的步数。

《古题今解》

[07]

根据题设条件，所求田长步数为：

240 平方步 $\div \left(1\dfrac{1}{2}+\dfrac{1}{3}+\dfrac{1}{4}+\dfrac{1}{5}+\dfrac{1}{6}+\dfrac{1}{7}+\dfrac{1}{8}\right)$ 步 $=88\dfrac{232}{761}$ 步。

【原文】

[08] 今有田广一步半、三分步之一、四分步之一、五分步之一、六分步之一、七分步之一、八分步之一、九分步之一，求田一亩。问：从几何？答曰：八十四步、七千一百二十九分步之五千九百六十四。

术曰：下有九分，以一为二千五百二十，半为一千二百六十，三分之一为八百四十，四分之一为六百三十，五分之一为五百四，六分之一为四百二十，七分之一为三百六十，八分之一为三百一十五，九分之一为二百八十，并之得七千一百二十九，以为法。置田二百四十步，亦以一为二千五百二十乘之，为实。实如法得从步。

【译文】

[08] 假设田的宽是 $1\dfrac{1}{2}$ 步与 $\dfrac{1}{3}$ 步、$\dfrac{1}{4}$ 步、$\dfrac{1}{5}$ 步、$\dfrac{1}{6}$ 步、$\dfrac{1}{7}$ 步、$\dfrac{1}{8}$ 步、$\dfrac{1}{9}$ 步，需要 1 亩田，问：长是多少？答：长是 $84\dfrac{5964}{7129}$ 步。

计算法则是：下方有 9 分，将 1 化为 2520，$\dfrac{1}{2}$ 化为 1260，$\dfrac{1}{3}$ 化为 840，$\dfrac{1}{4}$ 化为 630，$\dfrac{1}{5}$ 化为 504，$\dfrac{1}{6}$ 化为 420，$\dfrac{1}{7}$ 化为 360，$\dfrac{1}{8}$ 化为 315，$\dfrac{1}{9}$ 化为 280，相加得到 7129，作为除数。布置 1 亩田 240（平方）步，也将 1 化为 2520，乘之，作为被除数。被除数除以除数，得长的步数。

古题今解

[08]

根据题设条件，所求田长步数为：

240 平方步 $\div \left(1\dfrac{1}{2}+\dfrac{1}{3}+\dfrac{1}{4}+\dfrac{1}{5}+\dfrac{1}{6}+\dfrac{1}{7}+\dfrac{1}{8}+\dfrac{1}{9}\right)$ 步 $=84\dfrac{5964}{7129}$ 步。

【原文】

[09] 今有田广一步半、三分步之一、四分步之一、五分步之一、六分步之一、七分步之一、八分步之一、九分步之一、十分步之一，求田一亩。问：从几何？答曰：八十一步、七千三百八十一分步之六千九百三十九。

术曰：下有一十分，以一为二千五百二十，半为一千二百六十，三分之一为八百四十，四分之一为六百三十，五分之一为五百四，六分之一为四百二十，七分之一为三百六十，八分之一为三百一十五，九分之一为二百八十，十分之一为二百五十二，并之得七千三百八十一，以为法。置田二百四十步，亦以一为二千五百二十乘之，为实。实如法得从步。

【译文】

[09] 假设田的宽是 $1\frac{1}{2}$ 步与 $\frac{1}{3}$ 步、$\frac{1}{4}$ 步、$\frac{1}{5}$ 步、$\frac{1}{6}$ 步、$\frac{1}{7}$ 步、$\frac{1}{8}$ 步、$\frac{1}{9}$ 步、$\frac{1}{10}$ 步，需要 1 亩田。问：长是多少？答：长是 $81\frac{6939}{7381}$ 步。

计算法则是：下方有 9 分，将 1 化为 2520，$\frac{1}{2}$ 化为 1260，$\frac{1}{3}$ 化为 840，$\frac{1}{4}$ 化为 630，$\frac{1}{5}$ 化为 504，$\frac{1}{6}$ 化为 420，$\frac{1}{7}$ 化为 360，$\frac{1}{8}$ 化为 315，$\frac{1}{9}$ 化为 280，$\frac{1}{10}$ 化为 252，相加得到 7381，作为除数。布置 1 亩田 240（平方）步，也将 1 化为 2520，乘之，作为被除数。被除数除以除数，得长的步数。

《古题今解》

[09]

根据题设条件，所求田长步数为：

$$240 \text{ 平方步} \div \left(1\frac{1}{2} + \frac{1}{3} + \frac{1}{4} + \frac{1}{5} + \frac{1}{6} + \frac{1}{7} + \frac{1}{8} + \frac{1}{9} + \frac{1}{10}\right)\text{步} = 81\frac{6939}{7381}\text{步}。$$

【原文】

[10] 今有田广一步半、三分步之一、四分步之一、五分步之一、六分步之一、七分步之一、八分步之一、九分步之一、十分步之一、十一分步之一，求田一亩。可：从几何？答曰：七十九步、八万三千七百一十一分步之三万九千六百三十一。

术曰：下有一十一分，以一为二万七千七百二十，半为一万三千八百六十，三分之一为九千二百四十，四分之一为六千九百三十，五分之一为五千五百四十四，六分之一为四千六百二十，七分之一为三千九百六十，八分之一为三千四百六十五，九分之一为三千八十，一十分之一为二千七百七十二，一十一分之一为二千五百二十，并之得八万三千七百一十一，以为法。置田二百四十步，亦以一为二万七千七百二十乘之，为实。实如法得从步。

【译文】

[10] 假设田的宽是 $1\frac{1}{2}$ 步与 $\frac{1}{3}$ 步、$\frac{1}{4}$ 步、$\frac{1}{5}$ 步、$\frac{1}{6}$ 步、$\frac{1}{7}$ 步、$\frac{1}{8}$ 步、$\frac{1}{9}$

步、$\frac{1}{10}$步、$\frac{1}{11}$步，需要1亩田。问：长是多少？答：长是$79\frac{39631}{83711}$步。

计算法则是：下方有11分，将1化为27720，$\frac{1}{2}$化为13860，$\frac{1}{3}$化为9240，$\frac{1}{4}$化为6930，$\frac{1}{5}$化为5544，$\frac{1}{6}$化为4620，$\frac{1}{7}$化为3960，$\frac{1}{8}$化为3465，$\frac{1}{9}$化为3080，$\frac{1}{10}$化为2772，$\frac{1}{11}$化为2520，相加得到83711，作为除数。布置1亩田240（平方）步，也将1化为27720，乘之，作为被除数。被除数除以除数，得长的步数。

古题今解

[10]

根据题设条件，所求田长步数为：

$$240 \ \text{平方步} \div \left(1\frac{1}{2} + \frac{1}{3} + \frac{1}{4} + \frac{1}{5} + \frac{1}{6} + \frac{1}{7} + \frac{1}{8} + \frac{1}{9} + \frac{1}{10} + \frac{1}{11}\right) \text{步} = 79\frac{39631}{83711}\text{步}。$$

【原文】

[11] 今有田广一步半、三分步之一、四分步之一、五分步之一、六分步之一、七分步之一、八分步之一、九分步之一、十分步之一、十一分步之一、十二分步之一，求田一亩。问：从几何？答曰：七十七步、八万六千二十一分步之二万九千一百八十三。

术曰：下有一十二分，以一为八万三千一百六十，半为四万一千五百八十，三分之一为二万七千七百二十，四分之一为二万七百九十，五分之一为一万六千六百三十二，六分之一为一万三千八百六十，七分之一为一万一千八百八十，八分之一为一万三百九十五，九分之一为九千二百四十，一十分之一为八千三百一十六，十一分之一为七千五百六十，十二分之一为六千九百三十，并之得二十五万八千六十三，以为法。置田二百四十步，亦以一为八万三千一百六十乘之，为实。实如法得从步。

【译文】

[11] 假设田的宽是$1\frac{1}{2}$步与$\frac{1}{3}$步、$\frac{1}{4}$步、$\frac{1}{5}$步、$\frac{1}{6}$步、$\frac{1}{7}$步、$\frac{1}{8}$步、$\frac{1}{9}$步、$\frac{1}{10}$步、$\frac{1}{11}$步、$\frac{1}{12}$步，求1亩田。问：长是多少？答：长是$77\frac{29183}{86021}$步。

计算法则是：下方有 12 分，将 1 化为 83160，$\frac{1}{2}$ 化为 41580，$\frac{1}{3}$ 化为 27720，$\frac{1}{4}$ 化为 20790，$\frac{1}{5}$ 化为 16632，$\frac{1}{6}$ 化为 13860，$\frac{1}{7}$ 化为 11880，$\frac{1}{8}$ 化为 10395，$\frac{1}{9}$ 化为 9240，$\frac{1}{10}$ 化为 8316，$\frac{1}{11}$ 化为 7560，$\frac{1}{12}$ 化为 6930，相加得到 258063，作为除数。布置 1 亩田 240（平方）步，也将 1 化为 83160，乘之，作为被除数。被除数除以除数，得长的步数。

【古题今解】

[11]

根据题设条件，所求田长步数为：

$$240 \text{ 平方步} \div \left(1\frac{1}{2}+\frac{1}{3}+\frac{1}{4}+\frac{1}{5}+\frac{1}{6}+\frac{1}{7}+\frac{1}{8}+\frac{1}{9}+\frac{1}{10}+\frac{1}{11}+\frac{1}{12}\right) \text{步} = 77\frac{29183}{86021}\text{步}。$$

【原文】

臣淳风等谨按：凡为术之意，约省为善。宜云："下有一十二分，以一为二万七千七百二十，半为一万三千八百六十，三分之一为九千二百四十，四分之一为六千九百三十，五分之一为五千五百四十四，六分之一为四千六百二十，七分之一为三千九百六十，八分之一为三千四百六十五，九分之一为三千八十，十分之一为二千七百七十二，十一分之一为二千五百二十，十二分之一为二千三百一十，并之得八万六千二十一，以为法。置田二百四十步，亦以一为二万七千七百二十乘之，以为实。实如法得从步。"其术亦得，知不繁也。

【译文】

淳风等按：凡是造术的思想，约省是最好的。应当说："下方有 12 分，将 1 化为 27720，$\frac{1}{2}$ 化为 13860，$\frac{1}{3}$ 化为 9240，$\frac{1}{4}$ 化为 6930，$\frac{1}{5}$ 化为 5544，$\frac{1}{6}$ 化为 4620，$\frac{1}{7}$ 化为 3960，$\frac{1}{8}$ 化为 3465，$\frac{1}{9}$ 化为 3080，$\frac{1}{10}$ 化为 2772，$\frac{1}{11}$ 化为 2520，$\frac{1}{12}$ 化为 2310。相加得到 86021，作为除数。布置 1 亩田 240（平方）步，也将 1 化为 27720，乘之，作为被除数。被除数除以除数，得长的步数。"这种方法也适用，可知计算不烦琐。

【原文】

[12] 今有积①五万五千二百二十五步。问：为方②几何？答曰：二百三十五步。

[13] 又有积二万五千二百八十一步。问：为方几何？答曰：一百五十九步。

[14] 又有积七万一千八百二十四步。问：为方几何？答曰：二百六十八步。

[15] 又有积五十六万四千七百五十二步、四分步之一。问：为方几何？答曰：七百五十一步半。

[16] 又有积三十九亿七千二百一十五万六百二十五步。问：为方几何？答曰：六万三千二十五步。

【注释】

①积：面积。

②方：一边，一面，此处指将给定的面积变成正方形后的边。

【译文】

[12] 假设有面积 55225 平方步。问：变成正方形，边长是多少？答：235 步。

[13] 假设又有面积 25281 平方步。问：变成正方形，边长是多少？答：159 步。

[14] 假设又有面积 71824 平方步。问：变成正方形，边长是多少？答：268 步。

[15] 假设又有面积 $564752\frac{1}{4}$ 平方步。问：变成正方形，边长是多少？答：$751\frac{1}{2}$ 步。

[16] 假设又有面积 3972150625 平方步。问：变成正方形，边长是多少？答：63025 步。

古题今解

[12]

边长 $= \sqrt{55255 \text{ 平方步}} = 235$ 步。

[13]

边长 $= \sqrt{25281 \text{ 平方步}} = 159$ 步。

［14］

边长 = $\sqrt{71824\ 平方步}$ =268 步。

［15］

边长 = $\sqrt{546725\frac{1}{4}\ 平方步}$ =751$\frac{1}{2}$步。

［16］

边长 = $\sqrt{3972150625\ 平方步}$ =63025 步。

【原文】

开方^①求方幂之一面^②也。术^③曰：置积为实^④。借一算^⑤，步之，超一等^⑥。言百之面十也，言万之面百^⑦也。议所得^⑧，以一乘^⑨所借一算为法，而以除^⑩。先得黄甲之面，上下相命，是自乘而除^⑪也。除已^⑫，倍法为定法。倍之者，豫张两面朱幂定衰，以待复除，故曰定法^⑬。其复除，折法而下。

【注释】

①开方：《九章算术》中指求的正根，即今之开平方。

②面：边长。这是说开方就是求正方形面积的一边长。

③术：开方程序。

④实：被开方数。开方术是从除法转化而来的，除法中的"实"即"被除"。

⑤算：算筹。

⑥步之，超一等：将借算由右向左隔一位移一步，直到不能再移为止。

⑦言百之面十：面积为百位数，其边长即根就是十位数；言万之面百：面积为万位数，其边长即根就是百位数。

依此类推。

⑧议所得：商议得到根的第一位得数，记为巧。

⑨一乘：一次方。这是说以借算1乘，作为除数。此处"法"的意义，与除法"实如法而一"中"法"的意思完全相同。

⑩以除：即以法除实。此处"除"指除法。

⑪除：除去，减。

⑫除已：做完了除法。

⑬刘徽认为，将定法加倍，是为了预先显现黄甲两边外的两朱幂的长，以继续开方。

【译文】

开方是求方幂的一边长。计算法则是：布置面积作为被除数。借1算，将它向左移动，每隔一位移一步。这意味着百位数的边长是十位数，万位数的边长是百位数……商议所得的数，用它的一次方乘所借1算，作为除数，而用来作除法。这是先得出黄甲的一边长。上下相乘，这相当于将边长自乘而减实。作完除法，将法加倍，作为定法。"将法加倍"，是为了预先展开两块朱幂已经确定的长，以便准备作第二次除法，所以叫作定法。若要作第二次乘法，应当缩小法，因此将它退位。

【原文】

欲除朱幂者，本当副置所得成方①，倍之为定法，以折、议、乘，而以除。如是当复步之而止，乃得相命，故使就上折②下。复置借算，步之如初，以复议一乘之，欲除朱幂之角黄乙之幂③，其意如初之所得也。所得副，以加定法④，以除。以所得副从定法⑤。再以黄乙之面加定法⑥者，是则张两青幂⑦之袤。复除折下如前⑧。若开之不尽者，为不可开⑨，当以面命之⑩。术或⑪有以借算加定法而命分者，虽粗相近，不可用也。

【注释】

①成方：已得到的方边，即4。

②折：将成方缩小。

③黄乙之幂：黄乙的边长。

④所得副，以加定法：以法除余实，其商的整数部分恰好是第二位得数。

⑤以所得副从定法：在旁边再将第二位得数加到定法上。

⑥再以黄乙之面加定法：其几何解释就是以黄乙的边长的2倍加定法。

⑦青幂：是以黄乙的边长为长，以黄乙的边长的2倍为宽的两长方形。

⑧复除折下如前：如果实中还有余数，就要再作除法，那么就像前面那样缩小退位。

⑨不可开：即开方不尽。

⑩以面命之：以面命名一个数。

⑪或：有人，有的。

【译文】

如果要减去朱幂，本来应当在旁边布置所得到的已经确定的正方形的边长，将它加倍，作为定法，通过缩小定法，商议得数，乘借算等运算而用来作除法。如果这样，应当重新布置借算，并自右向左移动，到无法移动时而止，才能相乘。这太烦琐，所以使借算就在上面缩小而将它退位。再布置所借 1 算，向左移动，像开头那样。用第二次商议的得数的一次方乘所借 1 算，这是想减去位于两朱幂形成的角隅处的黄乙的面积。它的意义如同对第一步的得数所做的那样。将第二位得数在旁边加入定法，用来作除法。将第二位得数在旁边纳入定法。再将黄乙的边长加入定法，是为了展开两青幂的长。如果再作除法，就像前面那样缩小退位。如果是开方不尽的，称为不可开方，应当用"面"命名一个数。各种方法中有的是用所借 1 算加定法来命名一个分数的，虽然大略近似，然而是不可使用的。

【原文】

凡开积为方，方之自乘当还复其积分。令不加借算而命分①，则常微少。其加借算而命分，则又微多。其数不可得而定。故惟以面命之，为不失耳。譬犹以三除十，以其余为三分之一，而复其数可举。不以面命之，加定法如前，求其微数②。微数无名③者以为分子，其一退以十为母，其再退④以百为母。退之弥下，其分弥细⑤，则朱幂虽有所弃之数⑥，不足言之⑦也。若实有分者，通分内子为定实，乃开之，讫，开其母，报除。

【注释】

①命分：整数部分之外命名的分数。

②微数：细微的数。

③无名：无名数单位，即当时的度量衡制度下所没有的单位。

④再退：退两位。

⑤其分弥细：此谓开方时退得越多，分数就越细。

⑥所弃之数：舍弃的数。

⑦不足言之：可以忽略不计。

【译文】

凡是将某一面积开方成为正方形一边的，将该边的数自乘，应当仍然恢复它的积分。使定法不加借算 1 而命名一个分数，则分母必定稍微小了一点；使定法加借算 1 而命名一个分数，则分母又稍微大了一点。那么它的准确数值是不能确定的。所以，只有以"面"命名一个数，才是没有缺失的。这好像以 3 除 10，其余数是 $\frac{1}{3}$，恢复它的本数是可以做到的。如果不以"面"命名一个数，像前面那样，继续加定法，求它的微数。微数中没有名数单位的，作为分子，如果退一位，就以 10 为分母，如果退二位，就以 100 为分母。越往下退位，它的分数单位就越细，那么，朱幂中虽然有被舍弃的数，是不值得考虑的。如果实中有分数，就通分，纳入分子，作为定实，才对之开方。开方完毕，再对它的分母开方，回报以除。

【原文】

臣淳风等谨按：分母可开者，并通知积，先合二母。既开之后，一母尚存，故开分母，求一母为法，以报除也。若母不可开者，又以母乘定实，乃开之，讫①，令如母而一②。臣淳风等谨按：分母不可开者，本一母也。又以母乘之，乃合二母。既开之后，亦一母存焉。故令如母而一，得全面也。

【注释】

①讫：完了。

②令如母而一："令如一母而一"的省称，即以分母除。

【译文】

淳风等按：如果分母是完全平方数，就是已通同的积，它含有二重分母。完成开方之后，仍存在一重分母，所以对分母开方，求出一重分母，作为除数，以它回报以除法。如果不是完全平方数，就用分母乘定实，才对它开方，完了，除以分母。淳风等按：如果分母不是完全平方数，它本来是一重分母。又乘以分母，就合成了二重分母。完成开方之后，也存在一重分母。所以除以一重分母，就得到整个边长。

【原文】

[17] 今有积一千五百一十八步、四分步之三。问：为圆周①几何？答曰：一百三十五步。

于徽术，当周一百三十八步、一十分步之一。臣淳风等谨按：此依密率，为周一百三十八步、五十分步之九。

[18] 又有积三百步。问：为圆周几何？答曰：六十步。

于徽术，当周六十一步、五十分步之十九。臣淳风等谨按：依密率，为周六十一步、一百分步之四十一。

开圆术曰：置积步数[2]，以十二乘之，以开方除之，即得周。此术以周三径一为率，与旧圆田术相返覆[3]也。于徽术，以三百一十四乘积，如二十五而一，所得，开方除之，即周也（开方除之，即径）。是为据见幂以求周，犹失之于微少。其以二百乘积，一百五十七而一，开方除之，即径，犹失之于微多。

臣淳风等谨按：此注于徽术求周之法，其中不用"开方除之，即径"六字，今本有者，衍剩也。依密率，八十八乘之，七而一。按周三径一之率，假令周六径二，半周半径相乘得幂三。周六自乘得三十六。俱以等数除，幂得一，周之数十二也。其积：本周自乘，合以一乘之，十二而一，得积三也。术为一乘不长，故以十二而一，得此积。今还元[4]：置此积三，以十二乘之者，复其本周自乘之数。凡物自乘，开方除之，复其本数。故开方除之，即周。

【注释】

①圆周：圆的周长。

②置积步数：布置积的步数。

③与旧圆田术相返覆：与旧圆田术互为逆运算。

④元：通"原"。

【译文】

[17] 假设有面积 $1518\frac{3}{4}$ 平方步。问：变成圆，其周长是多少？答：圆周长 135 步。

用我（刘徽）的方法，周长应当是 $138\frac{1}{10}$ 步。淳风等按：依照密率，周长应为 $138\frac{9}{50}$ 步。

[18] 假设又有面积 300 平方步。问：变成圆，其周长是多少？答：圆周长60 步。

用我（刘徽）的方法，周长应当是 $61\frac{19}{50}$ 步。淳风等按：依照密率，圆周长应为 $61\frac{41}{100}$ 步。

开圆计算法则是：布置面积的步数，乘以 12，对所得数作开方除法，就得到圆周长。这种算法以周三径一为率，与旧圆田术互为逆运算。用我（刘徽）的方法，以 314 乘面积，除以 25，对所得数作开方除法，就是圆周长（对它作开方除法，就是直径长）。这是由圆的面积求周长，失误仍然在于稍微小了一点。如果以 200 乘面积，除以 157，对它作开方除法，就是直径长，失误在于稍微多了一点。

淳风等按：这段注文中刘徽求周长的方法，其中用不到"对它作开方除法，就是直径长"诸字。现传本有这些字，是衍剩。依照密率，以 88 乘之，除以 7。按周三径一之率，假设周长是 6，那么直径就是 2。半周半径相乘，得到面积是3。周长 6 自乘，得到面积是 36。全都以等数除面积，得到与一周长相应的系数是 12。它的面积：本来的周长自乘，应当以 1 乘之，除以 12，得到面积 3。这种算法中因为用 1 乘不增加，所以除以 12，就得到这一面积。现在还原：布置这一面积 3，用 12 乘之，就恢复本来的周长自乘的数值。凡是一物的数量自乘，对它作开方除法，就恢复了它本来的数量。所以对它作开方除法，就是周长。

《古题今解》

[17]

设圆形面积为 S，r 为半径，$S=4\pi r^2$，$r^2=\dfrac{S}{\pi}$，$r=\sqrt{\dfrac{S}{\pi}}$，周长 $=2\pi r$，如按 $\pi=3$ 取值，则周长为 $2\pi\sqrt{\dfrac{S}{\pi}}=2\sqrt{\pi S}=\sqrt{4\pi S}=\sqrt{4\times3\times1518\frac{3}{4}}$ 平方步 $=135$ 步。

[18]

周长 $=\sqrt{4\pi S}=\sqrt{12\times300\ \text{平方步}}=60$ 步。

【原文】

[19] 今有积一百八十六万八百六十七尺。此尺谓立方之尺也。凡物有高深而言积者，曰立方①。问：为立方②几何？答曰：一百二十三尺。

[20] 又有积一千九百五十三尺、八分尺之一。问：为立方几何？答曰：一十二尺半。

[21] 又有积六万三千四百一尺、五百一十二分尺之四百四十七。问：为立方几何？答曰：三十九尺、八分尺之七。

[22] 又有积一百九十三万七千五百四十一尺、二十七分尺之一十七。问：为立方几何？答曰：一百二十四尺、太半尺。

【注释】

①刘徽给出了"立方"的定义。此处物有广、袤，是不言自明的，因此刘徽说凡是某物有广、袤、高（或深），就叫作立方。

②立方：立方体的棱长。

【译文】

[19] 假设有体积1860867（立方）尺。这里的尺是说立方之尺。凡是物体有高或深而讨论其体积，就叫作立方。问：变成正方体，它的棱长是多少？答：123尺。

[20] 假设又有体积 $1953\frac{1}{8}$（立方）尺。问：变成正方体，它的棱长是多少？答：$12\frac{1}{2}$ 尺。

[21] 假设又有体积 $63401\frac{447}{512}$（立方）尺。问：变成正方体，它的棱长是多少？答：$39\frac{7}{8}$ 尺。

[22] 假设又有体积 $1937541\frac{17}{27}$（立方）尺。问：变成正方体，它的棱长是多少？答：$124\frac{2}{3}$ 尺。

【原文】

开立方立方适等，求其一面①也。术曰：置积为实。借一算，步之，超二等②。言千之面十，言百万之面百③。议所得④，以再乘⑤所借一算为法，而除之⑥。再乘者，亦求为方幂。以上议命⑦而除之，则立方等也。除已，三之为定法⑧。为当复除，故豫张三面，以定方幂为定法⑨也。复除，折而下⑩。复除者，三面方幂以皆自乘之数，须得折、议，定其厚薄尔[11]。开平幂者，方百之面十；开立幂者，方千之面十。据定法已有成方[12]之幂，故复除当以千为百，折下一等[13]也。以三乘所得数，置中行[14]。设三廉之定长[15]。复借一算，置下行[16]。

【注释】

①立方适等，求其一面：立方体的各边恰好相等，开立方就是求其一边长。

②超二等：就是将借算自右向左隔二位移一步，到不能移而止。

③言千之面十，言百万之面百：体积为千位数，其边长即根就是十位数；体积为百万位数，其边长即根就是百位数。依此类推。

④议所得：根的第一位得数。

⑤再乘：乘二次，相当于二次方。

⑥除之：与开方术一样，此处的"除"也是指除法。

⑦命：就是乘。

⑧除已，三之为定法：作完除法，以3乘法4，这里的"除"仍是"除法"。

⑨豫张三面，以定方幂为定法：刘徽认为，《九章算术》的方法是预先展开将要除去的三个扁平长方体的面。

⑩折而下：将定法缩小，下降一位。

⑪三面方幂以皆自乘之数，须得折、议，定其厚薄尔：因为三个扁平长方体的面已经是自乘，所以通过折、议，确定这三个扁平的长方体的厚薄。

⑫成方：确定的方。方，方幂的简称。

⑬复除当以千为百，折下一等：刘徽认为，因为定法中已有，故在作第二次除法时将千作为百，这通过退一位实现。

⑭以三乘所得数，置中行：《九章算术》是将三乘布置于中行。

⑮三廉之定长：刘徽认为以3乘得数称为三廉。这是将第一位得数预设为三廉的长。

⑯复借一算，置下行：《九章算术》在下行又布置借算。可见在得出第一位得数后"借算"自动消失，即被还掉。

【译文】

开立方立方体的各边恰好相等，求它的一边长。计算法则是：布置体积，作为被除数。借1算，将它向左移动，每隔二位移一步。这意味着千位数的边长是十位数，百万位数的边长是百位数……商议所得的数，以它的二次方乘所借1算，作为除数，而以法除实。以二次方乘，只不过是正方形的面积。以位于上方的商议的数乘它而成为被除数，那么立方的边长就相等。作完除法，以 3 乘法，作为定法。为了能继续作除法，所以预先展开三面，以已经确定的正方形的面积作为定法。若要继续作除法，就将法缩小而退位。如果继续作除法，因为三面正方形的面积都是自乘之数，所以必须通过缩小法、商议所得的数来确定它们的厚薄。如果开正方形的面积，百位数的正方形的边长是十位数；如果开正方体的体积，千位数的正方体的边长是十位数。根据定法已有了确定的正方形的面积，所以继续作除法时应当把 1000 变成 100，就是说将它退一位而缩小。以 3 乘商议所得到的数，布置在中行。列出三廉确定的长。又借 1 算，布置于下行。

《古题今解》

[19]

$$棱长 = \sqrt[3]{1860867\,立方尺} = 123\,尺。$$

[20]

$$棱长 = \sqrt[3]{1953\frac{1}{8}\,立方尺} = 12\frac{1}{2}\,尺。$$

[21]

$$棱长 = \sqrt[3]{63401\frac{447}{512}\,立方尺} = 39\frac{7}{8}\,尺。$$

[22]

$$棱长 = \sqrt[3]{1937541\,立方尺} = 124\frac{2}{3}\,尺。$$

【原文】

欲以为隔方。立方等未有定数，且置一算定其位[①]。步之，中超一，下超二等。上方法，长自乘，而一折。中廉法，但有长，故降一等。下隔法，无面长，故又降一等也。复置议，以一乘中，为三廉备幂也。再乘下，令隔自乘，为方幂也。皆副以加定法。以定法除。三面、三廉、一隔皆已有幂，以上议命之而除去三幂之厚也。除已，倍下、并中，从定法。凡再以中，三以下，加定法者，三廉各当以两面之幂，连于两方之面，一隔连于三廉之端，以待复除也。言不尽意[②]，解此要当以棋，乃得明耳。

【注释】

①位：位置。

②言不尽意：语言无法表达全部的意思。

【译文】

想以它建立位于隔角的正方体。该正方体的边长相等，但尚没有确定的数，姑且布置1算，以确定它的位置。将它们向左移动，中行隔一位移一步，下行隔二位移一步。位于上行的方法，是长的自乘，所以退一位；位于中行的廉法，只有长，所以再退一位；位于下行的隔法，没有面，也没有长，所以又退一位。布置第二次商议所得的数，以它的一次方乘中行，为三个廉法准备面积。以它的二次方乘下行，使隔的边长自乘，变成正方形的面积。都在旁边将它们加定法。以定法除余实。三个方面、三个廉、一个隔都已具备了面积。以在上方议得的数乘它们，减余实，这就除去了三种面积的厚。完成除法后，将下行加倍，加中行，都加入定法。凡是以中行的2倍、下行的3倍加定法，是因为三个廉应当分别以两个侧面的面积连接于两个方的侧面，一个隔的三个面连接于三个廉的顶端，为的是准备继续作除法。用语言无法表达全部的意思，解决这个问题关键是应当使用棋，才能把这个问题解释明白。

【原文】

复除，折下如前[1]。开之不尽者，亦为不可开。术亦有以定法命分者[2]，不如故幂开方，以微数为分也。若积有分者，通分内子为定实。定实乃开之[3]，讫，开其母以报除。臣淳风等按：分母可开者，并通之积先合三母，既开之后一母尚存。故开分母，求一母为法，以报除也。若母不可开者，又以母再乘定实，乃开之。讫，令如母而一。臣淳风等谨按：分母不可开者，本一母也。又以母再乘之，令合三母。既开之后，一母犹存，故令如母而一，得全面也。

【注释】

①复除，折下如前：《九章算术》认为，如果继续作开方除法，应当如同前面那样将法退一位。

②术亦有以定法命分者：各种方法中也有以定法命名一个分数的。

③若积有分者，通分内子为定实。定实乃开之：如果被开方数有分数，则将整数部分通分，纳入分子，作为定实，对定实开方。

【译文】

如果继续作除法，就像前面那样缩小、退位。如果是开方不尽的，也称为不可开。这种方法中也有以定法命名一个分数的，不如用原来的体积继续开方，以微数作为分数。如果已给的体积中有分数，就通分，纳入分子，作为定实。对定实开立方，完了，对它的分母开立方，再以它作除法。淳风等按：如果分母是完全立方数，通分后的积已经对应于三重分母，完成开立方之后，仍存在一重分母。所以对分母开立方，求出一重分母作为除数，用它作除法。如果分母不是完全立方数，就以分母的二次方乘定实，才对它开立方。完了，以分母除。淳风等按：分母不可开的数，本来是一重分母。又以分母的二次方乘之，使它合成三重分母。完成开方之后，一重分母仍然存在，所以除以一重分母，就得到整个边长。

【原文】

[23] 今有积四千五百尺。亦谓立方之尺也。问：为立圆①径几何？答曰：二十尺。

依密率，立圆径二十尺，计积四千一百九十尺、二十一分尺之一十。

[24] 又有积一万六千四百四十八亿六千六百四十三万七千五百尺。问：为立圆径几何？答曰：一万四千三百尺。

依密率，为径一万四千六百四十三尺、四分尺之三。

开立圆术曰：置积尺数，以十六乘之，九而一，所得，开立方除之，即立圆径②。

立圆，即九③也。为术者，盖依周三径一之率。令圆幂居方幂四分之三，圆囷居立方亦四分之三④。更令圆囷为方率十二，为九率九，九居圆囷又四分之三也。置四分自乘得十六分，三自乘得九⑤，故九居立方十六分之九也。故以十六乘积，九而一，得立方之积。九径与立方等，故开立方而除，得径⑥也。然此意非也。何以验之？取立方棋八枚，皆令立方一寸，积之为立方二寸⑦。规之为圆囷⑧，径二寸，高二寸。又复横规之⑨，则其形有似牟合方盖⑩矣。八棋皆似阳马，圆然⑪也。按：合盖者，方率也，九居其中，即圆率也。推此言之，谓夫圆囷为方率，岂不阙⑫哉？以周三径一为圆率，则圆幂伤⑬少；令圆囷为方率，则九积伤多。互相通补，是以九与十六之率偶与实相近，而丸犹伤多耳。观立方之内，合盖之外，虽衰杀[14]有渐，而多少不掩[15]。判合总结[16]，方圆相缠，浓纤诡互[17]，不可等正。欲陋形[18]措意，惧失正理。敢不阙疑[19]，以俟[20]能言者。

【注释】

①立圆：球。《九章算术》时代将今之球称为"立圆"。

②立圆径：球的直径、体积。

③丸：球，小而圆的物体。

④圆囷（qūn）居立方亦四分之三：《九章算术》时代认为圆囷与内切球的关系。

⑤四分自乘得十六分，三自乘得九：4 分自乘得 16 分，3 自乘得 9。

⑥丸径与立方等，故开立方而除，得径：由于球直径等于其外切正方体的边长，故开立方除之，得到球直径。

⑦立方一寸：边长为 1 寸的正方体。立方二寸：边长为 2 寸的正方体。

⑧规之为圆囷：用规在正方体内作圆囷，即正方体内切圆柱体。

⑨横规之：横着用规切割。

⑩牟合方盖：两个相合的方盖。牟：加倍。

⑪圆然：像圆弧形的样子。

⑫阙（quē）：过失，弊病。

⑬伤：嫌，失之于。

⑭衰杀：衰减。

⑮多少不掩：大小无法知道。

⑯判合总结：分割并合汇聚。

⑰浓纤诡互：就是浓密纤细互相错杂。

⑱陋形：刘徽自谦之辞。

⑲敢不阙疑：岂敢不把疑惑搁置起来。

⑳俟（sì）：等待。

【译文】

[23] 假设有体积 4500 尺。也可说立方尺。问：变成立圆，它的直径是多少？答：20 尺。

依照密率，立圆的直径是 20 尺，计算出体积是 $4190\frac{10}{21}$ 立方尺。

[24] 假设又有体积 1644866437500 立方尺。问：变成立圆，它的直径是多少？答：14300 尺。

依照密率，立圆的直径长为 $14643\frac{3}{4}$ 尺。

开立圆计算法则是：布置体积的尺数，乘以 16，除以 9，对所得的数作开立方除法，就是立圆的直径。

立圆，就是球，设立这种算法的人原来是依照周三径一之率。使圆面积占据正方形面积的 $\frac{3}{4}$，那么圆柱亦占据正方体的 $\frac{3}{4}$。再使圆柱变为方率 12，那么球的率就是 9，球占据圆柱又是 $\frac{3}{4}$。布置 4 分，自乘得 16 分，3 自乘得 9，所以球占据正方体的 $\frac{9}{16}$。所以用 16 乘体积，除以 9，便得到正方体的体积。球的直径与外切正方体的边长相等，所以作开立方除法，就得到球的直径。然而这种思路是错误的。为什么呢？取 8 枚正方体棋，使每个正方体的边长都是 1 寸，将它们拼积起来，成为边长为 2 寸的正方体。竖着用圆规分割它，变成圆柱体：直径是 2 寸，高也是 2 寸。又再横着使用上述方法分割，那么分割出来的形状就像一个牟合方盖。而 8 个棋都像阳马，只是呈圆弧形的样子。按：合盖的率是方率，那么球内切于其中，就是圆率。由此推论，说这圆柱体为方率，难道不是错误的吗？以周三径一作为圆率，那圆面积的失误在于少了一点；使圆柱体为方率，那球的体积的失误在于多了一点。互相补偿，所以 9 与 16 之率与实际情况偶然相接近，而球的体积的失误仍在于多了一点。考察正方体之内，合盖之外的部分，虽然是有规律地渐渐削割下来，然而它的大小无法搞清楚。它们分割成的几块互相聚合，方圆互相纠缠，彼此的厚薄互有差异，不是齐等规范的形状。想以我的浅陋知识解决这个问题，又担心背离正确的数理。我岂敢不把疑惑搁置起来，等待有能力阐明这个问题的人。

古题今解

[23]

球的体积 $V = \frac{4}{3}\pi r^3$，R 为半径，直径为 d，那么 $R = \frac{d}{2}$，所以 $V = \frac{4}{3}\pi \left(\frac{d}{2}\right)^3 = \frac{1}{6}\pi d^3$。

$d = \sqrt[3]{\frac{V \times 6}{\pi}} = \sqrt[3]{\frac{4500\ \text{立方尺} \times 6}{3}} \approx 20$ 尺（π 的值取 3）。

[24]

根据题意得：

$$d = \sqrt[3]{\frac{V \times 6}{\pi}} = \sqrt[3]{\frac{1644866437500 \text{ 立方尺} \times 6}{3}} \approx 14300 \text{ 尺 （π 的值取 3）}。$$

刘徽和"牟合方盖"

刘徽在他的注中对"牟合方盖"是这样描述的："取立方棋八枚，皆令立方一寸，积之为立方二寸。规之为圆困，径二寸，高二寸。又复横规之，则其形有似牟合方盖矣。八棋皆似阳马，圆然也。按：合盖者，方率也，丸其中，即圆率也。"其实刘徽意在构作一个立体图形，它的每一个横切面都是正方形，而且会外接于球体在同一高度的横切面的圆形，而这个图形就是"牟合方盖"。因为刘徽只知道一个圆及它的外接正方形的面积比等于 π∶4，他希望可以用"牟合方盖"来证实《九章算术》的公式有错误。当然他也希望从这方面求球体体积的正确公式，但由于"外棋"的形状复杂，所以没有成功。刘徽说："观立方之内，合盖之外，虽衰杀有渐，而多少不掩。判合总结，方圆相缠，浓纤诡互，不可等正。欲陋形措意，惧失正理。敢不阙疑，以俟能言者。"可见，他最后只能无奈地期待有能之士想办法解决了。

【原文】

黄金方寸，重十六两；金丸径寸，重九两。率生于此，未曾验也[①]。《周官·考工记》："栗氏[②]为量，改煎金锡则不耗。不耗然后权[③]之，权之然后准[④]之，准之然后量[⑤]之。"言炼金使极精，而后分之，则可以为率也。令丸径自乘，三而一，开方除之，即丸中之立方也[⑥]。假令丸中立方[⑦]五尺，五尺为勾，勾自乘幂二十五尺，倍之得五十尺，以为弦幂，谓平面方五尺之弦也。以此弦为股，亦以五尺为勾，并勾股幂得七十五尺，是为大弦幂。开方除之，则大弦可知也。大弦则中立方之长邪[⑧]，邪即丸径[⑨]也。故中立方自乘之幂于丸径自乘之幂，三分之一也。令大弦还乘其幂，即丸外立方[⑩]之积也。大弦幂开之不尽，令其幂七十五再自乘之[⑪]，为面，命得外立方积[⑫]，四十二万一千八百七十五尺之面[⑬]。又令中立方五尺自乘，又以方乘之，得积一百二十五尺[⑭]。一百二十五尺自乘，为面，命得积，一万五千六百二十五尺之面[⑮]。皆以六百二十五约之，外立方积六百七十五尺之面，中立方积二十五尺之面[⑯]也。

【注释】

①这是说，《九章算术》所使用的率，是从"边长为 1 寸的正方体的金块重 16 两，直径为 1 寸的金球重 9 两"的测试中得到的。刘徽自己没有试验过。

②栗氏：《考工记》记载的管理冶铸的官员。

③权：本是秤锤，或秤。这里指称量。

④准：本义是平，引申为测平的工具。

⑤量：度量。

⑥这是由球的直径求其内接正方体的边长。

⑦中立方：球的内接正方体。

⑧长邪：又称为"大弦"。即圆内接正方体的对角线，上述勾股形的大弦。

⑨邪即丸径：长邪即球的直径。

⑩丸外立方：球的外切正方体，下常称为外立方。

⑪大弦幂开之不尽，令其幂七十五再自乘之：大弦之幂开方不尽，再自乘之。

⑫为面，命得外立方积：建立大弦幂再自乘的面，就是球的外切正方体的体积。

⑬四十二万一千八百七十五尺之面：球的外切正方体体积。

⑭令中立方五尺自乘，又以方乘之，得积一百二十五尺：球的内接正方体的体积。

⑮一百二十五尺自乘，为面，命得积，一万五千六百二十五尺之面：将125尺自乘，建立它的面，就得到球的内接正方体的体积。

⑯皆以六百二十五约之，外立方积六百七十五尺之面，中立方积二十五尺之面：将421875（立方）尺与15625（立方）尺皆以625约之，则得到外切正方体的体积。

【译文】

1寸见方的黄金，重16两；直径1寸的金球，重9两。术文中的率来源于此，未曾被检验过。《周官·考工记》说："粟氏制造量器的时候，熔炼改铸金、锡而没有损耗；没有损耗，那么就称量之；称量之，那么就把它作为标准；把它作为标准，那么就度量之。"就是说，熔炼黄金使之极精，而后分别改铸成正方体与球，就可以确定它们的率。使球的直径自乘，除以3，再对之作开方除法，就是球中内接正方体的边长。假设球中内接正方体每边长是5尺，5尺作为勾。勾自乘得幂25平方尺。将之加倍，得50平方尺，作为弦幂，是说平面上正方形的边长5尺所对应的弦。把这个弦作为股，再把5尺作为勾。把勾幂与股幂相加，得到75平方尺，这就是大弦幂。对之作开方除法，就可以知道大弦的长。大弦就是球内接正方体的对角线。这条对角线就是球的直径。所以球内接正方体的边长自乘的幂，对于球直径自乘的幂是它的 $\frac{1}{3}$。使大弦又乘它自己的幂，就是球外切正方体的体积。对大弦的幂开方不尽，于是使它的幂75再自乘，求它的面，便得到外切正方体体积即 421875 平方尺的面。又使内接正方体的边长 5 尺自乘，再以边长乘之，得到体积 125 立方尺。使 125 尺自乘，求它的面，便得到内接正方体的体积，即 15625 平方尺的面。都用 625 约简，外切正方体体积是 675 平方尺的面，内接正方体的体积是 25 平方尺的面。

【原文】

张衡算又谓立方为质，立圆为浑①。衡言质之与中外之浑②：六百七十五尺之面，开方除之，不足一，谓外浑，积二十六也。内浑二十五之面，谓积五尺也。今徽令质言中浑，浑又言质，则二质相与之率，犹衡二浑相与之率也③。衡盖亦先二质之率推以言浑之率也④。衡又言质六十四之面，浑二十五之面⑤。质复言浑，谓居质八分之五也。又云：方八之面，圆五之面。圆浑相推，知其复以圆围为方率，浑为圆率也，失之远矣。衡说之自然⑥欲协其阴阳奇耦之说而不顾疏密矣。虽有文辞，斯乱⑦道破义，病也。置外质积二十六，以九乘之，十六而一，得积十四尺、八分尺之五，即质中之浑也。以分母乘全内子，得一百一十七。又置内质积五，以分母乘之，得四十。是为质居浑一百一十七分之四十，而浑率犹为伤多也。假令方二尺，方四面，并得八尺也，谓之方周。其中令圆径与方等，亦二尺也。圆半径以乘圆周之半，即圆幂也。半方以乘方周之半，即方幂也。然则方周知⑧，方幂之率也；圆周知，圆幂之率也。按：如衡术，方周率八之面，圆周率五之面也。令方周六十四尺之面，即圆周四十尺之面也。又令径二尺自乘，得径四尺之面，是为圆周率一十之面，而径率一之面也。衡亦以周三径一之率为非是，故更着此法。然增周太多，过其实矣。

【注释】

①张衡将球称为"浑"。

②衡言质之与中外之浑：张衡讨论了正方体（即质）与其外接球（即外浑）、内切球（中浑）体积的相与关系。

③今徽令质言中浑，浑又言质，则二质相与之率，犹衡二浑相与之率也：刘徽讨论内切球（中浑）及其外切正方体（外质）与内接正方体（中质）的关系，张衡讨论一个正方体及其外接球（外浑）与内切球（中浑）的关系。

④衡盖亦先二质之率推以言浑之率也：刘徽认为张衡是由二正方体的体积之率推出二球的体积之率的。

⑤质六十四之面，浑二十五之面：张衡认为，质（正方体）和浑（球体）的体积是这些。

⑥自然：当然。

⑦乱：败坏，扰乱。

⑧方周知：与下文"圆周知"，此二"知"，训"者"。

【译文】

《张衡算》却把正方体称为质，把立圆称为浑。张衡论述了质与其内切、外接浑的关系。675平方尺的面，对之作开方除法，只差1，外接浑的体积就是26立方尺。内切浑是25平方尺的面，是说其体积5立方尺。现在我（刘徽）就质讨论它的内切浑，就浑又讨论它的内接质，那么，两个质的相与之率，等于两个浑的相与之率。大约张衡也是先有二质的相与之率，由此推论出二浑的相与之率。张衡又说，质是64之面，浑是25之面。由质再说到浑，它占据浑的$\frac{5}{8}$。

他又说，如果正方形是8的面，那么圆是5的面。圆与浑互相推求，知道他又把圆柱作为方率，把浑作为圆率，失误太大。张衡的说法当然是想协调阴阳、奇偶的学说而不顾及它是粗疏还是精密了。虽然他的言辞很有文采，这却是败坏了道术，破坏了义理，是错误的。布置外切质的体积26立方尺，乘以9，除以16，得到$14\frac{5}{8}$立方尺，就是质中内切浑的体积。以分母乘整数部分，纳入分子，得117。又布置内切质体积5立方尺，以分母乘之，得40。这意味着质占据浑的$\frac{40}{117}$，而浑的率的失误仍在于稍微多了一点。假设正方形每边长2尺，正方形有4边，加起来得8尺，称为正方形的周长。使其中内切圆的直径与正方形边长相等，也是2尺。以圆半径乘圆周长的一半，就是圆面积。以正方形边长的一半乘其周长的一半，就是正方形的面积。那么，正方形的周长就是正方形面积的率，圆周长就是圆面积的率。按：如果按照张衡的方法，正方形周长之率是8的面，圆周长之率是5的面。如果使正方形的周长是64尺的面，那么圆周长是40尺的面；又使直径2尺自乘，得到直径是4尺的面。这就是圆周率是10的面，而直径率是1的面。张衡也认为周三径一之率是错误的。正因为此，他重新撰述这种方法。然而周长增加太多，超过了它的准确值。

【原文】

臣淳风等谨按：祖暅之①谓刘徽、张衡二人皆以圆围为方率，九为圆率，乃设新法。祖暅之开立圆术曰：以二乘积，开立方除之，即立圆径。其意何也？取立方棋一枚，令立枢②于左后之下隅，从规去其右上之廉③；又合而横规之，去其前上之廉④。于是立方之棋分而为四。规内棋一，谓之内棋。规外棋三，谓之外棋⑤。更合四棋⑥，复横断之⑦。以勾股言之，令余高为勾，内棋断上方⑧为股，本方之数，其弦也。勾股之法：以勾幂减弦幂，则余为股幂⑨。若令余高自乘，减本方之幂，余即内棋断上方之幂也。本方之幂，即内外四棋之断上幂⑩。然则余高自乘，即外三棋之断上幂⑪矣。不问高卑，势皆然也⑫。然固有所归同而涂殊⑬者尔，而乃控远以演类⑭，借况以析微。

【注释】

①祖暅（xuǎn）之：一作祖暅，字景烁，生卒年不详，南朝齐梁数学家、天文学家，祖冲之之子。

②枢：户枢，门的转轴或门白。

③规：本是圆规，引申为圆形，这里是动词。从规：是从纵的方向用规进行切割。从规去其右上之廉：用规纵着切割，除去右上的廉。

④横规：是从横的方向进行分割。又合而横规之，去其前上之廉：将被纵规切割的正方体拼合起来，用规横着切割除去前上的廉。

⑤规外棋三，谓之外棋：规外面有 3 个棋，称为外棋。即牟合方盖之外的三部分。

⑥更合四棋：沿着规将 4 个棋重新拼合在一起。

⑦横断之：用一平面横着截断正方棋。

⑧内棋断上方：内棋截面正方形的边长。

⑨此复述勾股术即勾股定理。

⑩本方之幂，即内外四棋之断上幂：本方的幂是四棋横截面处的面积之和。

⑪然则余高自乘，即外三棋之断上幂：余高自乘等于外三棋横截面积之和。

⑫不问高卑，势皆然也：不论高低，其态势都是这样的。

⑬所归同而涂殊：即"殊涂同归"，又作"殊途同归"。涂，通"途"。

⑭控远以演类：驾驭远的，以阐发同类的。

【译文】

淳风等按：祖暅之因为刘徽、张衡两人都把圆柱作为正方形的率，把球作为圆率，于是创立新的方法。祖暅之的开立圆算法是：以 2 乘体积，对之作开立方除法，就是立圆的直径。为什么是这样呢？取一枚正方棋，将其左后下角取作枢纽，纵向沿着圆柱面切割去它的右上之廉；又把它们合起来，横向沿着圆柱面切割去它的右上之廉。于是正方棋分割成 4 个棋：圆柱体内 1 个棋，称为内棋；圆柱体外 3 个棋，称为外棋。沿着圆柱面重新把 4 个棋拼合起来，又横着切割它。用勾股定理考察这个横截面，将剩余的高作为勾，内棋的横截面的边长作为股，那么，原来正方形的边长就是弦。勾股法：以勾幂减弦幂，那么余数为股幂，如果令"余高"自乘，减去"本方之幂"，那么剩余的就是内棋的横截面之幂。"本方之幂"就是原来正方形的幂，即此 4 棋之横截幂。那么，剩余的高自乘，就是外 3 棋的横截幂。不管横截之处是高还是低，其态势都是这样，而事情本来就有殊途同归的。于是引证远处的以推演同类的，借助比喻以分析细微的。

【原文】

按：阳马方高数①参等者，倒而立之，横截去上，则高自乘与断上幂数亦等焉②。夫叠棋成立积，缘幂势既同，则积不容异③。由此观之，规之外三棋旁蹙为一，即一阳马④也。三分立方，则阳马居一，内棋居二可知矣⑤。合八小方成一大方，合八内棋成一合盖⑥。内棋居小方三分之二，则合盖居立方亦三分之二，较然验矣⑦。置三分之二，以圆幂率三乘之，如方幂率四而一，约而定之⑧，以为丸率。故曰丸居立方二分之一也。

等数既密⑨，心亦昭析⑩。张衡放旧，贻哂⑪于后；刘徽循故，未暇校新⑫。夫岂难哉？抑未之思也。依密率，此立圆积，本以圆径再自乘，十一乘之，二十一而一，约此积⑬今欲求其本积，故以二十一乘之，十一而一。凡物再自乘，开立方除之，复其本数。故立方除之，即丸径也。

【注释】

①方高数：广、长、高的数值。

②横截去上，则高自乘与断上幂数亦等焉：用一正方形横截此倒立的阳马，除去上部，则余高自乘等于其上方截断处的面积。

③缘幂势既同，则积不容异：因为幂的态势都相同，所以它们的体积不能不同。

④规之外三棋旁蹙为一，即一阳马：规之外三棋在旁边聚合为一个立体，就是一个阳马。

⑤三分立方，则阳马居一，内棋居二可知矣：将一个正方体分割成 3 等份，则阳马是 1 份，那么可以知道内棋占据 2 份。换言之，外三棋的体积之和与广、长、高为球半径的阳马的体积相等。

⑥合八小方成一大方，合八内棋成一合盖：将 8 个小正方体合成一个大正方体，将 8 个内棋合成一个牟合方盖。

⑦较然验矣：明显地被证明了。

⑧约而定之：约简而确定之。

⑨等数既密：等到数值已经精确了。

⑩昭析：明了，清楚，明显。

⑪贻哂（shěn）：即贻笑，见笑。

⑫校新：考察新的方法。

⑬约此积：约定此球积。

【译文】

按：一个广、长、高三度相等的阳马，将它倒立，横截去上部，那么它的高自乘与外3棋的横截幂的总和总是相等的。将棋积叠成不同的立体，循着每层的幂，审视其态势，如果每层的幂都相同，则其体积不能不相等。由此看来，圆柱外的3棋在旁边聚合成一个棋，就是一个阳马。将正方体分成3等份，那么由于阳马占据1份，便可知道内棋占据2份。将8个小正方体合成一个大正方体，将8个内棋合成一个合盖。由于内棋占据小正方体的 $\frac{2}{3}$，那么合盖占据大正方体也是 $\frac{2}{3}$，很明显地被证实了。布置 $\frac{2}{3}$，乘以圆幂率3，除以正方形幂的率4，约简而确定之，作为球的率。所以说，球占据正方形的 $\frac{1}{2}$。

等到数值已经精确了，思路就豁然开朗了。张衡模袭旧的方法，给后人贻笑；刘徽因循过去的思路，没有创造新的方法。这难道是困难的吗？只是没有深入思考罢了。依照密率，这立圆的体积，本来应当以球直径两次自乘，乘以11，除以21。约定此球积而今想求原正方体本来的体积，所以乘以21，除以11。凡是一物的数量两次自乘，对之作开立方除法，就恢复其本来的数量。所以对之作开立方除法，就是球的直径。

祖暅之原理

李淳风在注《九章算术》时提到祖暅之的开立圆术。祖暅之在求球体积使用的原理是："幂势既同，则积不容异"。"幂"指的是截面积，"势"是立体的高。意思是界于两个平行平面之间的两个立体，被任一平行于这两个平面的平面所截，如果两个截面的面积恒相等，则这两个立体的体积相等。上述原理在中国被称为"祖暅之原理"。

"祖暅之原理"在西方称为"卡瓦列里原理"。卡瓦列里是意大利数学家，积分学先驱者之一。卡瓦列里这个方法的基本思想是：线是由无穷多个点构成的，面是由无穷多条线构成的，立体是由无穷多个平面构成的。点、线、面分别就是线、面、体的不可分量。卡瓦列里通过比较两个平面或立体图形的不可分量之间的关系来获得这两个平面或立体图形的面积或体积之间的关系，这就是著名的卡瓦列里定理（又称卡瓦列里原理）。

卷五

（商功：处理工程的体积问题）

本章主要讲各种几何体的体积计算方法。本章所涉及的几何体有：长方体、棱柱、棱锥、棱台、圆柱、圆锥、圆台、楔形体等。问题大都来源于实际工程，如营造城垣、开凿渠道、修造仓窖等，所举的例题都是以这些为主。所以，本章所涉及的数学问题，是工程方面运用最广的数学原理。

【原文】

[01] 今有穿地③，积一万尺。问：为坚④、壤各几何？答曰：为坚七千五百尺；为壤一万二千五百尺。

术曰：穿地四，为壤五，壤谓息土⑤。为坚三，坚谓筑土。为墟⑥四。墟谓穿坑。此皆其常率。以穿地求壤，五之；求坚，三之；皆四而一。今有术也。以壤求穿，四之；求坚，三之；皆五而一。以坚求穿，四之；求壤，五之；皆三而一。臣淳风等谨按：此术并今有之义也。重张穿地积一万尺，为所有数，坚率三、壤率五各为所求率，穿率四为所有率，而今有之，即得。

【注释】

①商功："九数"之一，其本义是商量土方工程量的分配。

②功程积实：指土建工程及体积问题。功程，谓需要投入较多人力物力营建的项目。积，体积。

③穿地：挖地。

④坚：坚土，夯实的泥土。

⑤息土：犹息壤，沃土，利于生长农作物的土，亦即松散的泥土。

⑥墟：废址。

【译文】

[01] 假设挖出的泥土，其体积为 10000 立方尺。问：变成坚土、壤土各是多少？答：变成坚土 7500 立方尺，变成壤土 12500 立方尺。

计算法则是：挖出的土是 4，变成壤土是 5，壤土是指松散的土。变成坚土是 3，坚土是指夯土。变成墟土是 4，墟土是指挖坑的土。这些都是它们的常率。由挖出的土求壤土，乘以 5；求坚土，乘以 3；都除以 4。这是用今有术。由壤土求挖出的土，乘以 4；求坚土，乘以 3；都除以 5。由坚土求挖出的土，乘以 4；求壤土，乘以 5；都除以 3。淳风等按：这些方法都是今有术。两次布置挖出的土的体积 10000 立方尺，作为所有数，坚土率 3、壤土率 5 各为所求率，挖出的土的率作为所有率，用今有术求之，就得到了。

〖古题今解〗

[01]

算法中规定了各种土方量的换算比率，挖地∶松土∶坚土∶挖坑 =4∶5∶3∶4。

由于确定了换算比率，将挖地折合坚土量为：

$$\frac{10000 \text{ 立方尺} \times 3}{4} = 7500 \text{ 立方尺}$$

折合松土量为：

【原文】

城①、垣②、堤③、沟④、堑⑤、渠⑥皆同术⑦。术曰：并上下广而半之，损广补狭⑧。以高若深乘之，又以袤⑨乘之，即积尺。按：此术，"并上下广而半之"者，以盈补虚，得中平之广⑩。"以高若深乘之"，得一头之立幂⑪。"又以袤乘之"者，得立实⑫之积，故为积尺。

【注释】

①城：此指都邑四周用以防守的墙垣。

②垣：墙，矮墙。

③堤：堤防，沿江河湖海用土石修筑的挡水工程。

④沟：田间水道。

⑤堑：坑，壕沟，护城河。

⑥渠：人工开的壕沟，水道。

⑦同术：即有同一求积公式。

⑧损广补狭：减损长的，补益短的。

⑨袤：李籍云"长也"。

⑩中平之广：广的平均值。中平，中等，平均。

⑪立幂：这里指直立的面积。

⑫立实：这里指直立的面积的实。

【译文】

城、垣、堤、沟、堑、渠都使用同一术。计算法则是：将上、下广相加，取其一半，这是减损宽广的，补益狭窄的。以高或深乘之，又以长乘之，就是体积的尺数。按：这种算法中"将上、下广相加，取其一半"，这是以盈余的补益虚缺的，得到广的平均值。"以高或深乘之"，就得到一头竖立的幂。"又以长乘之"，便得到立体的体积，就是体积的（立方）尺数。

【原文】

[02] 今有城，下广四丈，上广二丈，高五丈，袤一百二十六丈五尺。问：积几何？答曰：一百八十九万七千五百尺。

[03] 今有垣，下广三尺，上广二尺，高一丈二尺，袤二十二丈五尺八寸。问：积几何？答曰：六千七百七十四尺。

[04] 今有堤，下广二丈，上广八尺，高四尺，袤一十二丈七尺。问：积几

何？答曰：七千一百一十二尺。

冬程人功^①四百四十四尺。问：用徒^②几何？答曰：一十六人、一百一十一分人之二。

术曰：以积尺为实，程功尺数为法，实如法而一，即用。

【注释】

①冬程人功：就是一人在冬季的程功，即标准工作量。

②徒：服徭役者。

【译文】

[02] 假设一堵城墙，下底广是 4 丈，上顶广是 2 丈，高是 5 丈，长是 126 丈 5 尺。问：它的体积是多少？答：1897500 立方尺。

[03] 假设一堵垣，下底广是 3 尺，上顶广是 2 尺，高是 1 丈 2 尺，长是 22 丈 5 尺 8 寸。问：它的体积是多少？答：6774 立方尺。

[04] 假设一段堤，下底广是 2 丈，上顶广是 8 尺，高是 4 尺，长是 12 丈 7 尺。问：它的体积是多少？答：7112 立方尺。

假设冬季每人的标准工作量是 444 立方尺，问：用工多少？答：$16\frac{2}{111}$ 人。

计算法则是：以体积的尺数作为被除数，每人的标准工作量作为除数，被除数除以除数，就是用工人数。

《古题今解》

[02]

根据所求立方体的体积公式为：$V = \frac{(a+b) \times h}{2} \times L$，由于用立方尺作答，故将丈化为尺代入公式，即：

$$\frac{(20+40) \ 尺 \times 50 \ 尺}{2} \times 1265 \ 尺 = 1897500 \ 立方尺。$$

[03]

根据题意得，所求矮墙的体积为：$\frac{(3+2) \ 尺 \times 12 \ 尺}{2} \times 225.8 \ 尺 = 6774$ 立方尺。

[04]

所求堤坝的体积为：$\frac{(20+8) \ 尺 \times 4 \ 尺}{2} \times 127 \ 尺 = 7112$ 立方尺。

所求的用工人数为：$\dfrac{7112\ \text{立方尺}}{444\ \text{立方尺/人}} = 16\dfrac{2}{111}$ 人。

【原文】

[05] 今有沟，上广一丈五尺，下广一丈，深五尺，表七丈。问：积几何？答曰：四千三百七十五尺。

春程人功^①七百六十六尺，并^②出土功五分之一，定功^③六百一十二尺、五分尺之四。问：用徒几何？答曰：七人、三千六十四分人之四百二十七。

术曰：置本人功，去其五分之一，余为法；"去其五分之一"者，谓以四乘五除也。以沟积尺为实；实如法而一，得用徒人数。按：此术，"置本人功，去其五分之一"者，谓以四乘之，五而一，除去出土之功，取其定功，乃通分内子以为法。以分母乘沟积尺为实者，法里有分，实里通之^④。故实如法而一，即用徒人数。此以一人之积尺，除其众尺，故用徒人数。不尽者，等数约之而命分也。

【注释】

①春程人功：就是一人在春季的标准工作量。

②并：合并，吞并，兼。这里是说兼有，其中合并了。

③定功：确定的工作量。

④法里有分，实里通之：当法有分数的时候，要用除数的分母将实通分。

【译文】

[05] 假设有一条沟，上广是 1 丈 5 尺，下底广是 1 丈，深是 5 尺，长是 7 丈。问：它的容积是多少？答：4375 立方尺。

假设春季每人的标准工作量是 766 立方尺，其中包括出土的工作量 $\dfrac{1}{5}$，确定的工作量是 $612\dfrac{4}{5}$ 立方尺。问：用工多少？答：$7\dfrac{427}{3064}$ 人。

计算法则是：布置一人本来的标准工作量，减去它的 $\dfrac{1}{5}$ 除去它的余数作为除数。"减去它的 $\dfrac{1}{5}$"，就是乘以 4，除以 5。以沟的容积尺数作为被除数；被除数除以除数，就是用工人数。按：这种算法中，"布置一人本来的标准工作量，减去它的 $\dfrac{1}{5}$"，就是乘以 4，除以 5。除去出土的工作量，留取一人确定的工作量。于是通分，纳入分子，作为除数。用除数的分母乘沟的体积尺数作为被除数，是因为如果法中有分数，就在实中将其通分。所以，被除数除以除数，就是用工人数。这里用一人完成的土方体积尺数，除众人完成的土方体积尺数，就是用工人数。如果求出用工人数后还有剩余，就用等数约简之而命名一个分数。

[05]

所求沟的容积为：$\dfrac{(15+10)\ \text{尺} \times 5\ \text{尺}}{2} \times 70\ \text{尺} = 4375\ \text{立方尺}$。

所求挖土人数为：$\dfrac{4375\ \text{立方尺}}{\left(1-\dfrac{1}{5}\right) \times 766\ \text{立方尺/人}} = 7\dfrac{427}{3064}\ \text{人}$。

【原文】

[06] 今有堑，上广一丈六尺三寸，下广一丈，深六尺三寸，袤一十三丈二尺一寸。问：积几何？答曰：一万九百四十三尺八寸[①]。八寸者，谓穿地方尺深八寸。此积余有方尺中二分四厘五毫，弃之[②]。贵欲从易，非其常定也。

夏程人功[③]八百七十一尺，并出土功五分之一，沙砾水石之功作太半，定功二百三十二尺、一十五分尺之四。问：用徒几何？答曰：四十七人、三千四百八十四分人之四百九。

术曰：置本人功，去其出土功五分之一，又去沙砾水石之功太半，余为法。以堑积尺为实。实如法而一，即用徒人数。按：此术，"置本人功，去其出土功五分之一"者，谓以四乘五除。"又去沙砾水石作太半"者，一乘三除，存其少半，取其定功，乃通分内子以为法。以分母乘堑积尺为实者，为法里有分，实里通之。故实如法而一，即用徒人数。不尽者，等数约之而命分也。

【注释】

①八寸：实际上是表示长、宽各 1 尺，高 8 寸的长方体的体积，不是长度 8 寸。

②弃之：将其舍去。

③夏程人功：就是一人在夏季的标准工作量。

【译文】

[06] 假设有一道堑，上广是 1 丈 6 尺 3 寸，下底广是 1 丈，深是 6 尺 3 寸，长是 13 丈 2 尺 1 寸。问：它的容积是多少？答：10943 立方尺 8 立方尺。这里的"八寸"，是说挖地 1 平方尺而深 8 寸。这一容积中还有余数为方尺中 2 分 4 厘 5 毫，将其舍去。处理问题时，贵在遵从简易的原则，没有一成不变的规矩。

假设夏季每人的标准工作量是 871 立方尺，其中包括出土的工作量 $\dfrac{1}{5}$，沙砾水石确定的工作量是 $232\frac{4}{15}$ 立方尺。问：用工多少？答：$47\frac{409}{3484}$ 人。

计算法则是：布置一人本来的标准工作量，减去出土的工作量即它的 $\frac{1}{5}$，又除去沙砾水石的工作量即它的 $\frac{2}{3}$，余数作为除数。以堑的容积尺数作为被除数。被除数除以除数，就是用工人数。按：这种算法中，"布置一人本来的标准工作量，除去出工的工作量 $\frac{1}{5}$"，就是乘以4，除以5。"又除去沙砾水石的工作量 $\frac{2}{3}$"，就是乘以1，除以3，即存下其 $\frac{1}{3}$，留取一人确定的工作量，于是通分，纳入分子，作为除数。用除数的分母乘堑的体积尺数作为被除数，如果法中有分数，就在实中将其通分。所以，被除数除以除数，就是用工人数。除不尽的，就用等数约简之而命名一个分数。

古题今解

[06]

所求护城河的容积为：$\dfrac{(163+100)\ 寸\times 63\ 寸}{2}\times 1321\ 寸 = 10943824.5$ 立方尺 $= 10943.8245$ 立方尺 ≈ 10943 立方尺 8 立方寸。

所求挖土人数为：$\dfrac{10943\frac{4}{5}立方尺}{871\left(1-\frac{1}{5}\right)立方尺/人 - \frac{2}{3}\left[871\left(1-\frac{1}{5}\right)\right]立方尺/人} =$

$\dfrac{10943\frac{4}{5}立方尺}{232\frac{4}{15}立方尺/人} = 47\frac{409}{3484}$ 人。

【原文】

[07] 今有穿渠，上广一丈八尺，下广三尺六寸，深一丈八尺，袤五万一千八百二十四尺。问：积几何？答曰：一千七万四千五百八十五尺六寸。

秋程人功[①]三百尺。问：用徒几何？答曰：三万三千五百八十二人，功内少一十四尺四寸。

一千人先到，问：当受袤几何？答曰：一百五十四丈三尺二寸八十一分寸之八。

术曰：以一人功尺数，乘先到人数为实。**以一千人一日功为实**。并渠上下广而半之，以深乘之为法。以渠广深之立幂②为法。实如法得袤尺。

【注释】

①秋程人功：就是一人在秋季的标准工作量。

②立幂：这里指广、深形成的直立的面积。

图 5 – 01　堤防

【译文】

[07] 假设挖一条水渠（如图 5 – 01），上广是 1 丈 8 尺，下底广是 3 尺 6 寸，深是 1 丈 8 尺，长是 51824 尺。问：挖出的土方体积是多少？答：10074585 立方尺 600 立方寸。

假设秋季每人的标准工作量是 300 立方尺，问：用工多少？答：33582 人，而总工作量中少了 14 立方尺 400 立方寸。

如果 1000 人先到，问：应当领受多长的渠？答：154 丈 3 尺 2 $\frac{8}{81}$ 寸。

计算法则是：以一人标准工作量的体积尺数乘先到人数，作为被除数。以 1000 人一天的工作量作为被除数。将水渠的上、下广相加，取其一半，以深乘之，作为除数。以水渠的广与深形成的竖立的幂作为除数。被除数除以除数，就得到长度尺数。

古题今解

[07]

所求挖渠的容积为：

$$\frac{(180 + 36) \ \text{寸} \times 180 \ \text{寸}}{2} \times 51824 \ \text{寸} = 1004585600 \ \text{寸} = 10074585 \ \text{立方尺} \ 600 \ \text{立方寸} = 10074585.6 \ \text{立方尺}。$$

若每人一日工程量为 300 立方尺，所需人数为：

$$\frac{10074585.6 \ \text{立方尺}}{300 \ \text{立方尺/人}} = 33581.952 \approx 33582 \ \text{人}。不足的部分为 14 立方尺 400 立方寸。$$

若 1000 人先开工，能挖渠道的长度为：

$$\frac{1000 \text{ 人} \times 300000 \text{ 立方寸/人}}{\frac{180 \text{ 寸} + 36 \text{ 寸}}{2} \times 180 \text{ 寸}} = 15432\frac{8}{81} \text{ 寸} = 154 \text{ 丈 } 3 \text{ 尺 } 2\frac{8}{81} \text{ 寸}。$$

【原文】

[08] 今有方堢壔①，壔者，堢城也。壔，音丁老切，又音纛，谓以土拥木也。方一丈六尺，高一丈五尺。问：积几何？答曰：三千八百四十尺。

术曰：方自乘，以高乘之，即积尺②。

【注释】

①方堢壔（bǎo dǎo）：即今之正方柱体。

②积尺：体积尺数。

【译文】

[08] 设有一正方柱体，堢是堢城。壔，音丁老切，又音纛，是说用土围裹着一根木桩。它的底是边长 1 丈 6 尺的正方形，高是 1 丈 5 尺。问：其体积是多少？答：3840 立方尺。

算法：底面边长自乘，以高乘之，就是体积尺数。

[08]

由图 5-02 正方体图示可知，设 a 为边长，h 为高，则体积为：$a \times a \times h = 16$ 尺 $\times 16$ 尺 $\times 15$ 尺 $= 3840$ 立方尺。

【原文】

[09] 今有圆堢壔①，周四丈八尺，高一丈一尺。问：积②几何？答曰：二千一百一十二尺。于

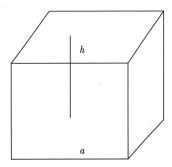

图 5-02　正方体

徽术，当积二千一十七尺、一百五十七分尺之一百三十一。臣淳风等谨按：依密率，积二千一十六尺。术曰：周自相乘，以高乘之，十二而一。此章诸术亦以周三径一为率，皆非也。于徽术，当以周自乘，以高乘之，又以二十五乘之，三百一十四而一。此之圆幂，亦如圆田之幂也。求幂亦如圆田；而以高乘幂也。臣淳风等谨按：依密率，以七乘之，八十八而一。

【注释】

①圆堢壔：即圆柱体。

②积：体积。

【译文】

[09] 假设有一圆柱体（如图5－03），底面圆周长是4丈8尺，高是1丈1尺。问：其体积是多少？答：2112立方尺。用我（刘徽）的方法，体积应当是 $2017\frac{131}{157}$ 立方尺。淳风等按：依照密率，体积是2016立方尺。

计算法则是：底面圆周长自乘，以高乘之，除以12。

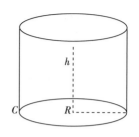

图5－03 圆柱体

此章中各术也都以周三径一作为率，都是错误的。用我（刘徽）的方法，应当以底面圆周长自乘，以高乘之，又以25乘之，除以314。此处之圆幂也如同圆田之幂。因此求它的幂也如圆田；然后以高乘幂。臣淳风等按：依照密率，以7乘之，除以88。

古题今解

[09]

设圆柱体底面半径为 r，高为 h，周长为 C，因 $C = 2\pi r$，故 $r = \dfrac{C}{2\pi}$，则所求体积为：

$$\pi r^2 h = \pi \times \frac{c^2}{4\pi^2} \times h = \frac{c^2 \times h}{4\pi} = \frac{(48\ \text{尺})^2 \times 11\ \text{尺}}{12} = 2112\ \text{立方尺（取} \pi = 3\text{）}。$$

双料伟大学者——阿基米德

阿基米德于公元前287年出生在意大利半岛南端西西里岛的叙拉古，他是欧几里得的学生埃拉托塞和卡农的门生，他是数学家与力学家的双料伟大学者，有"数学之神"美誉，又有"力学之父"的美称。

阿基米德建立了新的量级计数法，确定了新单位，提出了表示任何大数量的模式，这与对数运算是密切相关的。他利用圆的外切与内接九十六边形，求得圆周率 π 为：

3. 1415926 < π < 3. 1415927

这是数学史上最早的、明确指出误差限度的 π 值。

他使用穷举法证明了圆面积等于以圆周长为底、半径为高的正三角形的面积，用穷竭法证明了球的表面积等于其大圆面积的4倍；球的体积是一个圆锥体积的4倍，这个圆锥的底等于球的大圆，高等于球的半径。阿基米德还指出，如果等边圆柱中有一个内切球，则圆柱的全面积和它的体积，分别为球表面积

和体积的 $\frac{3}{2}$ 倍。

阿基米德在数学上有着伟大的成就，流传至今的著作共有十来部，多数是几何著作，但这对于推动数学的发展，却起着决定性的作用。

【原文】

[10] 今有方亭^①，下方五丈，上方四丈，高五丈。问：积几何？答曰：一十万一千六百六十六尺、太半尺。

术曰：上下方相乘，又各自乘，并之，以高乘之，三而一。此章有堑堵、阳马，皆合而成立方。盖说算者^②乃立棋三品，以效高深之积^③。令方亭，上方一尺，下方三尺，高一尺^④。其用棋也，中央立方一，四面堑堵四，四角阳马四^⑤。上下方相乘为三尺，以高乘之，得积三尺^⑥，是为中央立方一，四面堑堵各一^⑦。下方自乘为九，以高乘之，得积九尺^⑧，是为中央立方一，四面堑堵各二，四角阳马各三也。上方自乘，以高乘之，得积一尺，又为中央立方一^⑨。凡三品棋，皆一而为三^⑩。故三而一，得积尺^⑪。用棋之数：立方三，堑堵、阳马各十二，凡二十七，棋十三^⑫。更差次之^⑬，而成方亭者三，验矣。

【注释】

①方亭：即今之正四锥台，或方台。

②说算者：研究数学的学者。

③以效高深之积：以三品棋推证由高、深形成的多面体体积。

④令方亭，上方一尺，下方三尺，高一尺：假设方亭的上底边长 1 尺，下底边长 3 尺，高 1 尺。

⑤标准型方亭含有三品棋的个数是位于中央的 1 个立方体，位于四面的 4 个堑堵，位于四角的 4 个阳马。

⑥这里构造第一个长方体，宽是标准型方亭上底边长 1 尺，长是其下底边长 3 尺，高是其高 1 尺。

⑦第一个长方体含有中央正方体 1 个，四面堑堵各 1 个。

⑧再构造第二个长方体，实际上是一个方柱体，底的边长是标准型方亭下底边长 3 尺，高是其高 1 尺。

⑨再构造第三个长方体，实际上是以标准方亭的上底边长 1 尺为边长的正方体，它就是 1 个中央正方体。

⑩凡三品棋，皆一而为三：所构造的三个长方体共有中央立方体 3 个，四面堑堵 12 个，四角阳马 12 个，与标准方亭所含中央立方 1 个、四面堑堵 4 个、

四角阳马 4 个相比较，构成标准方亭的三品棋 1 个都变成了 3 个。

⑪故三而一，得积尺：所以除以 3，就得一个标准方亭的体积。

⑫此谓三个长方体的三品棋分别是 3 个正方棋，12 个堑堵棋，12 个阳马棋，总数是 27 个，可以合成 13 个正方棋。

⑬更差次之：将这 13 个正方棋按照一定的类别和次序重新组合。

【译文】

［10］假设有一个方亭，下底面是边长为 5 丈的正方形，上底面是边长为 4 丈的正方形，高是 5 丈。问：其体积是多少？答：$101666\frac{2}{3}$立方尺。

计算法则是：上、下底面的边长相乘，又各自乘，将它们相加，以高乘之，除以 3。此章有堑堵、阳马等立体，都可以拼合成立方体。所以治算学的人就设立三品棋，为的是推证以高深形成的立体体积。假设一个方亭，上底是边长为 1 尺的正方形，下底是边长为 3 尺的正方形，高是 1 尺。它所使用的棋是：中央 1 个正方体，四面 4 个堑堵，四角 4 个阳马。上、下底的边长相乘，得到 3 平方尺，以高乘之，求得体积 3 立方尺。这就得到中央的 1 个正方体，四面各 1 个堑堵。下底边长自乘是 9 平方尺，以高乘之，得到体积 9 立方尺。这就是中央的 1 个正方体，四面各 2 个堑堵，四角各 3 个阳马。上底边长自乘，以高乘之，得到体积 1 立方尺，又为中央的 1 个正方体。那么，凡是三品棋，1 个都变成了 3 个。所以除以 3，便得到方亭的体积尺数。用三品棋的数目：正方体 3 个，堑堵、阳马各 12 个，共 27 个，能合成 13 个正方棋。重新按一定顺序将它们组合，可成为 3 个方亭，这就推验了方亭的体积公式。

古题今解

［10］

正四面棱台体（如图 5 - 04），设上底边长为 b，下底边长为 a，高为 h，上底面积为 S_1，下底面积为 S_2，则所求体积为：

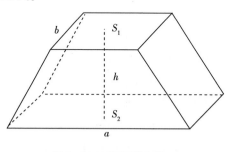

图 5 - 04　正四面棱台体

$$\frac{1}{3}h\left(S_1 + S_2 + \sqrt{S_1 S_2}\right) = \frac{1}{3}h$$

$$\left(b^2 + a^2 + \sqrt{a^2 b^2}\right) = \frac{1}{3}h\left(b^2 + a^2 + ab\right) = \frac{1}{3}\times 5\,丈\times\left(4\,丈\times 4\,丈 + 5\,丈\times 5\,丈 + \right.$$

$$\left.4\,丈\times 5\,丈\right) = 101.666\frac{2}{3}立方丈 = 101666\frac{2}{3}立方尺。$$

【原文】

为术又可令方差自乘，以高乘之，三而一，即四阳马也^①。上下方相乘，以高乘之，即中央立方及四面堑堵也。并之，以为方亭积^②数也。

【注释】

①这是刘徽在证明了阳马的体积公式之后，以有限分割求和法推导方亭的体积公式。

②积：体积。

【译文】

造术又可以使上、下两底边长的差自乘，以高乘之，除以3，就是四角四阳马的体积。上、下底边长相乘，以高乘之，就是中央一个长方体与四面四个堑堵的体积。两者相加，就是方亭的体积尺数。

【原文】

[11] 今有圆亭^①，下周三丈，上周二丈，高一丈。问：积几何？答曰：五百二十七尺、九分尺之七。于徽术，当积五百四尺、四百七十一分尺之一百一十六也。按密率，为积五百三尺、三十三分尺之二十六。

术曰：上、下周相乘，又各自乘，并之，以高乘之，三十六而一。此术周三径一之义，合以三除上下周，各为上下径，以相乘；又各自乘，并，以高乘之，三而一，为方亭之积^②。假令三约上下周，俱不尽，还通之，即各为上下径。令上下径相乘，又各自乘，并，以高乘之，为三方亭之积分。此合分母三相乘得九，为法，除之。又三而一，得方亭之积。从方亭求圆亭之积，亦犹方幂中求圆幂。乃令圆率三乘之，方率四而一，得圆亭之积。前求方亭之积，乃以三而一，今求圆亭之积，亦合三乘之。二母既同，故相准折^③。惟以方幂四乘分母九，得三十六，而连除之。

【注释】

①圆亭：即正圆台体。

②这是以周三径一之率。

③准折：恰好抵消。

【译文】

[11] 假设有一个圆亭，下底周长是 3 丈，上底周长是 2 丈，高是 1 丈。问：其体积是多少？答：$527\frac{7}{9}$立方尺。用我（刘徽）的方法，体积应当是 $504\frac{116}{471}$立方尺。依照密率，体积是 $503\frac{26}{33}$立方尺。

计算法则是：上、下底周长相乘，又各自乘，将它们相加，以高乘之，除以36。这种算法依照周三径一之义，应当以3除上、下底的周长，分别作为上、下底的直径，将它们相乘；又各自乘，相加，以高乘之，除以3，就成为圆亭的外切方亭的体积。如果以3约上、下底的周长，都约不尽，就回头将它们通分，将它们分别作为上、下底的直径。使上、下底的直径相乘，又各自乘，相加，以高乘之，就是3个方亭体积的积分。这里还应当以分母3相乘得9，作为除数，除之。再除以3，就得到一个方亭的体积。从方亭求圆亭的体积，也如同从方幂中求圆幂。于是乘以圆率3，除以方率4，就得到圆亭的体积。前面求方亭的体积是除以3，现在求圆亭的体积，又应当乘以3。二数既然相同，所以恰好互相抵消。只以方幂4乘分母9，得36，而合起来除之。

古题今解

[11]

正圆台体形建筑物（如图 5 - 05），设上底周长 $C' = 2$ 丈，下底周长 $C = 3$ 丈，高 $h = 1$ 丈。

则所求体积为：

$$\frac{(C'^2 + C^2 + CC') \times h}{36} =$$

$$\frac{[(2\text{丈})^2 + (3\text{丈})^2 + 2\text{丈} \times 3\text{丈}] \times 1\text{丈}}{36} = \frac{19}{36}立方丈 =$$

$527\frac{7}{9}$ 立方尺。

图 5 - 05　正圆台体

【原文】

于徽术，当上下周相乘，又各自乘，并，以高乘之，又二十五乘之，九百四十二而一。此圆亭四角圆杀[①]，比于方亭二百分之一百五十七。为术之意，先作方亭，三而一，则此据上下径为之者[②]，当又以一百五十七乘之，六百而一也。今据周为之[③]，若于圆堢壔，又以二十五乘之，三百一十四而一，则先得三圆亭矣。故以三百一十四为九百四十二而一，并除之。臣淳风等谨按：依密率，以七乘之，二百六十四而一。

【注释】

①圆杀：收缩成圆。

②如果这是根据上、下底的周长作的方亭。

③现在是根据圆亭上、下底的周长作的方亭。

【译文】

用我（刘徽）的方法，应当将上、下底的周长相乘，又各自乘，相加，以高乘之，又乘以25，除以942。这里的圆亭的四个角收缩成圆，它与方亭相比为之$\frac{157}{200}$。其造术的意思是：先作一个方亭，除以3，如果这是根据上、下底的周长作的方亭，应当又乘以157，除以600。现在是根据圆亭上、下底的周长作的方亭，如同对圆柱体那样，乘以25，除以314，那么就先得到了3个圆亭。所以将除以314变为除以942，就是用3与314一并除。淳风等按：依照密率，乘以7，除以264。

【原文】

[12] 今有方锥①，下方二丈七尺，高二丈九尺。问：积几何？答曰：七千四十七尺。

术曰：下方自乘，以高乘之，三而一。按：此术，假令方锥下方二尺，高一尺，即四阳马。如术为之，用十二阳马，成三方锥②，故三而一，得方锥③也。

【注释】

①方锥：正四棱锥。

②取12个阳马棋，可以合成4个正方棋，它可以重新拼合成3个标准四棱锥。

③得方锥：便得到正四棱锥的体积。

【译文】

[12] 假设有一个方锥，下底是边长为2丈7尺的正方形，高是2丈9尺。问：其体积是多少？答：7047立方尺。

计算法则是：下底边长自乘，以高乘之，除以3。按：这种算法中，假设方锥下底的边长是2尺，高是1尺，即可分解成4个阳马。如方亭术那样处理这个问题：用12个阳马可以合成3个方锥，所以除以3，便得到方锥的体积。

古题今解

[12]

如图5-06所示，设高$h = 2$丈9尺$= 29$尺，边长$a = 2$丈7尺$= 27$尺，底面积为S，则所求锥体体积为：

$$\frac{1}{3}h \times S = \frac{1}{3}h \times a^2 = \frac{(27\text{尺})^2 \times 29\text{尺}}{3} =$$

图5-06　正四棱锥

7047 立方尺。

【原文】

[13] 今有圆锥，下周三丈五尺，高五丈一尺。问：积几何？答曰：一千七百三十五尺、一十二分尺之五。于徽术，当积一千六百五十八尺、三百一十四分尺之十三。依密率，为积一千六百五十六尺、八十八分尺之四十七。

术曰：下周自乘，以高乘之，三十六而一。按：此术，圆锥下周以为方锥下方。方锥下方今自乘，以高乘之，令三而一，得大方锥之积。大锥方①之积合十二圆矣。今求一圆，复合十二除之，故令三乘十二得三十六，而连除②。

【注释】

①大锥："大方锥"之省称。方：下方。

②这里实际上是通过比较圆锥与大方锥的底面积由后者的体积推导前者的体积。

【译文】

[13] 假设有一个圆锥，下底周长3丈5尺，高是5丈1尺。问：其体积是多少？答：$1735\frac{5}{12}$立方尺。用我（刘徽）的方法，体积应当是$1658\frac{13}{314}$立方尺。依照密率，体积是$1656\frac{47}{88}$立方尺。

计算法则是：下底周长自乘，以高乘之，除以36。提示：这种算法中，以圆锥的下底周长作为方锥下底的边长。现方锥下底的边长自乘，以高乘之，除以3，得到大方锥的体积。大方锥的底面积折合12个圆锥的底圆。现在求一个圆，又应当除以12，所以使3乘以12，得36，而合起来除。

古题今解

[13]

如图5-07所示，设圆锥的底面周长为C，高为h，则所求体积为：$\dfrac{C^2h}{36}=\dfrac{(35尺)^2\times51尺}{36}=1735\frac{5}{12}$立方尺。

图5-07 圆锥体

【原文】

[14] 今有堑堵①，下广二丈，表一十八丈六尺，高二丈五尺。问：积几何？答曰：四万六千五百尺。

术曰：广表相乘，以高乘之，二而一。邪解立方得两堑堵。虽复随方②，亦为堑堵，故二而一③。此则合所规棋④。推其物体，盖为堑上叠⑤也。其形如城，而无上广⑥，与所规棋形异而同实。未闻所以名之为堑堵之说也⑦。

【注释】

①堑堵：底面为直角三角形的直棱柱。

②随方：即椭方，长方体。

③此谓将随方斜剖，也得到两堑堵。

④所规棋：所规定的棋，即《九章算术》中的堑堵。

⑤叠：堆积。此谓推究其形状，大体像叠在堑上的物体。

⑥叠在堑上的堑堵就是城的上广为零的情形。

⑦这种多面体与所规定的棋，形状稍有不同，而其体积公式是相同的。

【译文】

[14] 假设有一道堑堵（如图5-08），下广是2丈，长是18丈6尺，高2丈5尺。问：其体积是多少？答：46500立方尺。

计算法则是：广与长相乘，以高乘之，除以2。将一个正方体斜着剖开，就得到2个堑堵。更进一步，即使是一个长方体被剖开，也得到2个堑堵，所以除以2。这与所规定的棋吻合。推断它的形状，大体是叠在堑上的那块物体。它的形状像城墙，但是没有上广，与所规定的棋的形状稍异而体积公式相同。没有听说将其叫作堑堵的原因。

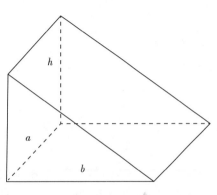

图5-08　堑堵

---古题今解---

[14]

设高为 h，两边长为 a、b，则所求体积为：$\dfrac{abh}{2} = \dfrac{20\text{尺} \times 186\text{尺} \times 25\text{尺}}{2} = $ 46500 立方尺。

【原文】

[15] 今有阳马①，广五尺，表七尺，高八尺。问：积几何？答曰：九十三尺、少半尺。

术曰：广表相乘，以高乘之，三而一。按：此术，阳马之形，方锥一隅也②。今谓四柱屋隅为阳马③。假令广表各一尺，高一尺，相乘之，得立方积一尺。邪解立方得两堑堵；邪解堑堵，其一为阳马，一为鳖臑④，阳马居二，鳖臑居一，不易之率也⑤。合两鳖臑成一阳马，合三阳马而成一立方，故三而一⑥。验之以棋，其形露矣。悉割阳马，凡为六鳖臑。观其割分，则体势互通⑦，盖易了也。

【注释】

①阳马：指底面为矩形，一棱垂直于底面的四棱锥。本是房屋四角承短椽（chuán）的长桁（héng）条，其顶端刻有马形，故名。

②4个阳马合成一个方锥，所以阳马的形状居于方锥的一角。

③四柱屋隅为阳马：四柱屋屋角的部件为阳马。

④斜解一个堑堵，得到一个阳马与一个鳖臑（nào）。

⑤这是著名的刘徽原理：在一个堑堵中，阳马与鳖臑的体积之比恒为2：1。

⑥三个阳马合成一个正方体。

⑦体势互通：指两立体全等或对称，其体积当然相等。

【译文】

[15] 假设有一个阳马，底广是5尺，长是7尺，高是8尺。问：其体积是多少？答：$93\frac{1}{3}$立方尺。

计算法则是：广与长相乘，以高乘之，除以3。提示：这种算法中阳马的形状是方锥的一个角隅。今天把四柱屋的一个角隅称作阳马。假设阳马底的广、长都是1尺，高是1尺，将它们相乘，得到正方体的体积1立方尺。将一个正方体斜着剖开，得到2个堑堵；将一个堑堵斜着剖开，其中一个是阳马，一个是鳖臑。阳马占2份，鳖臑占1份，这是永远不变的率。两个鳖臑合成一个阳马，三个阳马合成一个正方体，所以阳马的体积是正方体的$\frac{1}{3}$。用棋来验证，其态势很明显。剖开上述所有的阳马，总共为六个鳖臑。考察分割的各个部分，其形体态势都是互相通达的，因此其体积公式是容易得到的。

古题今解

[15]

如图5-09所示，设宽为b，长为a，高为h，则所求体积为：$\frac{1}{3} \times$ 底面积 $\times$ 高 $= \frac{1}{3}$ $abh = 93\frac{1}{3}$立方尺。

图5-09　阳马

【原文】

其棋或修短，或广狭，立方不等者，亦割分以为六鳖臑①。其形不悉相似，然见数同，积实均也②。鳖臑殊形，阳马异体③。然阳马异体，则不可纯合。不纯合，则难为之矣④。何则？按：邪解方棋⑤以为堑堵者，必当以半为分，邪解堑堵以为阳马者，亦必当以半为分，一从一横耳⑥。设为⑦阳马为分内，鳖臑为分外⑧，棋虽或随修短广狭，犹有此分常率知，殊形异体亦同也者，以此而已⑨。

【注释】

①这是讨论阳马或修短或广狭，广、长、高不相等的情形。

②其形不悉相似，然见数同，积实均也：这三个阳马既不全等，也不对称，六个鳖臑两两对称，却三三不全等。然而只要它们广、长、高相同，则其体积分别相等。

③进一步说明阳马、鳖臑的形状分别不同。

④则难为之矣：此谓在广、长、高不相等的情况下，用棋验法难以解决这个问题。

⑤方棋：指"随方棋"，即"椭方棋"。将随方棋分割成两个堑堵。

⑥一从一横耳：此时分割出来的阳马，一个是横的，则另一个就是纵的。

⑦为：训"以"。

⑧这是将堑堵分割成一个阳马，一个鳖臑。阳马为分内，鳖臑为分外。

⑨此谓在阳马、鳖臑殊形异体的情况下，它们的体积公式与非殊形异体的情况完全相同。

【译文】

如果这里的棋或长或短，或广或窄，是广、长、高不等的长方体，也分割成6个鳖臑。它们的形状不完全相同，然而只要它们所显现的广、长、高的数组是相同的，则它们的体积就是相等的。这些鳖臑有不同的形状，这些阳马也有不同的体态。阳马有不同的体态，那就不可能完全重合；不能完全重合，那么使用上述的方法是困难的。为什么呢？按：将长方体棋斜着剖开，成为堑堵，一定分成两份；将堑堵棋斜着剖开，也必定分成两份。这些阳马一个是纵的，另一个就会是横的。假设将阳马看作分割的内部，将鳖臑看作分割的外部，即使是棋有时是长方体，或长或短，或广或窄，仍然有这种分割的不变的率，由此可知不同形状的鳖臑，不同体态的阳马，其体积公式仍然分别相同，如此罢了。

【原文】

其使鳖臑广、袤、高各二尺，用堑堵、鳖臑之棋各二，皆用赤棋。又使阳马之广、袤、高各二尺，用立方之棋一，堑堵、阳马之棋各二，皆用黑棋。棋之赤、黑，接为堑堵，广、袤、高各二尺。于是中效其广、袤，又中分其高^①，令赤、黑堑堵各自适当一方^②。高一尺、方一尺，每二分鳖臑，则一阳马也。其余两端各积本体^③，合成一方焉^④。是为别种而方者率居三，通其体而方者率居一^⑤。虽方随棋改^⑥，而固有常然之势^⑦也。

按：余数具而可知者有一、二分之别，即一、二之为率定矣^⑧。其于理也岂虚矣^⑨？若为数而穷之^⑩，置余广、袤、高之数各半之，则四分之三又可知也。半之弥少，其余弥细^⑪。至细曰微，微则无形^⑫。由是言之，安取余哉^⑬？数而求穷之者，谓以情推，不用筹算^⑭。鳖臑之物，不同器用。阳马之形，或随修短广狭。然不有鳖臑，无以审阳马之数，不有阳马，无以知锥亭之类，功实之主^⑮也。

【注释】

①又中分其高：又从中间分割堑堵的高。

②令赤、黑堑堵各自适当一方：将赤堑堵与黑堑堵恰好分别合成一个立方体。

③其余两端各积本体：余下的两端，先各自拼合。

④合成一方焉：合成一个立方体，实际上仍是长方体。

⑤是为别种而方者率居三，通其体而方者率居一：这就是说，与原堑堵不同类型的立方体所占的率是3，而与原堑堵结构相似的立方体所占的率是1。

⑥方随棋改：正方体变成随方，即长方体，棋也改变了。随，通"椭"。

⑦固有常然之势：仍然有恒定的态势。

⑧余数具而可知者有一、二分之别，即一、二之为率定矣：如果能证明在第四个立方中能完全知道阳马与鳖臑的体积之比的部分为2∶1，则在整个堑堵中阳马与鳖臑的体积之比为2∶1就是确定无疑的了。

⑨其于理也岂虚矣：这在数理上难道是虚假的吗？

⑩若为数而穷之：若要从数学上穷尽它。

⑪半之弥少，其余弥细：平分的部分越小，剩余的部分就越细。

⑫至细曰微，微则无形：非常细就叫作微，微就不再有形体。

⑬由是言之，安取余哉：由此说来，哪里还有剩余呢？

⑭数而求穷之者，谓以情推，不用筹算：对于数学中无穷的问题，就要按数理进行推断，不能用筹算。

⑮功实之主：程功积实问题的根本。

【译文】

如果使鳖臑的广、长、高各2尺，那么用堑堵棋、鳖臑棋各2个，都用红棋。又使阳马的广、长、高各2尺，那么用立方棋1个，堑堵棋、阳马棋各2个，都用黑棋。红鳖臑与黑阳马拼合成一个堑堵，它的广、长、高各是2尺。于是就相当于从中间平分了堑堵的广与长，又平分了它的高，使红堑堵与黑堑堵恰好分别拼合成立方体。高是1尺，底方也是1尺，那么这些立方体中，在原鳖臑中的2份，相当于原阳马中的1份。余下的两端，先各自拼合，再拼合成一个立方体。这就是说，与原堑堵结构不同的立方体所占的率是3，而与原堑堵结构相似的立方体所占的率是1。即使是立方体变成了长方体，棋的形状发生了改变，这个结论必定具有恒定不变的态势。

按：如果余下的立体中，能列举出来并且可以知道其体积的部分属于鳖臑的与属于阳马的有1、2的分别，那么在整个堑堵中，1与2作为鳖臑与阳马的率就是完全确定了。这在数理上难道是虚假的吗？若要从数学上穷尽它，那就取堑堵剩余部分的广、长、高，平分之，那么又可以知道其中的以1、2作为率。平分的部分越小，剩余的部分就越细。非常细就叫作微，微就不再有形体。由此说来，哪里还会有剩余呢？对于数学中无限的问题，就要按数理进行推断，不能用筹算。鳖臑这种物体，不同于一般的器皿用具。阳马的形状，有时底是长方形，或长或短，或广或窄。然而，如果没有鳖臑，就没有办法考察阳马的体积，如果没有阳马，就没有办法知道锥亭之类的体积，这是程功积实问题的根本。

微则无形

"微则无形"是刘徽的数学思想之一，很难想象，他的这种思想是受到《庄子》《淮南子》的影响而萌发的。《庄子·秋水》中河伯曰"至精无形"，北海若曰"夫精粗者，期于有形者也；无形者，数之所不能分也；不可围者，数之所不能穷也"。《淮南子·要略》："至微之论无形也。""微则无形"的思想与割圆术的"不可割"是一致的。无形则数不能分，当然不可割。近代数学大师高斯提出过这样一个猜想：多面体体积的解决不借助于无穷小分割是不是不可能的？这个猜想构成了希尔伯特《数学问题》第三问题的基础。他的学生德恩对其作了肯定的回答。这与刘徽的思想不谋而合。

【原文】

[16] 今有鳖臑①，下广五尺，无袤；上袤四尺，无广；高七尺。问：积几

何？答曰：二十三尺、少半尺。

术曰：广袤相乘，以高乘之，六而一。按：此术，臑者，臂骨也[2]。或曰，半阳马，其形有似鳖肘，故以名云。中破阳马得两鳖臑，鳖臑之见数即阳马之半数。数同而实据半，故云六而一，即得。

【注释】

①鳖臑（nào）：有下广无下袤，有上袤无下广，有高的四面体，实际上它的四面都是勾股形。

②此术中，腰就是臂骨。

【译文】

[16] 假设有一个鳖臑，下广是 5 尺，没有长；上长是 4 尺，没有广；高是 7 尺。问：其体积是多少？答：$23\frac{1}{3}$ 立方尺。

计算法则是：下广与上长相乘，以高乘之，除以 6。提示：这种算法中，鳖臑就是臂骨。有人说，半个阳马，其形状有点像鳖臑，所以叫这个名字。从中间平分阳马，得到两个鳖臑，它的体积是阳马的半数。广、长、高都与阳马相同而其体积是其一半，所以除以 6，即得。

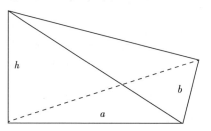

图 5-10　四面都是直角三角形的棱锥形状

古题今解

[16]

如图 5-10 所示，则所求体积为：$\dfrac{abh}{6} = \dfrac{5\,尺 \times 4\,尺 \times 7\,尺}{6} = 23\frac{1}{3}$ 立方尺。

【原文】

[17] 今有羡除[1]，下广六尺，上广一丈，深三尺；末广八尺，无深；袤七尺。问：积几何？答曰：八十四尺。

术曰：并三广，以深乘之，又以袤乘之，六而一。按：此术，羡除，实隧道也。其所穿地，上平下邪，似两鳖臑夹一堑堵，即羡除之形。假令用此棋：上广三尺，深一尺，下广一尺；末广一尺，无深；袤一尺。下广、末广皆堑堵[2]

之广；上广者，两鳖臑与一堑堵相连之广也③。以深、袤乘，得积五尺。鳖臑居二，堑堵居三，其于本棋，皆一而为六，故六而一。合四阳马以为方锥④。邪画方锥之底⑤，亦令为中方。就中方削而上合，全为中方锥之半⑥。于是阳马之棋悉中解矣⑦。中锥离而为四鳖臑焉⑧。故外锥之半亦为四鳖臑⑨。虽背正异形，与常所谓鳖臑参不相似，实则同也⑩。所云夹堑堵者，中锥之鳖臑也⑪。凡堑堵上袤短者，连阳马也⑫；下袤短者，与鳖臑连也⑬。上、下两袤相等知，亦与鳖臑连也⑭。并三广，以高、袤乘，六而一，皆其积也。今此羡除之广，即堑堵之袤也⑮。

【注释】

①羡除：一种楔形体，有五个面，其中三个面是等腰梯形，两个侧面是三角形，其长所在的平面与高所在的平面垂直。

②在这种羡除中，下广、末广都是堑堵的广。

③这里羡除的上广是堑堵与夹堑堵的两鳖臑相连的广。

④合四阳马以为方锥：将4个阳马拼合在一起就成为方锥。

⑤邪画方锥之底：斜着分割方锥的底。

⑥就中方削而上合，全为中方锥之半：从这个中间正方形向上削至方锥的顶点，得到的鳖臑全都是中方锥的一片。

⑦阳马之棋悉中解矣：合成方锥的四个阳马都从中间被剖分。

⑧中锥离而为四鳖臑焉：中锥被分割为全等的4个鳖臑。因此每一个的体积当然是中方锥的鳖臑体积公式。

⑨外锥之半亦为四鳖臑：外锥的一半也成为4个鳖臑。

⑩背正异形，与常所谓鳖臑参不相似，实则同也：中锥的4个鳖臑与外锥的4个鳖臑背正相对，形状不同，与通常的鳖臑的广、袤、高三度不相等，它们的体积公式却相同。

⑪夹堑堵者，中锥之鳖臑也：夹堑堵的鳖臑就是从中锥分离出来的鳖臑。

⑫凡堑堵上袤短者，连阳马也：凡是堑堵的上长比羡除的上广短的羡除，由一个堑堵及两侧的阳马组成。

⑬下袤短者，与鳖臑连也：凡是堑堵的下长短于羡除下广的羡除，由一堑堵及两侧的两鳖臑组成。

⑭上、下两袤相等知，亦与鳖臑连也：凡是堑堵的上下两长与羡除的上下广相等的羡除，由一个堑堵及两侧的鳖臑组成。

⑮在上述讨论中，羡除的广与堑堵的长在同一直线上。

【译文】

[17] 假设有一个楔形体（如图 5－11），一端下广是 6 尺，上广是 1 丈，深是 3 尺；末端广是 8 尺，没有深，长是 7 尺。问：其体积是多少？

答：84 立方尺。

计算法则是：将三个广相加，以深乘之，又以长乘之，除以 6。提

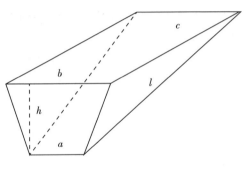

图 5－11　羡除

示：这种算法中，羡除实际上是一条隧道。如果所挖的地上面是平的，下面是斜面，好像两个鳖臑夹着一个堑堵，就是羡除的形状。假设使用这样的棋：一端上广是 3 尺，深是 1 尺，下广是 1 尺；末端广是 1 尺，没有深，长是 1 尺。一端的下广与末端的广都是堑堵的广；一端的上广是两个鳖臑与一个堑堵相连的广。以深、长乘三个广之和，得到体积 5 立方尺。鳖臑占据 2 份，堑堵占据 3 份。对原来的棋，它们都由 1 个变成了 6 个，所以要除以 6。将 4 个阳马拼合成 1 个方锥。斜着分割方锥的底，就形成一个中间正方形。从这个中间正方形向上到方锥的顶点剖开，得到的全都是中方锥的一半。于是阳马之棋全被从中间剖开了。中间方锥分离成 4 个鳖臑，那么外锥的一半也是 4 个鳖臑。虽然这些鳖臑一反一正，形状不同，与通常说的鳖臑的三度都不相等，它们的求积公式却是相同的。所说的夹堑堵，就是从中间方锥分离出来的鳖臑。凡是堑堵的长比羡除的上广短的，两侧就与阳马相连；堑堵的长比羡除的下广短的，两侧就与鳖臑相连。堑堵的长与羡除的上、下广相等的，两侧也与鳖臑相连。使三个广相加，以高、长乘之，除以 6，都得到羡除的体积。这里所说的羡除的广，在堑堵的长的位置上。

古题今解

[17]

所求体积为：$\dfrac{(a+b+c) \times h \times l}{6} = \dfrac{(6+10+8) \text{尺} \times 3 \text{尺} \times 7 \text{尺}}{6} = 84$ 立方尺。

【原文】

按：此本是三广不等，即与鳖臑连者①。别而言之②：中央堑堵广六尺，高三尺，袤七尺。末广之两旁，各一小鳖臑，高、袤皆与堑堵等③。令小鳖臑居里，大鳖臑居表④，则大鳖臑皆出随方锥⑤，下广二尺，袤六尺，高七尺。分取其半，则为袤三尺。以高、广乘之，三而一，即半锥之积也。邪解半锥得此两

大鳖臑⑥，求其积，亦当六而一，合于常率矣⑦。按：阳马之棋两邪，棋底方；当其方也，不问旁、角而割之，相半可知也⑧。推此上连无成不方，故方锥与阳马同实⑨。角而割之者，相半之势⑩。此大小鳖臑可知更相表里，但体有背正也⑪。

【注释】

①此谓三广不等的羡除，其分割出的堑堵与鳖臑相连。

②别而言之：将羡除分割开分别表述之。

③皆与堑堵等：两小鳖臑与堑堵的高与袤分别相等。

④两小鳖臑居于内侧，两大鳖臑居于外侧。

⑤大鳖臑皆出随方锥：两大鳖臑皆从椭方锥中分离出来。

⑥邪解半锥得此两大鳖臑：用平面分别分割半椭方锥，得到鳖臑，就是上述的两大鳖臑。

⑦求其积，亦当六而一，合于常率矣：求大鳖臑的体积，也应当除以6，符合通常的率式，所以说"合于常率"。大鳖臑的体积为什么是半椭方锥的一半呢？下面就是刘徽的证明方法。

⑧不问旁、角而割之，相半可知也：对一个长方形，不管是用对角线分割之，还是用对边中点的连线分割之，都将其面积平分。

⑨推此上连无成不方，故方锥与阳马同实：将这一结论由底向上推广，所连接出的方锥与阳马的各层没有一层不是相等的方形，所以它们的体积相等。

⑩角而割之者，相半之势：对一长方形从对角分割，是将其平分的态势。

⑪此大小鳖臑可知更相表里，但体有背正也：这里的大鳖臑、小鳖臑互为表里，但形状有反有正。

【译文】

按：这一问题中本来是三广不相等的即与鳖臑相连的羡除。将其分解进行讨论：位于中央的堑堵，广是6尺，高是3尺，长是7尺。羡除末端广的两旁，各有一小鳖臑，它的广、长皆与堑堵的相等。使小鳖臑居于里面，大鳖臑居于表面。大鳖臑都可以从长方锥中分离出来。长方锥的下底广是2尺，长是6尺，高是7尺。分取它的一半，那么长变成3尺。以高、广乘之，除以3，就是半长方锥的体积。斜着剖开两个半长方锥，就得到两大鳖臑。求它的体积，也应该除以6，符合鳖臑通常的率。按：阳马棋有两个斜面，棋的底是长方形；对长方形，不管是从两旁分割它，还是从对角分割它，都将其平分成二等分。将这一结论由底向上推广，所连接出的方锥与阳马的各层没有一层不是相等的方形，所以它们的体积相等。从对角分割，是平分的态势。所以大鳖臑的体积是半长方锥的一半，是正确的。这里的大鳖臑、小鳖臑互为表里，但形状有反有正。

【原文】

[18] 今有刍甍①，下广三丈，袤四丈；上袤二丈，无广；高一丈。问：积几何？答曰：五千尺。

术曰：倍下袤，上袤从之，以广乘之，又以高乘之，六而一。推明义理②者：旧说③云，凡积刍有上下广曰童④，甍谓其屋盖之茨⑤也。是故甍之下广、袤与童之上广、袤等⑥。正斩方亭两边，合之即刍甍之形也⑦。假令下广二尺，袤三尺；上袤一尺，无广；高一尺。其用棋也，中央堑堵二，两端阳马各二。倍下袤，上袤从之，为七尺，以广乘之，得幂十四尺，阳马之幂各居二，堑堵之幂各居三。以高乘之，得积十四尺。其于本棋也，皆一而为六⑧，故六而一，即得⑨。

【注释】

①刍甍（méng）：其本义是形如屋脊的草垛，是一种底面为长方形而上方只有长，无广，上长短于下长的楔形体。

②推明义理：阐明其含义。

③旧说：指前代数学家的说法。

④此谓垛成的草垛上不仅有长，而且有广，叫作童。童：山无草木，牛羊无角，人秃顶，皆曰童。

⑤茨：是用茅草、芦苇搭盖的屋顶。

⑥用一个平行于刍甍底面的平面切割刍甍，下为刍童，上仍为刍甍，所以说，刍甍的下广、长与刍童的上广、长相等。

⑦以垂直于底面的两个平面从方亭上底的两对边切割方亭，切割下的两侧合起来就是刍甍。

⑧其于本棋也，皆一而为六：它们对于本来的棋来说，1个都变成了6个。

⑨除以6，就得到标准型刍甍的体积。

【译文】

[18] 假设有一座刍甍（如图5-12），下底广是3丈，长是4丈；上长是2丈，没有广；高是1丈。问：其体积是多少？答：5000立方尺。

计算法则是：将下长加倍，加上长，以广乘之，又以高乘之，除以6。先把它的含义推究明白：旧的说法是，凡是堆积刍草，有上顶广与下底广，就叫作童。甍是指用茅草做成的屋脊。所以刍甍下底的广、长与刍童上顶的广、长相等。从正面切割下方亭的两边，合起来，就是刍甍的形状。假设一个刍甍，下底广是 2 尺，长是 3 尺；上长是 1 尺，没有广；高是 1 尺。它所使用的棋：中央有 2 个堑堵，两端各有 2 个阳马。将下长加倍，加上长，得 7 尺。以下底广乘之，得到幂 14 平方尺。每个阳马的幂占据 2 平方尺，每个堑堵

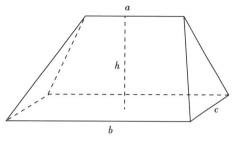

图 5 – 12　刍甍

的幂占据 3 平方尺。再以高乘之，得体积 14 立方尺。它们对于本来的棋，1 个都变成了 6 个。所以除以 6，就得到刍甍的体积。

古题今解

[18]

设 $a = 2$ 丈，$b = 4$ 丈，$c = 3$ 丈，$h = 1$ 丈，

则所求体积为：

$$\frac{(2b + a) \times ch}{6} = \frac{(4 \times 2 + 2)\ 丈 \times 3\ 丈 \times 1\ 丈}{6} = 5\ 立方丈 = 5000\ 立方尺。$$

【原文】

刍童[①]、曲池[②]、盘池[③]、冥谷[④]，皆同术。

术曰：倍上袤，下袤从之；亦倍下袤，上袤从之；各以其广乘之，并；以高若[⑤]深乘之，皆六而一。按：此术，假令刍童上广一尺，袤二尺；下广三尺，袤四尺；高一尺。其用棋也，中央立方二，四面堑堵六，四角阳马四[⑥]。倍下袤为八，上袤从之，为十，以高、广乘之，得积三十尺。是为得中央立方各三，两端堑堵各四，两旁堑堵各六，四角阳马亦各六。后倍上袤，下袤从之，为八。以高、广乘之，得积八尺。是为得中央立方亦各三，两端堑堵各二。并两旁[⑦]，三品棋皆一而为六[⑧]，故六而一，即得[⑨]。

【注释】

①刍童：上下底面皆为长方形的草堆。也是地面上的土方工程。《九章算术》和《算数书》关于刍童的例题皆是上大下小（如图 5 – 13）。

②曲池：曲折回绕的水池。实际上是曲面体，此处曲池的上下底皆为圆环。

③盘池：是盘状的水池，地下的水土工程。

图 5 – 13　刍童

④冥谷：是墓穴，地下的土方工程。

⑤若：或。

⑥将标准型刍童分解为三品棋：2个中央正方体，6个四面堑堵，4个四角阳马。

⑦旁：通"方"。

⑧三品棋皆一而为六：三品棋1个都变成了6个。

⑨除以6，就得到标准型刍童的体积。

【译文】

刍童、曲池、盘池、冥谷都用同一术。

计算法则是：将上长加倍，加下长；又将下长加倍，加上长；分别以各自的广乘之，将它们相加；以高或深乘之，除以6。按：这种算法中，假设刍童的上顶广是1尺，长是2尺；下底广是3尺，长是4尺；高是1尺。它所使用的棋：中央有2个正方体，四面有6个堑堵，四角有4个阳马。将下长加倍，得8，加上长，得10，以高、下底广乘之，得体积30立方尺。这就成为：中央的正方体1个变成了3个，两端的堑堵1个变成了4个，两旁的堑堵1个变成了6个，四角的阳马1个变成了6个。然后将上长加倍，加下长，得8。以高、上广乘之，得体积8立方尺。这就成为：中央的正方体1个也变成了3个，两端堑堵1个变成了2个。将两个长方体相加，三品棋1个都变成了6个。所以除以6，就得到刍童的体积。

【原文】

其曲池者，并上中、外周而半之，以为上袤；亦并下中、外周而半之，以为下袤。此池环而不通匝，形如盘蛇而曲之。亦云周者，谓如委谷依垣之周耳[①]。引而伸之，周为袤。求袤之意，环田也[②]。

【注释】

①此谓曲池之周像委谷依垣那样不通匝。

②像环田那样引而伸之，展为梯形。

【译文】

如果是曲池，就将上中、外周相加，取其一半，作为上长；又将下中、外周相加，取其一半，作为下长。这种曲池是圆环形的但不连通，形状像盘起来的蛇那样弯曲。也称为周，是说像把谷物堆放在墙边那样的周。将它伸直，周就成为长。求长的意思如同环田。

【原文】

[19] 今有刍童，下广二丈，袤三丈；上广三丈，袤四丈；高三丈。问：积几何？答曰：二万六千五百尺。

[20] 今有曲池（如图5-14），上中周二丈，外周四丈，广一丈；下中周一丈四尺，外周二丈四尺，广五尺；深一丈。问：积几何？答曰：一千八百八十三尺三寸、少半寸。

图5-14　曲池

[21] 今有盘池，上广六丈，袤八丈；下广四丈，袤六丈；深二丈。问：积几何？答曰：七万六百六十六尺、太半尺。

负土①往来七十步，其二十步上下栈、除②。栈、除二当平道五③；跮躇④之间十加一；载输⑤之间三十步；定一返⑥一百四十步。土笼⑦积一尺六寸，秋程人功行五十九里半⑧。问：人到积尺⑨及用徒各几何？答曰：人到二百四尺；用徒三百四十六人、一百五十三分人之六十二。

术曰：以一笼积尺乘程行步数，为实。往来上下栈、除二当平道五。栈，阁，除，邪道，有上下之难，故使二当五也。置定往来步数，十加一，及载输之间三十步以为法。除之，所得即一人所到尺。按：此术，栈，阁，除，邪道，有上下之难，故使二当五。置定往来步数，十加一，及载输之间三十步，是为往来一返，凡用一百四十步。于今有术为所有行率，笼积一尺六寸为所求到土率，程行五十九里半为所有数，而今有之，即人到尺数。"以所到约积尺，即用徒人数"者，此一人之积除其众积尺，故得用徒人数⑩。为术又可令往来一返所用之步，约程行为返数，乘笼积为一人所到。以此术与今有术相返覆，则乘除之或先后，意各有所在而同归耳。以所到约积、尺，即用徒人数。

【注释】

①负土：背土。

②栈：就是楼阁，也作栈道。除：台阶，阶梯。下文刘徽注曰："除，邪道。"

③栈、除二当平道五：在栈、除行进2，相当于在平道行进5。

④跮躇（chí chú）：徘徊。

⑤载输：装卸。

⑥定一返：110步+30步=140步。

⑦笼：盛土器，土筐。

⑧秋程人功行五十九里半：秋季1个劳动力的标准工作量为一天背负容积为1立方尺600立方寸的土笼行59里半。

⑨人到积尺：即每人每天运到的土方尺数。

⑩以1人所运到的积尺数除众人共同运到的积尺数，就得用徒人数。

【译文】

[19] 假设有一刍童，下广是2丈，长是3丈；上广是3丈，长是4丈；高是3丈。问：其体积是多少？答：26500立方尺。

[20] 假设有一曲池（如图5-15），上中周是2丈，外周是4丈，广是1丈；下中周是1丈4尺，外周是2丈4尺，广是5尺；深是1丈。问：其体积是多少？答：1883立方尺333$\frac{1}{3}$立方寸。

[21] 假设有一盘池（如图5-16），上广是6丈，长是8丈；下广是4丈，长是6丈；深是2丈。问：其体积是多少？答：70666$\frac{2}{3}$立方尺。

如果背负土筐一个往返是70步，其中有20步是上下的棚、除。在棚、除上行走2相当于平地5；徘徊的时间10加1；装卸的时间相当于30步；因此，一个往返确定走140步。土笼的容积是1尺6寸，秋天一人每天标准运送59$\frac{1}{2}$里。问：一人一天运到的土方尺数及用工人数各是多少？答：一人运到土方204立方尺；用工346$\frac{62}{153}$人。

计算法则是：以一土筐容积尺数乘一人每天的标准运送步数，作为被除数。往来上下要走棚、除，2相当于平地5。棚是栈道，除是台阶，有上下的困难，所以2相当于5。布置运送一个往返确定走的步数，每10加1，再加装卸时间的30步，作为除数。被除数除以除数，所得就是1人每天所运到的土方尺数。按：这种算法中棚是栈道，除是台阶，有上下的困难，所以2相当于5。布置运送一个往返确定走的步数，每10加1，再加装卸的时间30步，这往来运送一次共走140步。对今有术来说，它是所有率即行率，土筐容积1立方尺600立方寸是所求率即到土率。一人每天标准运送59$\frac{1}{2}$里是所有数。应用今有术，就得到一人每天所运到的土方尺数。"以一人每天所运到的土方尺数除盘池容积尺数，就是用工人数"，这是因为以一人运到的土方尺数，去除众人应该运送的土方尺数，就得到用工人数。造术又可以：以往来一次所用的步数除一人标准运送的步数，作为往返次数。以它乘土筐容积，为一人所运送到的土方尺数。以这种算法与今有术相比较，一个是先乘后除，一个是先除后乘，各自有不同的思路，却有同一个结果。以一人每天所运到的土方尺数除盘池容积尺数，就是用工人数。

图 5 – 15　曲池

图 5 – 16　盘池

【古题今解】

［19］

根据刍童的体积公式 $V =$

$$\frac{(2 \times 上底宽 + 下底宽) \times 上底长 + (2 \times 下底宽 + 上底宽) \times 下底长] \times 高}{6},$$

将有关数据代入公式，则所求体积为：

$$\frac{[(2 \times 3 + 2) \ 丈 \times 4 \ 丈 + (2 \times 2 + 3) \ 丈 \times 3 \ 丈] \times 3 \ 丈}{6} =$$

$$\frac{(32 + 21) \ 立方丈}{2} = 26.5 \ 立方丈 = 26500 \ 立方尺。$$

［20］

上底长 $= \frac{4 + 2}{2}$ 丈 $= 3$ 丈 $= 30$ 尺，下底长：$\frac{1 \ 丈四尺 + 2 \ 丈四尺}{2} = 19$ 尺，所求体积为 V：

$$\frac{(2 \times 上底宽 + 下底宽) \times 上底长 + (2 \times 下底宽 + 上底宽) \times 下底长] \times 高}{6} \ 得：$$

$$\frac{[(2 \times 10 \ 尺 + 5 \ 尺) \times 30 \ 尺 + (2 \times 5 \ 尺 + 10 \ 尺) \times 19 \ 尺] \times 10 \ 尺}{6} =$$

$$\frac{(750 + 380) \times 5 \ 立方尺}{3} = 1883 \frac{1}{3} \ 立方尺 = 1883 \ 立方尺 333 \frac{1}{3} \ 立方寸。$$

［21］

所求容积公式为：

$$\frac{(2 \times 上底宽 + 下底宽) \times 上底长 + (2 \times 下底宽 + 上底宽) \times 下底长] \times 高}{6}$$

代入得：

$$\frac{\left[\,(2\times6+4)\times8+(2\times4+6)\times6\,\right]\times2}{6}\,\text{立方丈}=\frac{128+84}{3}\,\text{立方丈}=70\frac{2}{3}$$

立方丈 $=70666\frac{2}{3}$ 立方尺。

按题设计条件，往返一次需走的步数为 140 步，$59\frac{1}{2}$ 里 $=59\frac{1}{2}\times300$（每里为 300 步）步 $=17850$ 步，又据算法提示，

所求每人运土量为：$\dfrac{1.6\ \text{立方尺/人}\times17850\ \text{步}}{140\ \text{步}}=204$ 立方尺/人，所求劳动人数为：

$$\frac{70666\frac{2}{3}\,\text{立方尺}}{204\,\text{立方尺/人}}=346\frac{62}{153}\,\text{人}。$$

【原文】

[22] 今有冥谷，上广二丈，袤七丈；下广八尺，袤四丈；深六丈五尺。问：积几何？答曰：五万二千尺。

载土①往来二百步，载输之间一里。程行五十八里。六人共车，车载三十四尺七寸②。问：人到积尺及用徒各几何？答曰：人到二百一尺、五十分尺之十三；用徒二百五十八人、一万六十三分人之三千七百四十六。

术曰：以一车积尺乘程行步数，为实。置今往来步数，加载输之间一里，以车六人乘之，为法。除之，所得即一人所到尺。按：此术，今有之义。以载输及往来并得五百步③，为所有行率；车载三十四尺七寸为所求到土率；程行五十八里，通之为步④，为所有数；而今有之，所得则一车所到。欲得人到者，当以六人除之，即得⑤。术有分，故亦更令乘法而并除者，亦用一车尺数以为一人到土率，六人乘五百步为行率也⑥。又亦可五百步为行率，令六人约车积尺数为一人到土率，以负土术入之。入之者⑦，亦可求返数也。要取其会通而已。术恐有分，故令乘法而并除⑧。"以所到约积尺，即用徒人数"者，以一人所到积尺，除其众积，故得用徒人数也。以所到约积尺，即用徒人数。

【注释】

①载土：是用车辆运输土石。

②一辆车运载的土方是 34 立方尺 7 立方寸。

③载输之间 1 里 =300 步，往来 200 步，故为 500 步。

④1 里为 300 步，58 里为 17400 步。

⑤6 人共一车，车到积尺除以 6，就是人到积尺。

⑥一般说来，先求出车到积尺会有分数，再除以6，更烦琐。于是以一车积尺数作为一人到土率，以6乘500步作为行率，变成了以6乘法而一并除。

⑦入之者：假设采纳负土术。

⑧术恐有分，故令乘法而并除：先求出每辆车一天的往返次数，方法虽然正确，但先做除法，难免有分数，所以《九章算术》采取乘法而并除的方式。

【译文】

[22] 假设有一冥谷，上广是2丈，长是7丈；下广是8尺，长是4丈；深是6丈5尺。问：其体积是多少？答：52000立方尺。

如果装运土石一个往返是200步，装卸的时间相当于1里。一辆车每天标准运送58里。6个人共一辆车，每辆车装载34.7立方尺。问：一人一天运到的土方尺数及用工人数各多少？答：一人运到土方 $201\frac{13}{50}$ 立方尺，工人数258 $\frac{3746}{10063}$ 人。

计算法则是：以一辆车装载尺数乘一辆车每天标准运送里数，作为被除数。布置运送一个往返的步数，加装卸时间所相当的1里，以每辆车的6人乘之，作为除数。被除数除以除数，所得就是一人每天所运到的土方尺数。按：这种算法具有今有术的意思。以装卸及往返的步数相加，得500步，作为所有率，即行率；每辆车所载34.7立方尺作为所求率；一辆车每天标准运送的58里，换算成步数，作为所有数；应用今有术，所得到的就是一车每天所运到的土方尺数。如果想得到一人运送的土方尺数，应当用6除之，即得。这种算法会有分数，所以也可以变换成乘法而一并除的方法：以一辆车的装载尺数作为一人运到的土方率，6人乘500步作为所有率，即行率。又可以：以500步作为所有率，即行率，用6人除一辆车的装载尺数作为一人运到的土方率，采用负土术。假设采用负土术，也可以求出往返的次数。关键在于要融会通达。这种算法因恐先除会出现分数，所以采取乘法而一并除。"以一人每天所运到的土方尺数除冥谷的容积尺数，就是用工人数"，这是因为以一人运到的土方尺数，去除众人应该运送的土方尺数，就得到用工人数。以一人每天所运到的土方尺数除冥谷容积尺数，就是用工人数。

图5-17 所求长方形墓坑图示

[22]

上下底面皆为长方形的墓坑形状如图5-17所示。根据

$$\frac{(2\times 上底宽 + 下底宽)\times 上底长 + (2\times 下底宽 + 上底宽)\times 下底长]\times 高}{6}。$$

体积公式。所求容积为：

$$\frac{[(2\times 2丈 + 8尺)\times 7丈 + (2\times 8尺 + 2丈)\times 4丈]\times 6丈5尺}{6} =$$

$$\frac{(3360 + 1440)\times 65}{6}立方尺 = 52000\ 立方尺。$$

问题2中，全程步数为：58里×300（每里为300步）=17400步。

200步 + 1里 = （200 + 300）步 = 500步，

按算法提示，每人每天的运土量为：

$$\frac{34.7\ 立方尺\times 17400\ 步}{500\ 步\times 6\ 人} = 201\frac{13}{50}立方尺。$$

所求的人数为：$\dfrac{52000\ 立方尺}{201\dfrac{13}{50}立方尺/人}人 = 258\dfrac{3746}{10063}人。$

【原文】

[23] 今有委粟①平地，下周一十二丈，高二丈。问：积及为粟几何？答曰：积八千尺。于徽术，当积七千六百四十三尺、一百五十七分尺之四十九。臣淳风等谨依密率，为积七千六百三十六尺、十一分尺之四。为粟二千九百六十二斛、二十七分斛之二十六。于徽术，当粟二千八百三十斛、一千四百一十三分斛之一千二百一十。臣淳风等谨依密率，为粟二千八百二十八斛、九十九分斛之二十八。

[24] 今有委菽依垣②，下周三丈，高七尺。问：积及为菽各几何？答曰：积三百五十尺。依徽术，当积三百三十四尺、四百七十一分尺之一百八十六也。臣淳风等谨依密率，为积三百三十四尺、十一分尺之一。为菽一百四十四斛、二百四十三分斛之八。依徽术，当菽一百三十七斛、一万二千七百一十七分斛之七千七百七十一。臣淳风等谨依密率，为菽一百三十七斛、八百九十一分斛之四百三十三。

[25] 今有委米依垣内角③，下周八尺，高五尺。问：积及为米各几何？答曰：积三十五尺、九分尺之五。于徽术，当积三十三尺、四百七十一分尺之四

百五十七。臣淳风等谨依密率，当积三十三尺、三十三分尺之三十一。

为米二十一斛、七百二十九分斛之六百九十一。于徽术，当米二十斛、三万八千一百五十一分斛之三万六千九百八十。臣淳风等谨依密率，为米二十斛、二千六百七十三分斛之二千五百四十。

【注释】

①委粟：堆放谷物。

②假设靠墙一侧堆积菽。

③假设靠墙内角堆积米。

【译文】

[23] 假设在平地上堆积粟，下周长是 12 丈，高是 2 丈。问：其体积及粟的数量各是多少？答：体积是 8000 立方尺。根据我（刘徽）的方法，体积应当是 $7643\frac{49}{157}$ 立方尺。淳风等按：依照密率，体积是 $7636\frac{4}{11}$ 立方尺。粟是 $2962\frac{26}{27}$ 斛。根据我（刘徽）的方法，粟应当是 $2830\frac{1210}{1413}$ 斛。淳风等按：依照密率，粟是 $2828\frac{28}{99}$ 斛。

[24] 假设靠墙一侧堆积菽，下周长是 3 丈，高是 7 尺。问：其体积及菽的数量各是多少？答：体积是 350 立方尺。根据我（刘徽）的方法，体积应当是 $334\frac{186}{471}$ 立方尺。淳风等按：依照密率，体积是 $334\frac{1}{11}$ 立方尺。菽是 $144\frac{8}{243}$ 斛。根据我（刘徽）的方法，菽应当是 $137\frac{7771}{12717}$ 斛。淳风等按：依照密率，菽是 $137\frac{433}{891}$ 斛。

[25] 假设靠墙内角堆积米，下周长是 8 尺，高是 5 尺。问：其体积及米的数量各是多少？答：体积是 $35\frac{5}{9}$ 立方尺。根据我（刘徽）的方法，体积应当是 $33\frac{457}{471}$ 立方尺。淳风等按：依照密率，体积是 $33\frac{31}{33}$ 立方尺。米是 $21\frac{691}{729}$ 斛。根据我（刘徽）的方法，米应当是 $20\frac{36980}{38151}$ 斛。淳风等按：依照密率，米是 $20\frac{2540}{2673}$ 斛。

[23]

设下周周长为 $C = 12$ 丈，圆半径为 $r = \dfrac{C}{2\pi}$，则所求体积为：$\dfrac{1}{3}\pi r^2 \times$ 高 $= \dfrac{1}{3}$

$\pi \dfrac{C^2}{4\pi^2} \times$ 高 $= \dfrac{(120\ 尺)^2 \times 20\ 尺}{36} = 8000$ 立方尺（π 的值取 3）。

1 斛粟 $= 2.7$ 立方尺，则所求粟数为：$\dfrac{8000\ 立方尺}{2.7\ 立方尺/斛} = 2962\dfrac{26}{27}$ 斛。

[24]

这堆大豆为半圆锥形，下周长 3 丈就是半圆周长，先按一圆锥计算，体积为：

$$\dfrac{1}{3}\pi r^2 \times 高 = \dfrac{(3\ 丈 \times 2)^2 \times 高}{36} = \dfrac{(30\ 尺)^2 \times 2^2 \times 7\ 尺}{36}。$$

这堆大豆的体积，是圆锥体积的一半，即：

$$\dfrac{(30\ 尺)^2 \times 2^2 \times 7\ 尺}{36} \times \dfrac{1}{2} = 350\ 立方尺。$$ 1 斛大豆 $= 2.43$ 立方尺，则所求大

豆数为：350 立方尺 $\div 2.43$ 立方尺/斛 $= 144\dfrac{8}{243}$ 斛。

[25]

墙内角堆放大米，会形成 $\dfrac{1}{4}$ 圆锥体，按照圆锥体的体积公式，求得该圆锥体积为：

$$\dfrac{(4 \times 8)^2 \times 5}{36} = \dfrac{8^2 \times 4^2 \times 5}{36}$$

再将这一个圆锥体体积除以 4，则得这堆大米的体积，即：

$$\dfrac{8^2 \times 4^2 \times 5}{36}\ 立方尺 \div 4 = \dfrac{320}{9}\ 立方尺 = 35\dfrac{5}{9}\ 立方尺。$$

又知 1 斛米 $= 1.62$ 立方尺，则所求米数为 $35\dfrac{5}{9}$ 立方尺 $\div 1.62$ 立方尺/斛 $=$

$21\dfrac{691}{729}$ 斛。

【原文】

委粟术曰：下周自乘，以高乘之，三十六而一。此犹圆锥也。于徽术，亦当下周自乘，以高乘之，又以二十五乘之，九百四十二而一也。其依垣者，居

圆锥之半也。十八而一。于徽术，当令此下周自乘，以高乘之，又以二十五乘之，四百七十一而一。依垣之周，半于全周。其自乘之幂，居全周自乘之幂四分之一。故半全周之法，以为法也。其依垣内角者，角，隅也，居圆锥四分之一也。九而一。于徽术，当令此下周自乘而倍之，以高乘之，又以二十五乘之，四百七十一而一。依隅之周半于依垣。其自乘之幂，居依垣自乘之幂四分之一。当半依垣之法以为法。法不可半，故倍其实。又此术亦用周三径一之率。假令以三除周，得径，若不尽，通分内子，即为径之积分。令自乘，以高乘之，为三方锥之积分。母自相乘，得九，为法。又当三而一，约方锥之积^①。从方锥中求圆锥之积，亦犹方幂求圆幂，乃当三乘之，四而一，得圆锥之积。前求方锥积，乃合三而一，今求圆锥之积，复合三乘之。二母既同，故相准折。惟以四乘分母九，得三十六而连除，得圆锥之积^②。其圆锥之积与平地聚粟同，故三十六而一。臣淳风等谨依密率，以七乘之，其平地者，二百六十四而一；依垣者，一百三十二而一；依隅者，六十六而一也。

【注释】

①约方锥之积：得方锥之积。约：求取。

②得圆锥之积：得圆锥的体积。

【译文】

委粟的计算法则是：下周长自乘，以高乘之，除以 36。此如同圆锥术。根据我（刘徽）的方法，应当以下周长自乘，以高乘之，又以 25 乘之，除以 942。如果是靠墙一侧，占据圆锥的一半。除以 18。根据我（刘徽）的方法，应当以下周长自乘，以高乘之，又以 25 乘之，除以 471。靠墙一侧的周长是整个周长的一半。它的周长自乘之幂占据整个周长自乘之幂的 $\frac{1}{4}$。所以以整个周长的情形中的法的 $\frac{1}{2}$ 作为除数。如果是靠墙的内角，角是隅角，占据圆锥的 $\frac{1}{4}$。除以 9。根据我（刘徽）的方法，应当以下周长自乘，加倍，以高乘之，又以 25 乘之，除以 471。靠墙一侧的周长是整个周长的 $\frac{1}{2}$。它的周长自乘之幂占据整个周长自乘之幂的 $\frac{1}{4}$。所以以整个周长的情形中的法的 $\frac{1}{2}$ 作为除数。前者的法无法取 $\frac{1}{2}$，所以将实加倍。又，这种算法也是用周三径一之率。假设以 3 除下周长，得到直径，如果除不尽，就通分，纳入分子，便是直径的积分。将直径自乘，以高乘之，是三个外切方锥的积分。分母相乘，得 9，作为除数。又应当除以

3，求得一个方锥的体积积分。从方锥求内切圆锥的体积，也如同从正方形之幂求内切圆之幂，于是应当用3乘之，除以4，得到内切圆锥的体积。前面求方锥的体积，应当除以3；现在求圆锥的体积，又应当以3乘。两个数既然相同，所以恰好互相抵消，只以4乘分母9，得36而合起来除，就是内切圆锥的体积。圆锥的体积与平地堆积粟的形状相同，所以除以36。淳风等依照密率，以7乘之，如果堆积于平地，除以264；如果堆积于靠墙一侧，除以132；如果堆积于靠墙的内角，除以66。

【原文】

程粟一斛，积二尺七寸①。二尺七寸者，谓方一尺，深二尺七寸，凡积二千七百寸。其米一斛，积一尺六寸、五分寸之一。谓积一千六百二十寸。其菽、苔、麻、麦一斛，皆二尺四寸十分寸之三。谓积二千四百三十寸。此为以粗精为率，而不等其概②也。粟率五，米率三，故米一斛于粟一斛，五分之三；菽、苔、麻、麦亦如本率云。故谓此三量器为概，而皆不合于今斛。当今大司农斛，圆径一尺三寸五分五厘，正深一尺。于徽术，为积一千四百四十一寸，排成余分，又有十分寸之三。王莽铜斛于今尺为深九寸五分五厘，径一尺三寸六分八厘七毫。以徽术计之，于今斛为容九斗七升四合有奇。《周官·考工记》："粟氏为量③，深一尺，内方一尺，而圆其外，其实一䰜（fǔ）。"于徽术，此圆积一千五百七十寸。《左氏传》曰："齐旧四量：豆、区（ōu）、釜、钟。四升曰豆，各自其四，以登于釜。釜十则钟④。"钟六斛四斗；釜六斗四升，方一尺，深一尺，其积一千寸。若此方积容六斗四升，则通外圆积成旁，容十斗四合一龠（yuè）、五分龠之三也。以数相乘⑤之，则斛之制：方一尺而圆其外，庣旁一厘七毫，幂一百五十六寸、四分寸之一，深一尺，积一千五百六十二寸半，容十斗。王莽铜斛与《汉书·律历志》所论斛同。

【注释】

①程粟一斛，积二尺七寸：1斛标准粟的容积是2（立方）尺7（立方）寸或2700（立方）寸。

②概：古代称量谷物时用以刮平斗斛的器具。故刘徽说"于今斛为容九斗七升四合有奇"。

③粟氏为量：粟氏制造量器。

④此谓齐国的四种量器的进位制：4升叫作豆，4豆叫作区，4区叫做釜。登即釜。10釜就是钟。

⑤乘：计算。

【译文】

一斛标准粟的容积是 2 立方尺 7 立方寸。2 立方尺 7 立方寸是说 1 尺见方，深 2 尺 7 寸，容积总共是 2700 立方寸。一斛标准米的容积是 1 立方尺 6$\frac{1}{5}$立方寸。是说容积 1620 立方寸。一斛标准菽、苔、麻、麦的容积都是 2 立方尺 4$\frac{3}{10}$立方寸。是说容积 2430 立方寸。这里是以精粗建立率，而每斛的容积不相等。粟率是 5，米率是 3。所以 1 斛米对于 1 斛粟而言，容积是其$\frac{3}{5}$。菽、苔、麻、麦也遵从自己的率。所以说以此三种量器作为标准，但都不符合现在的斛。现今大司农斛的圆径是 1 尺 3 寸 5 分 5 厘，垂直深 1 尺。根据我（刘徽）的方法，容积是 1441 立方寸，列出剩余的分数，还有$\frac{3}{10}$立方寸。根据现在的尺度，王莽铜斛的深是 9 寸 5 分 5 厘，直径是 1 尺 3 寸 6 分 8 厘 7 毫。用我（刘徽）的方法计算，容积合今天的斛是 9 斗 7 升 4 合，还有奇零。《周官·考工记》说："粟氏制作量器，它的深是 1 尺，底面是一个边长为 1 尺的正方形的外接圆，其容积是 1 鬴。"根据我（刘徽）的方法，这里的圆面积是 1570 平方寸。《左氏传》说："齐国旧有四种量器：豆、区、釜、钟。4 升是 1 豆，豆、区各以 4 进，便得到釜。10 釜就是 1 钟。"1 钟是 6 斛 4 斗，1 釜是 6 斗 4 升，它的底面是 1 尺见方，深是 1 尺，容积是 1000 立方寸。如果这一方斛的容积是 6 斗 4 升，那么，作其底的外接圆，成为一个量器，容积便是 10 斗 4 合 1$\frac{3}{5}$龠。用这些数值计算，则斛的形制：底面是与边长 1 尺的正方形相切割的圆，庞旁是 1 厘 7 毫，圆幂是 156$\frac{1}{4}$平方寸，深是 1 尺，容积是 1562$\frac{1}{2}$立方寸，容量是 10 斗。王莽铜斛与《汉书·律历志》所论述的斛相同。

【原文】

[26] 今有穿地，表一丈六尺，深一丈，上广六尺，为垣积五百七十六尺。问：穿地下广几何？答曰：三尺、五分尺之三。

术曰：置垣积尺，四之为实。穿地四为坚三。垣，坚也。以坚求穿地，当四之，三而一也。以深、表相乘，为深袤之立幂也。又三之，为法。以深、袤乘之立幂除垣积，则坑广①。又"三之"者，与坚率并除之。所得，倍之。坑有两广，先并而半之，即为广狭之中平。令先得其中平，故又倍之知②，两广全也。减上广，余即下广。按：此术，穿地四，为坚三。垣，即坚也。今以坚求穿地，当四乘之，三而一。"深衷相乘"者，为深衷立幂。以深衷立幂除积，即坑广。又"三之为法"，与坚率并除。"所得倍之"者，为坑有两广，先并而半之，为中平之广。今此得中平之广，故倍之还为两广并。故"减上广，余即下广"也。

【注释】

①先假定挖的坑是长方体。

②知：训"者"。

【译文】

[26] 假设挖一个坑（如图5-18），长是1丈6尺，深是1丈，上广是6尺，筑成垣，其体积是576立方尺。问：所挖的坑的下广是多少？答：$3\frac{3}{5}$尺。

图5-18　所挖坑形图

计算法则是：布置垣的体积尺数，乘以4，作为被除数。挖出的土是4，成为坚土是3。垣，是坚土。由坚土求挖出的土，应当乘以4，除以3。以挖的坑的深、长相乘，成为深与长形成的直立的幂。又乘以3，作为除数。以深、长形成的直立的幂除垣的体积，就是坑的广。"又乘以3"的原因，是与坚土的率一并除。将所得的结果加倍。挖的坑有上下两广，先将它们相加，取其一半，就是宽窄的平均值。使首先得出其平均值，而又加倍的原因，是得到上下两广的全部。减去上广，余数就是下广。按：这种算法中，挖出的土4成为坚土是3。垣，是坚土。今由坚土求挖出的土，应当乘以4，除以3。"以挖的坑的深、长相乘"，是成为深与长形成的直立的幂。以深与长形成的直立的幂除垣的体积，就是挖的坑的广。"又乘以3，作为除数"的原因，是与坚土的率一并除。"将所得的结果加倍"，是因为挖的坑有上下两广，先将它们相加，取其一半，就是其平均值。现在得到其平均值，所以将其加倍，还原为上下两广之和。所以"减去上广，余数就是下广"。

[26]

由题意判断，所挖之坑的上下底面为长方形，上下底面长相同而宽不同，呈等腰梯形的直棱柱横放的样子。所以所求体积为：

$V = \dfrac{1}{2}$（上底宽 + 下底宽）$\times$ 长 $\times$ 深 $= \dfrac{1}{2}(a+b) \times dh$，所挖之土为"松土"，筑墙之土为"实土"，而 $\dfrac{松土}{实土} = \dfrac{3}{4}$，松土 $= \dfrac{4}{3}$ 实土，实土为 576 立方尺，所以松土为 $\dfrac{4}{3} \times 576$ 立方尺，所以下底宽为：$b = \dfrac{576\text{ 立方尺} \times 4}{10\text{ 尺} \times 16\text{ 尺} \times 3} \times 2 - 6\text{ 尺} =$

$\dfrac{576\text{ 立方尺} \times 4 \times 2}{10\text{ 尺} \times 16\text{ 尺} \times 3} - 6\text{ 尺} = 3\dfrac{3}{5}\text{尺}。$

筹算乘除法

唐中叶之后，人们为适应实践需要，着手简化筹算乘除法，一是"化三行布算"为"一行布算"，二是化乘除为加减，叫"乘除捷算法"。

那时候，人们会把一个含有三位有效数字的小数乘法化成一位的两次乘，两次除，便可在一行内完成运算。一位乘法称为因，这种方法叫"重因法"。化乘除为加减的方法称为"身外加减法"，是乘（除）数首位为 1 的一种乘除捷算法。杨辉在《乘除通变本末》中系统总结了唐宋时期化乘除为加减的方法，提出了"加法代乘五术"和"减法代除四术"。对乘（除）数首位不是 1 的乘（除）法，可以用加倍、折半等方法将乘（除）数的首位变成 1，再用加（减）法代乘（除），这种方法称为"求一术"。杨辉有一个"求一代乘除"的歌诀，这个被称为"求一乘"的歌诀是："五、六、七、八、九，倍之数不走。二、三须当半，遇四两折扭。倍折本从法，实即反其有（倍法必折实，倍实必折法）。用加以代乘，斯数足可守。"归除是在九归与减法基础上发展起来的。归指一位除法，从 1 到 9 的一位除法称为九归。经过杨辉、朱世杰等的总结发展，后来的"九归歌诀"与现今珠算口诀形式基本一致：

一归如一进，九一进成十。二一添作五，逢二进成十。三一三十一，三二六十二，逢三进成十。四一二十二，四二添作五，四三七十二，逢四进成十。五归添一倍，逢五进成十。六一下加四，六二三十二，六三添作五，六四六十四，六五八十二，逢六进成十……九归随身下，逢九进成十。

后来，人们又创造了"撞归口诀"，至此，筹算捷算法及其歌诀已发展到算筹与筹算无法容纳的地步，便产生了珠算盘和珠算术，筹算口诀变成了珠算口诀，成为珠算的算法语言。

【原文】

[27] 今有仓，广三丈，表四丈五尺，容粟一万斛。问：高几何？答曰：二丈。

术曰：置粟一万斛积尺^①为实。广袤相乘为法。实如法而一，得高尺。以广袤之幂除积，故得高。按：此术，本以广袤相乘，以高乘之，得此积。今还元^②，置此广袤相乘为法，除之，故得高也。

【注释】

①一万斛积尺：由委粟术，"程粟一斛积二尺七寸"，即一斛标准粟的容积是 2700 立方寸，也就是 2.7 立方尺，1 万斛的积尺为 27000 立方尺。

②元：通"原"。

【译文】

[27] 假设有一座粮仓，广是 3 丈，长是 4 丈 5 尺，容积是 10000 斛粟。问：其高是多少？答：2 丈。

术曰：布置 10000 斛粟的积尺数作为被除数。粮仓的广长相乘作为除数。被除数除以除数，便得到高的尺数。以广长形成的幂除体积，就得到高。按：这种算法中，本来以广、长相乘，又以高乘之，就得到这个体积。现在还原，就布置此广、长相乘，作为除数，除体积，就得到高。

古题今解

[27]

由题意可知，该粮仓为一长方体形，因为 1 斛粟 = 2.7 立方尺，则 $10000 \times 2.7 = 30 \times 45 \times h$，$h = \dfrac{27000 \text{ 立方尺}}{30 \text{ 尺} \times 45 \text{ 尺}} = 20 \text{ 尺} = 2 \text{ 丈}$。

【原文】

[28] 今有圆囷^①，圆囷，廪也，亦云圆囤也。高一丈三尺三寸少半寸，容米二千斛。问：周几何？答曰：五丈四尺。于徽术，当周五丈五尺二寸、二十分寸之九。臣淳风等谨按：密率，为周五丈五尺、一百分尺之二十七。

术曰：置米积尺，此积犹圆垛埼之积。以十二乘之，令高而一，所得，开方除之，即周^②。于徽术，当置米积尺^③，以三百一十四乘之，为实。二十五乘囷高，为法。所得，开方除之，即周也。此亦据见幂以求周，失之于微少也。

【注释】

①圆囷（qūn）：即圆柱体。

②周：圆囷的周长。

③应当布置米的容积尺数。

【译文】

[28] 假设有一座圆囷，圆囷，就是仓廪，也称为圆囤。高是 1 丈 3 尺 3 $\frac{1}{3}$ 寸，容积是 2000 斛米。问：其圆周长是多少？答：5 丈 4 尺。对于我（刘徽）的方法，圆周应当是 5 丈 5 尺 2 $\frac{9}{20}$ 寸。淳风等按：依照密率，周长是 5 丈 5 $\frac{27}{100}$ 尺。

计算法则是：布置米的容积尺数，这一容积如同圆堢壔的体积。乘以 12，除以高，对所得到的结果作开平方除法，就是圆囷的周长。根据我（刘徽）的方法，应当布置米的容积尺数，乘以 314，作为被除数。以 25 乘高，作为除数。对所得到的结果作开平方除法，就是周长。这也是根据已有的幂求圆周长，误差在于稍微小了一点。

[28]

设周长为 C，高为 h，容积为 V，圆柱半径为 r，则 $V = \pi r^2 h$，$C = 2\pi r$，$r = \frac{C}{2\pi}$，$V = \pi \left(\frac{C}{2\pi}\right)^2 h = \frac{C^2 h}{4\pi}$（$\pi$ 的值取 3），$C = \sqrt{\frac{4\pi \cdot V}{h}}\sqrt{\frac{12V}{h}}$，1 斛米 = 1.62 立方尺 = 1620 立方寸。

那么 2000 斛米的容积为 $V = 2000 \times 1620$ 立方寸 = 3240000 立方寸，则 $C = \sqrt{\frac{12V}{h}} = \sqrt{\dfrac{12 \times 3240000 \text{ 立方寸}}{133\frac{1}{3}\text{寸}}} = 540$ 寸 = 5 丈 4 尺。

【原文】

晋武库中有汉时王莽所作铜斛。其篆书字题斛旁云："律嘉量斛，方一尺而圆其外，庣旁九厘五毫，幂一百六十二寸，深一尺，积一千六百二十寸，容十斗。"及斛底云："律嘉量斗，方尺而圆其外，庣旁九厘五毫，幂一尺六寸二分，深一寸，积一百六十二寸，容一斗。"合、龠皆有文字。升居斛旁，合、龠在斛耳上。后有赞文[1]，与今《律历志》同，亦魏晋所常用。今粗疏[2]王莽铜斛文字尺寸分数，然不尽得升、合、勺之文字。

【注释】

①赞文：指王莽铜斛正面之总铭。

②今粗疏：现在粗略地疏解。

【译文】

晋武库中有汉朝王莽所作的铜斛。斛的侧面有篆体字说："律嘉量斛，里面相当于有方 1 尺的正方形而外面是圆形，其庞旁为 9 厘 5 毫，其幂是 162 平方寸，深是 1 尺，容积是 1620 立方寸，容量是 10 斗。"而斛底说："律嘉量斗，里面相当于有方 1 尺的正方形而外面是圆形，其庞旁为 9 厘 5 毫，其幂是 16.2 平方寸，深是 1 寸，容积是 162 立方寸，容量是 1 斗。"合、龠旁边都有文字。升量位于斛的旁边，合量和龠量位于斛的耳朵上。斛的后面有赞文，与今天的《律历志》相同，也是魏晋时期所常用的。现在粗略地叙述了王莽铜斛的文字、尺、寸、分数，然没有完全得到升、合、勺的文字。

【原文】

按：此术，本周自相乘，以高乘之，十二而一，得此积①。今还元，置此积，以十二乘之，令高而一，即复本周自乘之数。凡物自乘，开方除之，复其本数。故开方除之，即得也。臣淳风等谨依密率，以八十八乘之，为实，七乘围高为法，实如法而一。开方除之，即周也。

【注释】

①此即圆柱体体积公式。

【译文】

按：这种算法中本来是圆周自相乘，以高乘之，除以 12，就得到圆囷的体积。现在还原，布置此圆囷的体积，乘以 12，除以高，就恢复了本来的圆周自乘之数。凡是一物的数量自乘，对之作开方除法，就恢复了其本数。所以对其作开方除法，即得到周长。淳风等提示：依照密率，乘以 88，作为被除数。以七乘囷的高作为除数。被除数除以除数，对其结果作开方除法，即周长。

卷六

（均输：处理远近劳费的问题）

　　均输的意思是按人口多少、路途远近和谷物贵贱合理摊派税收和劳役等。所以这一章主要讲以赋税计算和其他应用问题为中心的较为复杂的比例问题的计算方法。本章涉及的今有术、衰分术及其应用方法，构成了正、反比例、比例分配、复比例、连锁比例等比例理论，西方直到15世纪末以后才在实践中运用类似的方法。

[01] 今有均输粟③：甲县一万户，行道八日；乙县九千五百户，行道十日；丙县一万二千三百五十户，行道十三日；丁县一万二千二百户，行道二十日，各到输所。凡四县赋，当输二十五万斛，用车一万乘④。欲以道里远近、户数多少，衰出之⑤。问：粟、车各几何？答曰：甲县粟八万三千一百斛，车三千三百二十四乘。乙县粟六万三千一百七十五斛，车二千五百二十七乘。丙县粟六万三千一百七十五斛，车二千五百二十七乘。丁县粟四万五百五十斛，车一千六百二十二乘。

术曰：令县户数，各如其本行道日数而一，以为衰⑥。按：此均输，犹均运也。令户率出车，以行道日数为均，发粟为输。据甲行道八日，因使八户共出一车；乙行道十日，因使十户共出一车……计其在道，则皆户一日出一车⑦，故可为均平之率也。

【注释】

①均输：中国古代处理合理负担的重要数学方法，"九数"之一。

②劳费：李籍云："耗也。"

③此问是向各县征调粟米时徭役的均等负担问题。

④乘：车辆，或指四马一车。

⑤要求各县按距离远近和户数多少确定的比例出粟和车。

⑥就是各县出车与出粟的列衰。

⑦以行道日数除户数，就使每户一日出一车，所以可以做到各户负担均等。

【译文】

[01] 假设要均等地输送粟：甲县有 10000 户，需在路上走 8 日；乙县有 9500 户，需在路上走 10 日；丙县有 12350 户，需在路上走 13 日；丁县有 12200 户，需在路上走 20 日，才能分别将粟输送到输所。四县的赋共应当输送粟 250000 斛，用 10000 乘车。欲根据道里的远近、户数的多少按比例出粟与车。问：各县所输送的粟、所用的车各是多少？答：甲县输粟 83100 斛，用车 3324 乘；乙县输粟 63175 斛，用车 2527 乘；丙县输粟 63175 斛，用车 2527 乘；丁县输粟 40550 斛，用车 1622 乘。

计算法则是：布置各县的户数，分别除以它们各自需在路上走的日数，作为衰。按：此处均输，就是均等输送。使每户按户率出车，就以需在路上走的日数实现均等，而以各县发送粟作为输。根据甲县需在路上走 8 日，所以就使 8 户共出一车；乙县需在路上走 10 日，所以就使 10 户共出一车……计算它们在路上的劳费，则都是 1 户 1 日出 1 车，所以可以用来实现均平之率。

古题今解

[01]

各县平均日运粮户数：

甲县：$10000 \div 8 = 1250$；

乙县：$9500 \div 10 = 950$；

丙县：$12350 \div 13 = 950$；

丁县：$12200 \div 20 = 610$。

所以，甲县：乙县：丙县：丁县 $= 125 : 95 : 95 : 61$。

各比数相加：$125 + 95 + 95 + 61 = 376$。总用车为 10000 辆，那么（根据原文"推少就多"的原则）：

甲县出车数为：$10000 \text{ 辆} \times \dfrac{125}{376} = 3324 \dfrac{22}{47} \approx 3324 \text{ 辆}$；

乙县出车数为：$10000 \text{ 辆} \times \dfrac{95}{376} = 2526 \dfrac{28}{47} \approx 2527 \text{ 辆}$；

丙县出车数为：$10000 \text{ 辆} \times \dfrac{95}{376} = 2526 \dfrac{28}{47} \approx 2527 \text{ 辆}$；

丁县出车数为：$10000 \text{ 辆} \times \dfrac{61}{376} = 1622 \dfrac{16}{47} \approx 1622 \text{ 辆}$。因 $250000 \text{ 斛} \div 10000 \text{ 车} = 25 \text{ 斛/车}$；

所以甲县运粟数 $= 25 \text{ 斛/车} \times 3324 \text{ 车} = 83100 \text{ 斛}$；乙县运粟数 $= 25 \text{ 斛/车} \times 2527 \text{ 车} = 63175 \text{ 斛}$；丙县运粟数 $= 25 \text{ 斛/车} \times 2527 \text{ 车} = 63175 \text{ 斛}$；丁县运粟数 $= 25 \text{ 斛/车} \times 1622 \text{ 车} = 40550 \text{ 斛}$。

【原文】

臣淳风等谨按：县户有多少之差，行道有远近之异。欲其均等，故各令行道日数约户为衰。行道多者少其户，行道少者多其户。故各令约户为衰。以八日约除甲县，得一百二十五；一旬除乙，十三除丙，各得九十五；二旬除丁，得六十一。于今有术，副并为所有率，未并者各为所求率，以赋粟车数为所有数，而今有之，各得车数。一旬除乙，十三除丙，各得九十五；二旬除丁，得六十一也。甲衰一百二十五，乙、丙衰各九十五，丁衰六十一，副并为法。以赋粟车数乘未并者，各自为实。衰分，科率①。实如法得一车。各置所当出车，以其行道日数乘之，如户数而一，得率：户用车二日四十七分日之三十一，故谓之均②。求此户以③率，当各计车之衰分也。有分者，上下辈之。辈，配也。

车、牛、人之数不可分裂。推少就多，均④赋之宜。今按：甲分既少，宜从于乙。满法除之，有余从丙。丁分又少，亦宜就丙，除之适尽。加乙、丙各一，上下辈益，以少从多也。以二十五斛乘车数，即粟数。

【注释】

①衰分，科率：列衰，征税的率。

②户用车二日四十七分日之三十一，故谓之均：每户用车都是 $2\frac{31}{47}$ 日，所以称之为均。

③以：训"之"。

④均：均输，中国古代处理合理负担的重要数学方法，九数之一。输诸术提出车、牛、人数不可以是分数，必须搭配成整数。这与商功章的人数可以是分数不同，既反映了两者编纂时代不同，也反映了均输诸术的实用性更强。搭配的原则是分数小的，并到大的。

【译文】

淳风等按：各县的户数有多少的差别，走的路有远近的不同。欲使它们的劳费均等，就分别用需在路上走的日数除各自的户数作为列衰，需在路上走的日数多的就减少其户数，需在路上走的日数少的就增加其户数。所以分别以走的日数除户数作为列衰。以 8 日除甲县户数，得 125，乙、丙县 95，丁县 61。对于今有术，在旁边将它们相加作为所有率，没有相加的各自作为所求率，以输送作为赋税的粟所共用的车数作为所有数，应用今有术，分别得到各县所用的车数。以 10 日除乙县的户数，13 除丙县的户数，各自得到 95；以 20 日除丁县的户数，得到 61。甲县的衰是 125，乙、丙县的衰各是 95，丁县的衰是 61，在旁边将它们相加，作为除数。以输送作为赋税的粟所共用的车数分别乘未相加的衰，各自作为被除数。衰分，就是分别缴纳的赋税的率。被除数除以除数，得到各县所应出的车数。分别布置各县所应当出的车数，以各自需在路上走的日数乘之，除以各自的户数，得到率：每户用车为 2 日，所以叫作均等。求每户的率，应当各自以车的衰分来计算。如果出现分数，就将它们上下辈之。辈，就是搭配。车、牛、人的数目不可有分数，就将少的加到多的上，这是使赋税均等的权宜做法。今提示：甲县的分数部分既然少，加到乙上比较适宜。满了法就做除法，其余数加到丙上。丁县的分数部分又少，也加到丙上比较适宜，恰好除尽。给乙、丙县各加 1，上下搭辈增益，就是以少的加到多的上。以 25 斛乘各自出的车数，即是各县所输送的粟数。

均输术的起源

均输是中国古代处理合理负担的重要数学方法，"九数"之一。1983年，湖北江陵张家山汉墓出土《算数书》竹简的同时，出土了"均输律"，否定了均输源于桑弘羊均输法的成说。《盐铁论·本议篇》载贤良文学家们批评桑弘羊的均输法时说："盖古之均输，所以齐劳逸而便贡输，非以为利而贾万物也。"可见先秦已有均输法。《九章算术》中的均输问题与此几乎相近，而与桑弘羊的均输法有所不同。《周礼·地官·司徒》中说："均人掌均地政，均地守，均地职，均人民牛马车辇之力政。"郑玄对其解释为："政，读为征。地征谓地守、地职之税也。地守，衡虞之属；地职，农圃之属。力政，人民则治城郭涂巷沟渠，牛马车辇则转委积之属。"实际上都是讨论合理负担的均输问题。因此，"九数"中的均输起源于先秦是肯定的。

【原文】

[02] 今有均输卒①：甲县一千二百人，薄塞②；乙县一千五百五十人，行道一日；丙县一千二百八十人，行道二日；丁县九百九十人，行道三日；戊县一千七百五十人，行道五日。凡五县，赋输卒一月一千二百人。欲以远近、户率、多少衰出之。问：县各几何？答曰：甲县二百二十九人；乙县二百八十六人；丙县二百二十八人；丁县一百七十一人；戊县二百八十六人。

术曰：令县卒，各如其居所及行道日数而一，以为衰。按：此亦以日数为均，发卒为输。甲无行道日，但以居所三十日为率。言欲为均平之率者，当使甲三十人而出一人，乙三十一人而出一人……"出一人"者，计役则皆一人一日，是以可为均平之率。甲衰四，乙衰五，丙衰四，丁衰三，戊衰五，副并为法。以人数乘未并者各自为实。实如法而一。各置所当出人数，以其居所及行道日数乘之，如县人数而一，得户率：人役五日、七分日之五。臣淳风等谨按：为衰，于今有术，副并为所有率，未并者各为所求率，以赋卒人数为所有数。此术以^③别，考则意同。以广异闻，故存之也。有分者，上下辈之。辈，配也。今按：丁分最少，宜就戊除。不从乙者，丁近戊故也。满法除之，有余从乙。丙分又少，亦就乙除。有余从甲，除之适尽。从甲、丙二分，其数正等。二者于乙远近皆同，不以甲从乙者，方以下从上也^④。

【注释】

①此问是向各县征调兵役的均等负担问题。

②薄塞：接近边境。

③以：古通"似"。

④为了使车、牛、人之数都是整数，将答案进行调整的原则，除了上一问的以少从多外，还有以下从上，舍远就近。

【译文】

[02] 假设要均等地输送兵卒：甲县有兵卒 1200 人，逼近边塞；乙县有兵卒 1550 人，需在路上走 1 日；丙县有 1280 人，需在路上走 2 日；丁县有 990 人，需在路上走 3 日；戊县有兵卒 1750 人，需在路上走 5 日。五县共应派出 1200 人，戍边一个月作为兵赋。欲根据道路的远近、兵卒的多少按比例派出。问：各县应派出多少兵卒？答：甲县 229 人；乙县 286 人；丙县 228 人；丁县 171 人；戊县 286 人。

计算法则是：布置各县的兵卒数，分别除以在居所及需在路上走的日数，作为列衰。按：这里也是以日数实现均等，派遣兵卒作为输送的赋。甲县没有路上走的日数，只是以在居所的 30 日计算它的率。说欲得到均平之率，应当使甲县每 30 人而派出 1 人，乙县每 31 人而派出 1 人……而如果"那么多人派出 1 人"，计算他们的劳役，则都是每 1 人服役 1 日，因此可以作为均平之率。甲县的衰是 4，乙县的衰是 5，丙县的衰是 4，丁县的衰是 3，戊县的衰是 5，在旁边将它们相加作为除数。以总的兵卒数乘未相加的衰，各自作为被除数。被除数除以除数，就是各县派出的兵卒数。分别布置各县所应当派出的兵卒数，乘以他们在居所及需在路上走的日数，除以各县的兵卒数，便得到率：每人服役为 5 $\frac{5}{7}$ 日。臣淳风等按：算出它们的列衰，按今有术，在旁边将它们相加，作为所有率，未相加的各为所求率，以赋卒的人数作为所有数。这种算法与上术好像有差别，考察起来它们的意思是相同的。为了扩充见识，所以保存下来。如果算出的兵卒数有分数，就将它们上下搭辈。辈，就是搭配。今按，丁县兵卒数的分数最少，将它加到戊县的兵卒数上，做除法是适宜的。不先加到乙县上，是丁县距离戊县近的缘故。满了法就作除法，如果有余数就加到乙县。丙县的分数又少，也加到乙县，作除法。有余数就加到甲县上，作除法，恰好除尽。甲、丙二县的分数，数值正好相等。二者与乙县的远近也都相同，不将甲县的分数加到乙县上的原因，正是以下从上。

《古题今解》

[02]

各县平均日派人数，按每月 30 日计。

甲县：$1200 \div 30 = 40$；

乙县：$1550 \div (30 + 1) = 50$；

丙县：$1280 \div (30 + 2) = 40$；

丁县：$990 \div (30 + 3) = 30$；

戊县：$1750 \div (30 + 5) = 50$。

各县比例为：

甲县：乙县：丙县：丁县：戊县 $= 40 : 50 : 40 : 30 : 50 = 4 : 5 : 4 : 3 : 5$。

各比数相加：$4 + 5 + 4 + 3 + 5 = 21$。

总派人数为 1200 人，则：

甲县输送役卒数 $= 1200$ 人 $\times \frac{4}{21} = 228\frac{4}{7}$ 人 ≈ 229 人，

乙县输送役卒数 $= 1200$ 人 $\times \frac{5}{21} = 285\frac{5}{7}$ 人 ≈ 286 人，

丙县输送役卒数 $= 1200$ 人 $\times \frac{4}{21} = = 228\frac{4}{7}$ 号人 ≈ 229 人，

丁县输送役卒数 $= 1200$ 人 $\times \frac{3}{21} = 171\frac{3}{7}$ 人 ≈ 171 人，

戊县输送役卒数 $= 1200$ 人 $\times \frac{5}{21} = 285\frac{5}{7}$ 人 ≈ 286 人。

为什么丙县不是 229 人，却是 228 人呢？如果均取 229 人，则总役卒人数为 1201 人，较之 1200 多了 1 人。考虑到甲离边塞近，丙离边塞远，按从近的原则调配甲为 229 人，丙为 228 人。

【原文】

[03] 今有均赋粟①：甲县二万五百二十户，粟一斛二十钱，自输其县；乙县一万二千三百一十二户，粟一斛一十钱，至输所二百里；丙县七千一百八十二户，粟一斛一十二钱，至输所一百五十里；丁县一万三千三百三十八户，粟一斛一十七钱，至输所二百五十里；戊县五千一百三十户，粟一斛一十三钱，至输所一百五十里。凡五县赋输粟一万斛。一车载二十五斛，与僦②一里一钱。欲以县户赋粟，令费劳等。问：县各粟几何？答曰：甲县三千五百七十一斛、二千八百七十三分斛之五百一十七；乙县二千三百八十斛、二千八百七十三分斛之二千二百六十；丙县一千三百八十八斛、二千八百七十三分斛之二千二百七十六；丁县一千七百一十九斛、二千八百七十三分斛之一千三百一十三；戊县九百三十九斛、二千八百七十三分斛之二千二百五十三。

术曰：以一里僦价乘至输所里，此以出钱为均也。问者曰："一车载二十五斛，与僦一里一钱。"一钱，即一里僦价也。以乘里数者，欲知僦一车到输所所用钱也。甲自输其县，则无取僦价也。以一车二十五斛除之，欲知僦一斛所用钱。加以斛粟价，则致一斛之费。加一斛之价于一斛僦直，即凡输粟取僦钱也。甲一斛之费二十，乙、丙各十八，丁二十七，戊十九也。各以约其户数，为衰。言使甲二十户共出一斛，乙、丙十八户共出一斛……计其所费，则皆户一钱，故可为均赋之率也③。计经赋之率，既有户算之率，亦有远近贵贱之率。此二率者，各自相与通④。通则甲二十，乙十二，丙七，丁十三，戊五。一斛之费谓之钱率。钱率约户率者，则钱为母，户为子。子不齐，令母互乘为齐，则衰也。若其不然，以一斛之费约户数，取衰。并有分，当通分内子约之，于算甚繁。此一章皆相与通功共率，略相依似。以上二率、下一率亦可放此，从其简易而已。又以分言之⑤，使甲一户出二十分斛之一，乙一户出十八分斛之一……各以户数乘之，亦可得一县凡所当输，俱为衰⑥也。乘之者，乘其子，母报除之。

【注释】

①此问是向各县征收粟作为赋税的均等负担问题。

②僦（jiù）：租赁，雇。

③此以钱数实现均等负担。

④此问的复杂性在于，既要考虑户算之率，又要考虑道里远近、粟价贵贱的因素，使这几个因素互相通达。

⑤以分言之：以分数表示。

⑥俱为衰：则各县一户出的斛数，分别以户数乘之，亦可得到列衰。

【译文】

[03] 假设要均等地缴纳粟作为赋税：甲县有20520户，1斛粟值20钱，自己输送到本县；乙县有12312户，1斛粟值10钱，至输所200里；丙县有7182户，1斛粟值12钱，至输所150里；丁县有13338户，1斛粟值17钱，至输所250里；戊县有5130户，1斛粟值13钱，至输所150里。五县共输送10000斛粟作为赋税。1辆车装载25斛，给的租赁价是1里1钱。欲根据各县的户数缴纳粟作为赋，使它们的费劳均等。问：各县缴纳的粟是多少？答：甲县缴纳 $3571\frac{517}{2873}$ 斛；乙县缴纳 $2380\frac{2260}{2873}$ 斛；丙县缴纳 $1388\frac{2276}{2873}$ 斛；丁县缴 $1719\frac{1313}{2873}$ 斛；戊县缴纳 $939\frac{2253}{2873}$ 斛。

计算法则是：以1里的租赁价分别乘各县至输所的里数，这里是以出钱实现均等。提问的人说："1辆车装载25斛，给的租赁价是1里1钱。"1钱，就是1里的租赁价。以它乘里数，是欲知租赁1辆车运到输所所用的钱。甲县自己输送到本县，则没有租赁价。除以1辆车装载的25斛，想知道租赁车辆运1斛所用的钱。加上各县1斛粟的价钱，就是各县运送1斛粟的费用。各县1斛粟的价钱加租赁车辆运1斛所用的钱，就是该县缴纳1斛粟所需的总钱数。甲县缴纳1斛的费用是20钱，乙县、丙县各18钱，丁县27钱，戊县19钱。分别以它们除各县的户数，作为列衰。这意味着使甲县20户共出1斛，乙县、丙县18

户共出 1 斛……计算它们所承担的费用，则都是每户 1 钱，所以可以用来建立使赋税均等的率。考虑分配赋税的率，既有每户算赋的率，也有道里远近、粟价贵贱的率。各县的这两种率要分别相与通达。要通达，就将甲县的户率化成 20，乙县 12，丙县 7，丁县 13，戊县 5。缴纳 1 斛的费用称为钱率。如果以钱率除户率，则钱率就是分母，户率就是分子。分子不齐，就令分母互乘分子作为齐，就是列衰。如果不这样做，就以缴纳 1 斛的费用除户数，拿来作为列衰。兼有分数的，还应当将其通分，纳入分子，再约简，计算非常烦琐。这一章的问题都是相与通达，有共通的率，大体相似。上两个问题，下一个问题的率也可以仿照此，遵从简易的原则就是了。又以分数表示之，使甲县 1 户出 $\frac{1}{20}$ 斛，

乙县 1 户出 $\frac{1}{18}$ 斛……各以它们的户数乘之，也可以得到一县所应当缴纳的粟的率，都作为衰。各以它们的户数乘之，就是乘它们的分子，再以分母回报以除。

《古题今解》

[03]

各县送粟时每斛粟所需的费用：

甲县：20 钱，乙县：1 钱×200 里÷25 斛 +10 钱 = 18 钱，丙县：1 钱×150 里÷25 斛 +12 钱 = 18 钱，丁县：1 钱×250 里÷25 斛 +17 钱 = 27 钱，戊县：1 钱×150 里÷25 斛 +13 钱 = 19 钱。

所以，各县每分摊 1 钱的户数为：

甲县：20520÷20 = 1026，乙县：12312÷18 = 684，丙县：7182÷18 = 399，丁县：13338÷27 = 494，戊县：5130÷19 = 270。

每分摊 1 钱的户数的比数为：甲县：乙县：丙县：丁县：戊县 = 1026：684：399：494：270；

比数相加：1026 + 684 + 399 + 494 + 270 = 2873。粟总计 10000 斛，那么，

甲县要输送的粟为：10000 斛 $\times \frac{1026}{2873} = 3571\frac{517}{2873}$ 斛；

乙县要输送的粟为：10000 斛 $\times \frac{684}{2873} = 2380\frac{2260}{2873}$ 斛；

丙县要输送的粟为：10000 斛 $\times \frac{399}{2873} = 1388\frac{2276}{2873}$ 斛；

丁县要输送的粟为：10000 斛 $\times \frac{494}{2873} = 1719\frac{1313}{2873}$ 斛；

戍县要输送的粟为：

【原文】

以此观之，则以一斛之费约户数者，其意不异矣。然则可置一斛之费而返衰之，约户，以乘户率为衰也。合分注曰："母除为率，率乘子为齐。"返衰注曰："先同其母，各以分母约其子为返衰。"以施其率，为算既约，且不妨上下也。甲衰一千二十六，乙衰六百八十四，丙衰三百九十九，丁衰四百九十四，戍衰二百七十，副并为法。所赋粟乘未并者，各自为实，实如法得一。各置所当出粟，以其一斛之费乘之，如户数而一，得率：户出三钱、二千八百七十三分钱之一千三百八十一。臣淳风等谨按：此以出钱为均。问者曰："一车载二十五斛，与僦一里一钱。"一钱即一里僦价也。以乘里数者，欲知僦一车到输所所用钱。甲自输其县，则无取僦之价。"以一车二十五斛除之"者，欲知僦一斛所用钱。加一斛之价于一斛僦直，即凡输粟取僦钱。甲一斛之费二十，乙、丙各十八，丁二十七，戍十九。"各以约其户，为衰"：甲衰一千二十六，乙衰六百八十四，丙衰三百九十九，丁衰四百九十四，戍衰二百七十。言使甲二十户共出一斛，乙、丙十八户共出一斛……计其所费，则皆户一钱，故可为均赋之率也。于今有术，副并为所有率，未并者各为所求率，赋粟一万斛为所有数。此今有衰分之义也。

【译文】

由此看来，则与以各县缴纳 1 斛的费用除其户数，其意思没有什么不同。这样一来，可以布置缴纳 1 斛的费用而对其应用返衰术，因为要以各县缴纳 1 斛的费用除户数，所以分别乘各县的户率作为衰。合分术注说："可以用分母除众分母之积作为率，用率分别乘各分子作为齐。"返衰注说："可以先使它们的分母相同，以各自的分母除同，以它们的分子作为返衰术的列衰。"以这样的方法施行它们的率，作为算法既约简，且又不妨碍处理上面和下面的问题。甲县的衰是 1026，乙县的衰是 684，丙县的衰是 399，丁县的衰是 494，戍县的衰是 270，在旁边将它们相加，作为除数。以作为赋税的总粟数分别乘未相加的列衰，各自作为被除数。被除数除以除数，便得到各县缴纳的粟数。分别布置各县所应当缴纳的粟数，各以缴纳 1 斛的费用乘之，除以本县的户数，就得到率：每户缴纳 $3\frac{1381}{2873}$ 钱。淳风等提示：这里是以出钱实现均等。提问的人说："1 辆车装载 25 斛，给的租赁价是 1 里 1 钱。" 1 钱，就是 1 里的租赁价。以它乘里数，是想知道租赁 1 辆车运到输所所用的钱。甲县自己输送到本县，则没有租赁价。"除以 1 辆车装载的 25 斛"，想知道租赁车辆运 1 斛所用的钱。各县 1 斛粟的价钱加租赁车辆运 1 斛所用的钱，就是该县缴纳 1 斛粟所需的总钱数。甲县缴纳 1 斛的费用是 20 钱，乙县、丙县各 18 钱，丁县 27 钱，戊县 19 钱。"分别以它们除各县的户数，作为列衰"：甲县的衰是 1026，乙县的衰是 684，丙县的衰是 399，丁县的衰是 494，戊县的衰是 270。这意味着使甲县 20 户共出 1 斛，乙县、丙县 18 户共出 1 斛……计算它们所承担的费用，则都是每户 1 钱，所以可以用来建立使赋税均等的率。按今有术，在旁边将列衰相加作为所有率，未相加的列衰各为所求率，作为赋税缴纳的总粟数 10000 斛作为所有数。这里是今有术、衰分术的意义。

等差级数及其发展

一个级数假如每相邻两项之差不相等但是每相邻两差的差都相等，则称为二阶等差级数。同样的道理，可以确定三阶、四阶等差级数。将二阶及其以上的等差级数常称为高阶等差级数，是宋元数学的一个重要分支。

现代数学对等差数列的定义是：一般地，如果一个数列从第 2 项起，每一项与它的前一项的差等于同一个常数，那么这个数列就叫作等差数列，这个常数叫作公差，用符号语言表示为：

$$a_{n+1} - a_n = d$$

等差级数问题在宋元时代发展为高阶等差级数求和问题。北宋大科学家沈括是这一课题的开创者。他的"积隙术"都是二阶等差级数求和问题。杨辉的二阶等差级数求和解法通常叫"垛积术"。后来，元代数学家朱世杰则把"垛积术"的研究推向最高峰，他还解决了以四角垛之积为一般项的一系列高阶等差级数求和问题，以及岚峰形垛等更复杂的级数求和问题。

【原文】

[04] 今有均赋粟[①]：甲县四万二千算，粟一斛二十，自输其县；乙县三万四千二百七十二算，粟一斛一十八，佣价一日一十钱，到输所七十里；丙县一万九千三百二十八算，粟一斛一十六，佣价一日五钱，到输所一百四十里；丁县一万七千七百算，粟一斛一十四，佣价一日五钱，到输所一百七十五里；戊县二万三千四十算，粟一斛一十二，佣价一日五钱，到输所二百一十里；己县一万九千一百三十六算，粟一斛一十，佣价一日五钱，到输所二百八十里。凡六县赋粟六万斛，皆输甲县。六人共车，车载二十五斛，重车日行五十里，空

车日行七十里，载输之间各一日。粟有贵贱，佣各别价，以算出钱，令费劳等。问：县各粟几何？答曰：甲县一万八千九百四十七斛、一百三十三分斛之四十九；乙县一万八百二十七斛、一百三十三分斛之九；丙县七千二百一十八斛、一百三十三分斛之六；丁县六千七百六十六斛、一百三十三分斛之一百二十二；戊县九千二十二斛、一百三十三分斛之七十四；己县七千二百一十八斛、一百三十三分斛之六。

术曰：以车程行空、重相乘为法[2]，并空、重以乘道里，各自为实[3]，实如法得一日。

【注释】

①此问亦是向各县征收粟作为赋税的均等负担问题。

②以放空的车与载重的车每日行的标准里数相乘，作为除数。

③两者相加，以乘各县到输所的里数，各自作为被除数。

【译文】

[04] 假设要均等地缴纳粟作为赋税：甲县 42000 算，一斛粟值 20 钱，自行输送到本县；乙县 34272 算，一斛粟值 18 钱，雇工价 1 日 10 钱，到输所 70 里；丙县 19328 算，一斛粟值 16 钱，雇工价一日 5 钱，到输所 140 里；丁县 17700 算，一斛粟值 14 钱，雇工价一日 5 钱，到输所 175 里；戊县 23040 算，一斛粟值 12 钱，雇工价一日 5 钱，到输所 210 里；己县 19 136 算，一斛粟值 10 钱，雇工价一日 5 钱，到输所 280 里。六个县共缴纳 60000 斛粟作为赋税，都输送到甲县。6 个人共同驾一辆车，每辆车载重 25 斛，载重的车每日行 50 里，放空的车每日行 70 里，装卸的时间各 1 日。粟有贵有贱，雇工各有不同的价钱，按算缴纳的钱数，使他们的费劳均等。问：各县缴纳的粟是多少？答：甲县出粟 $18947\frac{49}{133}$ 斛；乙县出粟 $10827\frac{9}{133}$ 斛；丙县出粟 $7218\frac{6}{133}$ 斛；丁县出粟 $6766\frac{122}{133}$ 斛；戊县出粟 $9022\frac{74}{133}$ 斛；己县出粟 $7218\frac{6}{133}$ 斛。

计算法则是：以放空的车与载重的车每日行的标准里数相乘，作为除数，两者相加，以乘各县到输所的里数，各自作为被除数，被除数除以除数，得各县到输所的日数。

古题今解

[04]

各县往返一里所需的天数为：$\left(\frac{1}{70}+\frac{1}{50}\right)$天 $=\frac{6}{175}$天。

那么，各县运输（含装卸）所用的天数，乙县：$\left(70 \times \dfrac{6}{175} + 2\right)$ 天 $= 4\dfrac{2}{5}$ 天；

丙县：$\left(140 \times \dfrac{6}{175} + 2\right)$ 天 $= 6\dfrac{4}{5}$ 天；丁县：$\left(175 \times \dfrac{6}{175} + 2\right)$ 天 $= 8$ 天；戊县：

$\left(210 \times \dfrac{6}{175} + 2\right)$ 天 $= 9\dfrac{1}{5}$ 天；已县：$\left(280 \times \dfrac{6}{175} + 2\right)$ 天 $= 11\dfrac{3}{5}$ 天。

各县每斛粟送缴所花费用（含运费）为，甲县：20 钱；乙县：

$\left(4\dfrac{2}{5} \times 6 \times 10 \div 25 + 18\right)$ 钱 $= 28\dfrac{14}{25}$ 钱；丙县：$\left(6\dfrac{4}{5} \times 6 \times 5 \div 25 + 16\right)$ 钱 $= 24\dfrac{4}{25}$

钱；丁县：$(8 \times 6 \times 5 \div 25 + 14)$ 钱 $= 23\dfrac{3}{5}$ 钱；戊县：$\left(9\dfrac{1}{5} \times 6 \times 5 \div 25 + 12\right)$ 钱

$= 23\dfrac{1}{25}$ 钱；已县：$\left(11\dfrac{3}{5} \times 6 \times 5 \div 25 + 10\right)$ 钱 $= 23\dfrac{23}{25}$ 钱。

各县钱均"算"率为，甲县：$42000 \div 20 = 2100$；乙县：$34272 \div 28\dfrac{14}{25} = 1200$；

丙县：$19328 \div 24\dfrac{4}{25} = 800$；丁县：$17700 \div 23\dfrac{3}{5} = 750$；戊县：$23040 \div 23\dfrac{1}{25} = 1000$；已县：$19136 \div 23\dfrac{23}{25} = 800$。

各县钱的均"算"率之和为：$2100 + 1200 + 800 + 750 + 1000 + 800 = 6650$；

因 6 县赋粟为 60000 斛，故甲县赋粟数为：60000 斛 $\times \dfrac{2100}{6650} = 18947\dfrac{49}{133}$ 斛；

乙县赋粟数为：60000 斛 $\times \dfrac{1200}{6650} = 10827\dfrac{9}{133}$ 斛。

同理可得，丙县赋粟数为：$7218\dfrac{6}{133}$ 斛；丁县赋粟数为：$6766\dfrac{122}{133}$ 斛；戊县赋粟数为：$9022\dfrac{74}{133}$ 斛；已县赋粟数为：$7218\dfrac{6}{133}$ 斛。

【原文】

按：此术，重往空还，一输再行道也。置空行一里，用七十分日之一；重行一里，用五十分日之一。齐而同之，空、重行一里之路，往返用一百七十五分日之六。完言之[①]者，一百七十五里之路，往返用六日也。故并空、重者，齐其子也；空、重相乘者，同其母也[②]。于今有术，至输所里为所有数，六为所求率，一百七十五为所有率，而今有之，即各得输所用日也。加载输各一日，故得凡日[③]也。而以六人乘之，欲知致一车用人也。又以佣价[④]乘之，欲知致车人佣直几钱。以二十五斛除之，欲知致一斛之佣直也。加一斛粟价，则致一斛之费。加一斛之价于致一斛之佣直，即凡输一斛粟取佣所用钱。各以约其算数为衰，今按：甲衰四十二，乙衰二十四，丙衰十六，丁衰十五，戊衰二十，己衰十六。于今有术，副并为所有率。未并者各自为所求率，所赋粟为所有数。此今有衰分之义也。副并为法。以所赋粟乘未并者，各自为实。实如法得一斛。各置所当出粟，以其一斛之费乘之，如算数而一，得率，算出九钱、一百三十三分钱之三。又载输之间各一日者，即二日也。

【注释】

①完言之：以整数表示之。

②所以将放空的车与载重的车每日行的标准里数相加，是使它们的分子相齐；两者相乘，是使它们的分母相同。

③凡日：总日数。

④佣价：雇工的工钱。

【译文】

按：这种算法中，载重的车前往，放空的车返回，运输一次要在道上行 2 次。布置放空的车行 1 里所用的 $\frac{1}{70}$ 日，载重的车行 1 里所用的 $\frac{1}{50}$ 日，将它们齐同，放空的车与载重的车行 1 里的路，往返用 $\frac{6}{175}$ 日。如果用整数表示之，175 里的路程，往返用 6 日。所以将放空的车与载重的车每日行的标准里数相加，是使它们的分子相齐；两者相乘，是使它们的分母相同。对于今有术，各县到输所的里数作为所有数，6 作为所求率，175 作为所有率，应用今有术，就分别得到各县到输所所用的日数。加装卸的时间各 1 日，所以得到各县分别用的总日数。而以 6 人乘之，想知道输送 1 车到输所所用的人数。又以各县的雇工价分别乘之，想知道输送 1 车到输所雇工的钱数。除以 25 斛，想知道输送 1 斛到输所雇工的钱数。加 1 斛粟的价钱，则就是输送 1 斛到输所的费用。加 1 斛粟的价钱于输送 1 斛到输所雇工的钱数，则就是各县缴纳 1 斛粟所需的粟价与雇工所用的总钱数。各以它们除该县的算数作为列衰，今按：甲县的列衰是 42，乙县的列衰是 24，丙县的列衰是 16，丁县的列衰是 15，戊县的列衰是 20，己县的列衰是 16。按今有术，在旁边将列衰相加作为所有率。未相加的各自作为所求率，作为赋税缴纳的总粟数作为所有数。这是今有术、衰分术的意义。在旁边将它们相加，作为除数。以作为赋税缴纳的总粟数乘未相加的，各自作为被除数。被除数除以除数，得到各县所应缴纳的粟的斛数。分别布置各县所应当出的粟数，以其缴纳 1 斛的费用乘之，分别除以各县的算数，得到率：每算出 $9\frac{3}{133}$ 钱。又装卸的时间各 1 日，就是 2 日。

【原文】

[05] 今有粟七斗，三人分舂之，一人为粝米，一人为粺米，一人为糳米，令米数等。问：取粟、为米各几何？答曰：粝米取粟二斗、一百二十一分斗之一十；粺米取粟二斗、一百二十一分斗之三十八；糳米取粟二斗、一百二十一分斗之七十三；为米各一斗、六百五分斗之一百五十一。

术曰：列置[1]粝米三十，粺米二十七，糳米米二十四，而返衰之。此先约三率[2]：粝为十，粺为九，糳为八。欲令米等者，其取粟：粝率十分之一，粺率九分之一，糳率八分之一。当齐其子，故曰返衰也。

【注释】

①列置：布列。

②此时先约减三个率。

【译文】

[05] 假设有粟 7 斗，由 3 人分别舂之：一人舂成粝米，一人舂成粺米，一人舂成糳米，使舂出的米数相等。问：各人所取的粟、舂成的米是多少？答：舂粝米者取粟 $2\frac{11}{121}$ 斗；舂粺米者取粟 $2\frac{38}{121}$ 斗；舂糳米者取粟 $2\frac{73}{121}$ 斗；各舂出米 $1\frac{151}{605}$ 斗。

计算法则是：布列粝米 30，粺米 27，糳米 24，而对之使用返衰术。此时先约减三个率。粝米为 10，粺米为 9，糳米为 8。如果想使舂出的米数相等，则它们所取的粟：舂成粝米的率是$\frac{1}{10}$，舂成粺米的率是$\frac{1}{9}$，舂成糳米的率是$\frac{1}{8}$，应当使它们的分子相齐，所以叫作返衰术。

古题今解

[05]

由卷第二知：粟：粝米 = 50：30，粟：粺米 = 50：27，粟：糳米 = 50：24；

粝米率为30，粺米率为27，糳米率为24。约简后分别为10、9、8，反比数为$\frac{1}{10}$：$\frac{1}{9}$：$\frac{1}{8}$，

反比相加为$\frac{1}{10}+\frac{1}{9}+\frac{1}{8}=\frac{121}{360}$（作除数）。

加工成粝米应取粟：$\left(7\times\frac{1}{10}\right)\div\frac{121}{360}$斗$=2\frac{11}{121}$斗；

加工成粺米应取粟：$\left(7\times\frac{1}{9}\right)\div\frac{121}{360}$斗$=2\frac{38}{121}$斗；

加工成糳米应取粟：$\left(7\times\frac{1}{8}\right)\div\frac{121}{360}$斗$=2\frac{73}{121}$斗。

加工后相等的米数，以加工成粝米为例说明计算过程（等米数 = 本率×各米用粟 ÷ 粟率）。

等米数为：$30\times2\frac{10}{121}\div50=\frac{756}{605}=1\frac{151}{605}$斗。

【原文】

臣淳风等谨按：米有精粗之异，粟有多少之差。据率，粺、糳少而粝多，用粟，则粺、糳多而粝少。米若依本率之分，粟当倍①率，故今返衰之，使精取多而粗得少。副并为法。以七斗乘未并者，各自为取粟实。实如法得一斗。于今有术，副并为所有率，未并者各为所求率，粟七斗为所有数，而今有之，故各得取粟也。若求米等者，以本率各乘定所取粟为实，以粟率五十为法，实如法得一斗。若径②求为米等数者，置粝米三，用粟五；粺米二十七，用粟五十；糳米十二，用粟二十五。齐其粟，同其米。并齐为法。以七斗乘同为实。所得，即为米斗数。

【注释】

①倍：背离，背弃。

②径：直接。

【译文】

淳风等按：各种米有精粗的不同，所取的粟就有多少的差别。根据它们的本率，粺米、糳米少而粝米多，而所用的粟，则舂成粺米、糳米的取得多而舂成粝米的取得少。如果各种米依照它们的本率分配粟，则粟就背离了它们的率，所以现在对之应用返衰术，使舂出精米者取的粟多，而舂出粗米者取的粟少。在旁边将列衰相加作为除数。以 7 斗乘未相加者，各自作为所取粟的实。被除数除以除数，得到各人所取粟的斗数。按今有术，在旁边将列衰相加作为所有率，未相加者各自作为所求率，7 斗粟作为所有数，而应用今有术，所以分别得到所取的粟。如果求相等的米数，以各自的本率分别乘已经确定的所取的粟数，作为被除数，以粟率 50 作为除数，被除数除以除数，得到米的斗数。如果要直接求舂成的各种米相等的数量，就布置粝米 3，用粟是 5；粺米 27，用粟是 50；糳米 12，用粟是 25。使它们的粟相齐，又使它们的米数相同。将齐相加作为除数。以 7 斗乘同，作为被除数。被除数除以除数，所得就是舂成的米的斗数。

【原文】

[06] 今有人当禀粟二斛。仓无粟，欲与米一、菽二，以当所禀粟问：各几何？答曰：米五斗一升、七分升之三；菽一斛二升、七分升之六。

术曰：置米一、菽二，求为粟之数。并之，得三，九分之八，以为法。亦置米一、菽二，而以粟二斛乘之，各自为实。实如法得一斛[①]。臣淳风等谨按：置粟率五，乘米一，米率三除之，得一、三分之二，即是米一之粟也；粟率十以乘菽二，菽率九除之，得二、九分之二，即是菽二之粟也。并全，得三；齐子，并之，得二十四；同母，得二十七，约之，得九分之八。故云"并之，得三、九分之八"。米一菽二当粟三、九分之八，此其粟率也。于今有术，米一、菽二皆为所求率，当粟三、九分之八为所有率，粟二斛为所有数。凡言率者，当相与通之，则为米九、菽十八，当粟三十五也。亦有置米一、菽二，求其为粟之率，以为列衰。副并为法。以粟乘列衰为实。所得即米一、菽二所求粟也。以米、菽本率而今有之，即合所问。

【注释】

①《九章算术》这里的方法实际上是衰分术的推广。

【译文】

[06] 假设应当赐给人 2 斛粟。但是粮仓里没有粟了，想给他 1 份米、2 份菽，当作赐给他的粟。问：给他的米、菽各多少？答：给米 5 斗 1 $\frac{3}{7}$ 升；给菽 1

斛 $2\frac{6}{7}$ 升。

计算法则是：布置米1、菽2，求出它们变成粟的数量。将它们相加，得到 $3\frac{8}{9}$，作为除数。又布置米1、菽2，而以2斛粟乘之，各自作为被除数。被除数除以除数，得米、菽的斛数。淳风等按：布置粟率5，乘米1，以米率3除之，得到 $1\frac{2}{3}$，就是与米1相当的粟；布置粟率10，乘菽2，以菽率9除之，得到 $2\frac{2}{9}$，就是与菽2相当的粟。将整数部分相加，得3；使分数的分子相齐，相加，得24；使它们的分母相同，得27，约简之，得 $\frac{8}{9}$。所以说"将它们相加，得到 $3\frac{8}{9}$"。米1、菽2相当于粟 $3\frac{8}{9}$，这就是粟的率。按今有术，米1、菽2皆作为所求率，相当于粟的 $3\frac{8}{9}$ 作为所有率，粟2斛作为所有数。凡是说到率，都应当互相通达，则就成为米9、菽18，相当于粟35。也可以布置米1、菽2，求它们变为粟的率，作为列衰。在旁边将它们相加，作为除数。以粟数乘列衰，作为被除数。被除数除以除数，所得就是米1、菽2所求出的粟。以米、菽的本率而应用今有术，即符合问题的要求。

【古题今解】

[06]

由卷第二知：粟：粝米 = 50：30；粟：菽 =50：45。

将1份粝米、2份大豆换算成粟之数：$1\times\frac{50}{30}=\frac{5}{3}$；$2\times\frac{50}{45}=\frac{20}{9}$。

二者相加：$\frac{5}{3}+\frac{20}{9}=3\frac{8}{9}$，那么，因为1斛=10斗=100升，则

应发粝米数为：2斛$\times1\div3\frac{8}{9}=5$斗$1\frac{3}{7}$升；应发大豆数为：$2$斛$\times2\div3\frac{8}{9}=$ 1斛$2\frac{6}{7}$升。

【原文】

[07] 今有取佣，负①盐二斛，行一百里，与钱四十。今负盐一斛七斗三升、少半升，行八十里。问：与钱几何？答曰：二十七钱、一十五分钱之一十一。

术曰：置盐二斛升数，以一百里乘之为法；按：此术以负盐二斛升数乘所

行一百里，得二万里，是为负盐一升行二万里。于今有术，为所有率。以四十钱乘今负盐升数，又以八十里乘之，为实。实如法得一钱。以今负盐升数乘所行里，今负盐一升凡所行里也。于今有术以所有数，四十钱为所求率也。衰分章"贷人千钱"与此同[2]。

【注释】

①负：背着。

②刘徽认为负盐2斛行100里，得40钱，相当于负盐1升行20000里得40钱。

【译文】

[07] 假设雇工背负2斛盐，走100里，付给40钱。现在背负1斛7斗3$\frac{1}{3}$升盐，走80里。问：付给多少钱？答：27$\frac{11}{15}$钱。

计算法则是：布置2斛盐的升数，以100里乘之，作为除数。按：这种算法中以所背负的2斛盐的升数乘所走的100里，得20000里，这相当于背负1升盐走20000里。按今有术，它作为所有率。以40钱乘现在所背负的盐的升数，又以80里乘之，作为被除数。被除数除以除数，就得到所付给的钱。以现在所背负的盐的升数乘所走的里数，就是现在背负1升盐所走的总里数。今有术，就是所有数，40钱就是所求率。衰分章的"贷人千钱"问与此相同。

⌇⌇ 古题今解 ⌇⌇

[07]

所得钱数为：

$$\frac{40\text{钱} \times \text{所背盐数} \times 80\text{里}}{\text{盐数}2\text{斛} \times 100\text{里}} = \frac{40 \times 173\frac{1}{3} \times 80}{200 \times 100}\text{钱} = 27\frac{11}{15}\text{钱}.$$

【原文】

[08] 今有负笼[1]重一石一十七斤，行七十六步，五十返[2]。今负笼重一石，行百步，问返几何？答曰：四十三返、六十分返之二十三。

术曰：以今所行步数乘今笼重斤数为法，故笼重斤数乘故步，又以返数乘之，为实。实如法得一返。

【注释】

①负笼：背着竹筐。

②返：往返多少次。

【译文】

[08] 若背笼重 1 石 17 斤，走 76 步，往还 50 趟。今背笼重 1 石，走 100 步。问往返趟数是多少？答：往返趟数为：$43\frac{23}{60}$ 趟。

计算法则：用今背笼重所走的步数乘以今笼重作除数。以"故笼重"之斤数乘"故步"。又用趟数相乘作被除数。除数除被除数，即得所求的趟数。

古题今解

[08]

1 石 = 120 斤。

所求趟数为：$\dfrac{1\ 石\ 17\ 斤 \times 76\ 步 \times 50\ 趟}{1\ 石 \times 100\ 步} = \dfrac{137\ 斤 \times 76\ 步 \times 50\ 趟}{120\ 斤 \times 100\ 步} = 43\frac{23}{60}$ 趟。

【原文】

按：此负笼又有轻重，于是为术者因令重者得返少，轻者得返多[①]。故又因其率以乘法、实者，重今有之义也。然此意[②]非也。按：此笼虽轻而行有限，笼过重则人力遗，力有遗而术无穷[③]，人行有限而笼轻重不等。使其有限之力随彼无穷之变，故知此术率乖[④]理也。若故所行有空行返数，设以问者，当因其所负以为返率，则今返之数可得而知也。

【注释】

①这里背负的竹筐又有轻重，于是造术的人就令竹筐重的往返次数少，竹筐轻的往返次数多。

②此意：这种思路。

③人的力量有剩余，那么答案就是无穷的。

④乖：违背。

【译文】

按：这里背负的竹筐又有轻重，于是造术的人就令竹筐重的往返次数少，竹筐轻的往返次数多。所以又根据它们的率乘法与实，这是重复使用今有术的意思。然而这种思路是错误的。提示：这里的竹筐即使很轻，而背负着它走的路也是有限的。竹筐即使很重，而人的力量总得有剩余。人的力量有剩余，那么答案就是无穷的。人走的路是有限的，而竹筐的轻重不等。使人们有限的力量的往返次数随着竹筐轻重作无穷的变化，所以知道这种算法的率是违背数理的。如果原来所走的往返次数有空手的，假设以此提问，则应当根据有背负重物的情况建立往返次数的率，那么现在往返次数是可以知道的。

【原文】

[09] 今有程传委输，空车日行七十里，重车日行五十里。今载太仓粟输上林，五日三返。问：太仓去上林几何？答曰：四十八里、一十八分里之一十一。

术曰：并空、重里数，以三返乘之，为法。令空、重相乘，又以五日乘之，为实。实如法得一里。此亦如上术。

【译文】

[09] 假设由驿站运送货物，空车每日走 70 里，重车每日走 50 里。现在装载太仓的粟输送到上林苑，5 日往返 3 次。问：太仓到上林的距离是多少？答：$48\frac{11}{18}$里。

计算法则是：将空车、重车每日走的里数相加，以往返次数 3 乘之，作为除数。使空车、重车每日走的里数相乘，又以 5 日乘之，作为被除数。被除数除以除数，得到里数。这种算法也如上术那样。

〔古题今解〕

[09]

每一趟所用日数为：$\frac{1}{70}+\frac{1}{50}$。

所求距离为：$\left[5\div\left(\frac{1}{70}+\frac{1}{50}\right)\right]\div 3=\frac{70 \text{ 里}\times 50 \text{ 里}\times 5}{(70+50)\text{ 里}\times 3}=48\frac{11}{18}$里。

【原文】

率：一百七十五里之路，往返用六日也。于今有术，则五日为所有数，一百七十五里为所求率，六日为所有率。以此所得，则三返之路。今求一返，当以三约之，因令乘法而并除也[①]。为术亦可各置空、重行一里用日之率，以为列衰。副并为法。以五日乘列衰为实。实如法，所得即各空、重行日数也。各以一日所行以乘，为凡日所行。三返约之，为上林去太仓之数。臣淳风等谨按：此术重往空还，一输再还道。置空行一里，用七十分日之一，重行一里用五十分日之一。齐而同之，空、重行一里之路，往返用一百七十五分日之六[②]。完言之[③]者，一百七十五里之路，往返用六日。故"并空、重"者，并齐也；"空、重相乘"者，同其母也。于今有术，五日为所有数，一百七十五为所求率，六为所有率。以此所得，则三返之路。今求一返者，当以三约之。故令乘法而并除，亦当约之也。

【注释】

①自此注开头至此，是刘徽以今有术阐释《九章算术》的解法，先求出5日所行的距离，而5日共3返故除以3，得1返的里程，即太仓到上林的距离。

②这是以分数表示。

③完言之：以整数表示之。

【译文】

率：175里的路程，往返用6日。按今有术，就是5日为所有数，175里为所求率，6日为所有率。由此所得到的是3次往返的路程。现在求1次往返的路程，应当以3除之，所以以3乘法而一并除。造术亦可以分别布置空车、重车走1里所用的日数之率，作为列衰。在旁边将它们相加作为除数。以5日乘列衰作为被除数。被除数除以除数，所得就是空车、重车分别所走的日数。各以空车、重车1日所走的里数乘之，就是1日所走的总里数。以往返次数3除之，就是上林苑到太仓的距离数。淳风等按：这种算法中重车前往，空车返回，一次输送要在路上走两次。布置空车走1里所用的 $\frac{1}{70}$ 日，重车走1里所用的 $\frac{1}{50}$ 日。

将它们齐同，空车、重车走1里的路程，往返1次用 $\frac{6}{175}$ 日。以整数表示之，175里的路程，往返1次用6日。所以"将空车、重车每日走的里数相加"，就是将所齐的分子相加。"使空车、重车每日走的里数相乘"，就是使它们的分母相同。按今有术，5日为所有数，175为所求率，6为所有率。由此所得到的，是往返3次的路程。现在求往返1次的路程，应当以3除之。所以以3乘法而一并除，这也相当于以3除之。

【原文】

[10] 今有络丝一斤为练丝一十二两，练丝一斤为青丝一斤一十二铢。今有青丝一斤，问：本络丝几何？答曰：一斤四两一十六铢、三十三分铢之一十六。

术曰：以练丝十二两乘青丝一斤一十二铢为法。以青丝一斤铢数乘练丝一斤两数，又以络丝一斤乘，为实。实如法得一斤。按：练丝一斤为青丝一斤十二铢，此练率三百八十四，青率三百九十六也①。又，络丝一斤为练丝十二两，此络率十六，练率十二也②。置今有青丝一斤，以练率三百八十四乘之，为实，实如青丝率三百九十六而一。所得，青丝一斤，用练丝之数③也。又以络率十六乘之，所得为实，以练率十二为法，所得，即练丝用络丝之数也。是谓重今有④也。

【注释】

①刘徽先求出练、青的率关系：练：青 = 384：396

②刘徽又求出络、练的率关系：络：练 = 16：12。

③所得，青丝一斤，用练丝之数：刘徽应用今有术，求出青丝 1 斤用练丝数。

④重今有：双重今有术。因为两次应用今有术，故名。显然它与《九章算术》的方法是不同的。

【译文】

[10] 假设 1 斤络丝练出 12 两练丝，1 斤练丝练出 1 斤 12 铢青丝。现在有 1 斤青丝，问：络丝原来有多少？答：1 斤 4 两 16 $\frac{16}{33}$ 铢。

计算法则是：以练丝 12 两乘青丝 1 斤 12 铢，作为除数。以青丝 1 斤的铢数乘练丝 1 斤的两数，又以络丝 1 斤乘之，作为被除数。被除数除以除数，就得到络丝的斤数。

按：1 斤练丝练出 1 斤 12 铢青丝，练丝率为 384，青丝率为 396。又，1 斤络丝练出 12 两练丝，络丝率为 16，练丝率为 12。布置现有的 1 斤青丝，以练丝率 384 乘之，作为被除数，实除以青丝率 396，所得到的就是 1 斤青丝所用的练丝之数。又以络丝率 16 乘之，以所得作为被除数，以练丝率 12 作为除数，所得到的就是练丝所用的络丝之数。这称为重今有术。

《古题今解》

[10]

1 斤 = 16 两，1 两 = 24 铢。

$$\frac{络丝}{练丝} = \frac{1 斤}{12 两}; \frac{练丝}{青丝} = \frac{1 斤}{1 斤 12 铢};$$

所求的络丝为：

$$\frac{络丝 1 斤的两数 \times 练丝 1 斤的铢数 \times 青丝的斤数}{练丝 12 两 \times 青丝 1 斤 12 铢} 斤 = \frac{16 \times 384 \times 1}{12 \times 396} 斤 = 1 \frac{29}{99} 斤 =$$

1 斤 4 两 16 $\frac{16}{33}$ 铢。

【原文】

虽各有率，不问中间①。故令后实乘前实，后法乘前法而并除也②。故以练丝两数为实，青丝铢数为法③。一曰：又置络丝一斤两数与练丝十二两，约之，络得四，练得三，此其相与之率。又置练丝一斤铢数与青丝一斤一十二铢，约之，练得三十二，青得三十三，亦其相与之率。齐其青丝、络丝，同其二练，络得一百二十八，青得九十九，练得九十六，即三率悉通④矣。今有青丝一斤为所有数，络丝一百二十八为所求率，青丝九十九为所有率。为率之意犹此，但不先约诸率耳⑤。凡率错互不通者，皆积齐同用之⑥。放此，虽四五转不异也⑦。言"同其二练"者，以明三率之相与通耳，于术无以异也。

又一术⑧：今有青丝一斤铢数乘练丝一斤两数，为实，以青丝一斤一十二铢为法，所得，即用练丝两数。以络丝一斤乘，所得为实，以练丝十二两为法，所得即用络丝斤数也。

【注释】

①虽各有率，不问中间：虽然诸物各自有率，但是没有问中间的物品。

②故令后实乘前实，后法乘前法而并除也：所以使后面的实乘前面的实，后面的法乘前面的法而一并除。

③故以练丝两数为实，青丝铢数为法：所以练丝以两数形成实，青丝以铢数形成法。

④三率悉通：通过齐其青丝、络丝，同其二练，使络丝、练丝、青丝三率都互相通达。

⑤为率之意犹此，但不先约诸率耳：前面（注文的第一段）形成率的意图也是这样，但不先约简诸率而已。

⑥皆积齐同用之：都可以多次应用齐同术。

⑦虽四五转不异也：即使是四五次转换，也没有什么不同。

⑧又一术：又一种方法。

【译文】

虽然诸物各自都有率，但是没有问中间的物品。所以使后面的实乘前面的实，后面的法乘前面的法而一并除。所以练丝以两数形成实，青丝以铢数形成法。又一计算法则是：又布置络丝1斤的两数与练丝12两，将之约简，络丝得4，练丝得3，这就是它们的相与之率。又布置练丝1斤的铢数与青丝1斤12铢，将之约简，练丝得32，青丝得33，也是它们的相与之率。使其中的青丝率、络丝率分别相齐，使其中练丝的两种率相同，得到络丝率128，青丝率99，练丝率96，则三种率都互相通达了。以现有的青丝1斤作为所有数，络丝率128作为所求率，青丝率99作为所有率。前面形成率的意图也是这样，但不先约简诸率而已。凡是诸率错互不相通达的，都可以多次应用齐同术。仿照这种做法，即使是转换四五次，也没有什么不同。说"使其中练丝的两种率相同"，是为了明确三种率的相与通达，对于各种术没有不同。又一计算法则是：现有青丝1斤的铢数乘练丝1斤的两数，作为被除数，以青丝1斤12铢作为法，被除数除以除数，所得到的就是用练丝的两数。以络丝1斤乘之，所得作为被除数，以练丝12两作为法，被除数除以除数，所得到的就是用络丝的斤数。

【原文】

[11] 今有恶粟①二十斗，舂之，得粝米九斗。今欲求粺米一十斗。问：恶粟几何？答曰：二十四斗六升、八十一分升之七十四。

术曰：置粝米九斗，以九乘之，为法。亦置粺米十斗，以十乘之，又以恶粟二十斗乘之，为实。实如法得一斗。按：此术，置今有求米粺十斗，以粝米率十乘之，如粺米率九而一，即粺化为粝。又以恶粟二十斗乘之，如粝米九斗而一，即粝亦化为恶粟矣。此亦重今有之义。为术之意，犹络丝也②。虽各有率，不问中间③。故令后实乘前实，后法乘前法，而并除之也。

【注释】

①恶粟：劣等的粟。

②造术的意图，如同络丝问。

③虽然各自都有率，却不考虑中间的物品。

【译文】

[11] 假设有20斗粗劣的粟，舂成粝米，得到9斗。现在想得到10斗粺

米。问：需要粗劣的粟多少？答：24 斗 6 $\frac{74}{81}$ 升。

计算法则是：布置 9 斗粝米，乘以 9，作为除数。又布置 10 斗粺米，乘以 10，又乘以 20 斗粗劣的粟，作为被除数。被除数除以除数，就得到粗劣粟的斗数。按：这种算法中，布置现在想得到的 10 斗粺米，乘以粝米率 10，除以粺米率 9，则粺米化为了粝米。又乘以恶粟斗数 20，除以粝米率 9，则粝米也化为了粗劣的粟。这也是重今有术的意义。造术的意图，如同络丝问。虽然各自都有率，却不考虑中间的物品。所以使后面的实乘前面的实，后面的法乘前面的法而一并除。

古题今解

[11]

由卷二可知，粺米：粝米 = 30∶27 = 10∶9，

加工 1 斗粝米用粟为 $\frac{20}{9}$ 斗；

所求粟数为：$\frac{10\ \text{斗} \times 10 \times 20\ \text{斗}}{9\ \text{斗} \times 9} = 24\ \text{斗}\ 6\frac{74}{81}$ 升。

【原文】

[12] 今有善行者行一百步，不善行者行六十步。今不善行者先行一百步，善行者追之。问：几何步及之？答曰：二百五十步。

术曰：置善行者一百步，减不善行者六十步，余四十步，以为法。以善行者之一百步，乘不善行者先行一百步，为实。实如法得一步。

【译文】

[12] 若善行者走 100 步，不善行者只走 60 步。今不善行者先走 100 步，善行者追赶。问：要走多少步才能追到？答：走 250 步才能追到。

计算法则：将善行者 100 步减去不善行者 60 步，余数 40 步作除数。以善行者的 100 步乘不善行者先走的 100 步作被除数。除数除被除数得所求的步数。

古题今解

[12]

设善行者要走 X 步才能追上不善行者，

则 $100∶(100-60) = X∶100$，

$X = \dfrac{100\ \text{步} \times 100\ \text{步}}{(100-60)\ \text{步}} = 250\ \text{步}$。

【原文】

[13] 今有不善行者先行一十里，善行者追之一百里，先至不善行者二十里。问善行者几何里及之？答曰：三十三里、少半里。

术曰：置不善行者先行一十里，以善行者先至二十里增之，以为法。以不善行者先行一十里，乘善行者一百里，为实。实如法得一里。

【译文】

[13] 今有不善行者先走 10 里，善行者追之，走 100 里时，超过了不善行者 20 里。问：善行者走多少里时就赶上了不善行者？答：$33\frac{1}{3}$ 里。

计算法则：将不善行者先走的 10 里加上善行者超过的 20 里作为除数；用不善行者先走的 10 里乘以善行者所行的 100 里，作被除数；除数除被除数得所求的里数。

古题今解

[13]

设善行者要走 X 里才能追上不善行者，

则 $\dfrac{10+20}{100} = \dfrac{10}{X}$，$X = \dfrac{10\ 里 \times 100\ 里}{(10+20)\ 里} = 33\dfrac{1}{3}$ 里。

【原文】

[14] 今有兔先走一百步，犬追之二百五十步，不及三十步而止。问犬不止，复行几何步及之？答曰：一百七步、七分步之一。

术曰：置兔先走一百步，以犬走不及三十步减之，余为法。以不及三十步乘犬追步数为实。实如法得一步。

【译文】

[14] 今有兔先跑 100 步，狗追到 250 步时，差 30 步停下了。问狗不停下来，再跑几步能追上兔？答：再跑 $107\frac{1}{7}$ 步。

计算法则：将兔先跑的 100 步减去狗所差的 30 步，余数作除数。用所差的 30 步乘以狗追的步数作被除数。除数除被除数得所求步数。

古题今解

[14]

设狗要走 X 步才能追上兔子，

则 $\dfrac{X\ 步}{30\ 步} = \dfrac{250\ 步}{(100-30)\ 步}$，$X = \dfrac{30\ 步 \times 250\ 步}{(100-30)\ 步} = 107\dfrac{1}{7}$ 步。

【原文】

[15] 今有人持金十二斤出关。关税之，十分而取一。今关取金二斤，偿钱五千。问：金一斤值钱几何？答曰：六千二百五十。

术曰：以一十乘二斤，以十二斤减之，余为法。以一十乘五千为实。实如法得一钱。

【译文】

[15] 今有人持金 12 斤出关，关卡收税，取其 $\frac{1}{10}$。现关收税金 2 斤，偿还 5000 钱。问：金 1 斤值多少钱？答：值 6250 钱。

计算法则：用 10 乘以 2 斤减去 12 斤，余数作除数。以 10 乘以 5000 作被除数。除数除被除数得所值钱数。

古题今解

[15]

设金 1 斤值 x 钱，则 $(20x - 12x) \div 10 = 5000$，

$$x = \frac{5000 \times 10}{[(10 \times 2) - 12]} 钱 = 6250 钱。$$

【原文】

[16] 今有客马，日行三百里。客去忘持衣。日已三分之一，主人乃觉。持衣追及与之而还；至家视日四分之三。问：主人马不休，日行几何？答曰：七百八十里。

术曰：置四分日之三，除三分日之一，按：此术，"置四分日之三，除三分日之一"者，除[①]，其减也。减之余，有十二分之五，即是主人追客还用日率也。半其余，以为法。去其还，存其往。率之者，子不可半，故倍母[②]，二十四分之五，是为主人与客均行用日之率也。副置法，增三分日之一。法二十四分之五者，主人往追用日之分也。三分之一者，客去主人未觉之前独行用日之分也。并连此数得二十四分日之十三，则主人追及前用日之分也。是为客人与主人均行用日率也。然则主人用日率者，客马行率也；客用日率者，主人马行率也。母同则子齐，是为客马行率五，主人马行率十三。于今有术，三百里为所有数，十三为所求率，五为所有率，而今有之，即得也。以三百里乘之，为实。实如法，得主人马一日行。欲知主人追客所行里者，以三百里乘客用日分子十三，以母二十四而一，得一百六十二里半。以此乘客马与主人均行日分母二十四，如客马与主人均行用日分子五而一，亦得主人马一

日行七百八十里也[③]。

【注释】

①除：一是除法之除，一是减。

②分子不可以再取其半，所以将分母加倍。

③刘徽给出求主马日行里的另一种方法。

【译文】

[16] 假设客人的马每日行走300里。客人离去时忘记拿自己的衣服。已经过了 $\frac{1}{3}$ 日时，主人才发觉。主人拿着衣服追上客人，给了他衣服，回到家望望太阳，已过了 $\frac{3}{4}$ 日。问：如果主人的马不休息，一日行走多少里？答：780里。

计算法则是：布置 $\frac{3}{4}$ 日，除 $\frac{1}{3}$ 日，按：这种算法中，"布置 $\frac{3}{4}$ 日，除 $\frac{1}{3}$ 日"，除，就是减。减的余数是 $\frac{5}{12}$，就是主人追上客人及返回家的用日率。取其余数的一半作为除数。这是减去主人返回家的时间，留下他追赶的时间。谈到率，分子不可以再取其半，所以将分母加倍，成为主人与客人的马同时行走所用日之率 $\frac{5}{24}$。在旁边布置法，加 $\frac{1}{3}$ 日。法 $\frac{5}{24}$，这是主人追及客人所用日之分数。$\frac{1}{3}$ 是客人走了主人未发觉之前单独行走用日之分数。此两数相加，得 $\frac{13}{24}$ 日，就是主人追上之前用日之分数。这是客人与主人同时行走的用日率。那么主人的用日率，就是客人马的行率；客人的用日率，就是主人马的行率。分母相同就要使分子相齐。这就是客人马的行率5，主人马的行率13。按今有术，300里为所有数，13为所求率，5为所有率，而对之应用今有术，即得到主人马一日行走的里数。以300里乘之，作为被除数。被除数除以除数，得到主人马一日行走的里数。如果想知道主人追上客人所行走的里数，就以300里乘客人用日的分子13，除以分母24，得 $162\frac{1}{2}$ 里。以此乘客人与主人的马同时行走日的分母24，除以客人与主人的马同时行走用日的分子5，就得到主人的马行走一日为780里。

【古题今解】

[16]

设主人马一日能行 X 里，则主人马单程所用时间为：

$$\left(\frac{3}{4}-\frac{1}{3}\right)\div2,$$

客人马单程所用时间为：

$$\frac{1}{3}+\left[\left(\frac{3}{4}-\frac{1}{3}\right)\div2\right],$$

所以可得：

$$X:300=\left\{\frac{1}{3}+\left[\left(\frac{3}{4}-\frac{1}{3}\right)\div2\right]\right\}:\left[\left(\frac{3}{4}-\frac{1}{3}\right)\div2\right]$$

X = 780 里。

【原文】

[17] 今有金箠[1]，长五尺。斩本一尺，重四斤；斩末一尺，重二斤。问：次一尺各重几何？答曰：末一尺重二斤，次一尺重二斤八两，次一尺重三斤，次一尺重三斤八两，次一尺重四斤。

术曰：令末重减本重，余，即差率也。又置本重，以四间乘之，为下第一衰。副置，以差率减之，每尺各自为衰。按：此术，五尺有四间者，有四差也。今本末相减，余即四差之凡数也。以四约之，即得每尺之差，以差数减本重，余即次尺之重也。为术所置，如是而已。今此率以四为母，故令母乘本为衰，通其率也。亦可置末重，以四间乘之，为上第一衰。以差重率[2]加之为次下衰也。副置下第一衰，以为法。以本重四斤遍乘列衰，各自为实。实如法得一斤。以下第一衰为法，以本重乘其分母之数，而又返此率乘本重，为实。一乘一除，势无损益，故惟本存焉。众衰相推为率，则其余可知也。亦可副置末衰为法，而以末重二斤乘列衰为实。此虽迂回，然是其旧，故就新而言之也[3]。

【注释】

①箠（chuí）：杖，刑杖。

②差重率：就是差率。

③刘徽总结他的注，指出：《九章算术》的方法迂回曲折，所以提出新的方法。

【译文】

[17] 假设有一根金箠，长5尺。斩下本1尺，重4斤；斩下末1尺，重2斤。问：每1尺的重量各是多少？答：末1尺，重量2斤；下1尺，重量2斤8两；下1尺，重量3斤；下1尺，重量3斤8两；下1尺，重量4斤。

术曰：使末1尺的重量减本1尺的重量，余数就是差率。又布置本1尺的重量，以间隔4乘之，作为下第一衰。将它布置在旁边，逐次以差率减之，就得到每尺各自的衰。按：这种算法中，5尺有4个间隔，就是有4个差。现在将本末的重量相减，余数就是4个差的总数也。以4除之，就得到每尺之差，以这个差数减本1尺的重量，余数就是下1尺的重量。造术的意图，不过如是而已。现在此率以4为分母，所以使分母乘本1尺的重量作为衰，是为了将它们的率通达。也可以布置末1尺的重量，以间隔4乘之，作为上第一衰。逐次以重量的差率加之，就得到下面每尺的衰。在旁边布置下第一衰，作为除数。以本1尺的重量4斤乘全部列衰，各自作为被除数。被除数除以除数，就得到各尺的斤数。以下第一衰作为除数，以本1尺的重量乘它的分母，而反过来以此率乘本1尺的重量，作为被除数。一乘一除，其态势既不减小也不增加，所以只有原本的数保存下来。以诸衰互相推求作为率，则其余各尺的重量可以知道。也可以在旁边布置末1尺的衰作为除数，而以末1尺的重量2斤乘列衰作为被除数。这种方法虽然迂回，然而是原来的，所以用新的方法表示之。

古题今解

[17]

设等差数列 $a_1 = 2$，$a_5 = 4$，$n = 5$，公差为 d。则 $a_n = a_1 + (n-1) d$。

由 $a_5 = a_1 + (5-1) d$，得 $d = \frac{1}{2}$ 斤，又 1 斤 = 16 两，故：$a_2 = 2$ 斤 $+ \frac{1}{2}$ 斤 $= 2\frac{1}{2}$ 斤 $= 2$ 斤 8 两，$a_3 = 2$ 斤 $+ 2 \times \frac{1}{2}$ 斤 $= 3$ 斤，$a_4 = 2$ 斤 $+ 3 \times \frac{1}{2}$ 斤 $= 3$ 斤 8 两。（1 斤 = 16 两）

【原文】

[18] 今有五人分五钱，令上二人所得与下三人等。问：各得几何？答曰：甲得一钱、六分钱之二；乙得一钱、六分钱之一；丙得一钱；丁得六分钱之五；戊得六分钱之四。

术曰：置钱，锥行衰[①]。按：此术，锥行者，谓如立锥[②]：初一、次二、次三、次四、次五，各均为一列者也。并上二人为九，并下三人为六。六少于九，三。数不得等[③]，但以五、四、三、二、一为率也。以三均加焉，副并为法。以所分钱乘未并者，各自为实。实如法得一钱。此问者，令上二人与下三人等。上、下部差一人，其差三。均加上部，则得二三；均加下部，则得三三。上、下部犹差一人，差得三，以通于本率，即上、下部等也。于今有术，副并为所有率，未并者各为所求率，五钱为所有数，而今有之，即得等耳。假令七人分七钱，欲令上二人与下五人等，则上、下部差三人。并上部为十三，下部为十五。下多上少，下不足减上，当以上、下部列差而后均减，乃合所问耳。此可放下术，令上二人分二钱半为上率，令下三人分二钱半为下率，上、下二率以少减多，余为实。置二人、三人各半之，减五人，余为法，实如法得一钱，即衰相去也。下衰率六分之五者，丁所得钱数也。

【注释】

①锥行衰：就是排列成锥形的列衰。

②此术中，按锥形列成一行，是说像锥形那样立起来。

③诸衰的数值不能相等。

【译文】

[18] 假设有 5 个人分配 5 钱，使上部 2 人所分得的钱与下部 3 人的相等。

问：各分得多少钱？答：甲分得 $1\frac{2}{6}$ 钱，乙分得 $1\frac{1}{6}$ 钱，丙分得 1 钱，丁分得

$\frac{5}{6}$ 钱，戊分得 $\frac{4}{6}$ 钱。

计算法则是：布置钱数，按锥形将诸衰排列成一行。按：这种算法中，按锥形列成一行，是说像锥形那样立起来：自下而上是 1、2、3、4、5，都均匀地排成一列。将上部 2 人的衰相加为 9，将下部 3 人的衰相加为 6。6 比 9 少 3。诸衰的数值不能相等，只是以 5、4、3、2、1 建立率。以 3 均等地加诸衰，在旁边将它们相加作为除数。以所分的钱乘未相加的衰，各自作为被除数。实分别除以法，得到各人分得的钱数。提问的人要使上 2 人分得的钱与下 3 人的相等。现在上、下部相差 1 人，两者诸衰之和相差 3。将差 3 均等地加到上部诸衰上，即加 2 个 3；均等地加到下部诸衰上，即加 3 个 3。上、下部还是差 1 人，诸衰之差仍然得 3。以 3 使原来的率相通，则上、下部诸衰之和相等。按今有术，在旁边将它们相加为所有率，没有相加的衰各自作为所求率，5 钱作为所有数，而对之应用今有术，就得到上 2 人与下 3 人分得的钱相等的结果。假设 7 个人分配 7 钱，想使上部 2 人分得的钱与下部 5 人的相等，则上、下部相差 3 人。将上部诸衰相加为 13，下部诸衰相加为 15。下部的多，上部的少，下部的不能减上部的，应当求出上、下部的列差而后均等地减诸衰，才符合所提出的问题。此也可以仿照下面九节竹问的算法是：使上部 2 人分 $2\frac{1}{2}$ 钱，作为上率，使下部 3 人分 $2\frac{1}{2}$ 钱作为下率，上、下二率以少减多，余数作为被除数。布置 2 人、3 人，各取其一半，以减 5 人，余数作为法，被除数除以除数，得钱数，就是诸衰的

公差。下部诸衰的平率 $\frac{5}{6}$，就是丁所分得的钱数。

[18]

按等差数列解题，设自上至下的 5 人所得分别为 a_1、a_2、a_3、a_4、a_5，公差为 d。

因为 $a_1 + a_2 + a_3 + a_4 + a_5 = 5$，$a_1 + a_2 = a_3 + a_4 + a_5$ 得：

$2a_1 - d = 3a_1 - 9d$

$5a_1 - 10d = 5$

解得：

$a_1 = 1\frac{1}{3}$，$d = \frac{1}{6}$。

解得：

甲分得钱数（a_1）为 $1\frac{1}{3}$ 钱，乙分得钱数（a_2）为 $1\frac{1}{6}$ 钱，丙分得钱数（a_3）为 1 钱，丁分得钱数（a_4）为 $\frac{5}{6}$ 钱，戊分得钱数（a_5）为 $\frac{4}{6}$ 钱。

【原文】

[19] 今有竹九节，下三节容四升，上四节容三升。问：中间二节欲均容①，各多少？答曰：下初，一升、六十六分升之二十九；次，一升、六十六分升之二十二；次，一升、六十六分升之一十五；次，一升、六十六分升之八；次，一升、六十六分升之一；次，六十六分升之六十；次，六十六分升之五十三；次，六十六分升之四十六；次，六十六分升之三十九。

【注释】

①均容：即各节自下而上均匀递减。

【译文】

[19] 假设有一支竹，共 9 节，下 3 节的容积是 4 升，上 4 节的容积是 3 升。问：如果想使中间 2 节的容积均匀递减，各节的容积是多少？答：下第 1 节是 $1\frac{29}{66}$ 升，次 1 节是 $1\frac{22}{66}$ 升，次 1 节是 $1\frac{15}{66}$ 升，次 1 节是 $1\frac{8}{66}$ 升，次 1 节是 $1\frac{1}{66}$ 升，次 1 节是 $\frac{60}{66}$ 升，次 1 节是 $\frac{53}{66}$ 升，次 1 节是 $\frac{46}{66}$ 升，次 1 节是 $\frac{39}{66}$ 升。

古题今解

[19]

按等差数列解题，设最下节的容积是 a_1，公差为 d。

那么 $a_1 + a_2 + a_3 = 4$，$a_9 + a_8 + a_7 + a_6 = 3$，得：

$3a_1 - 3d = 4$

$4a_1 - 26d = 3$，

解得：

$d = \dfrac{7}{66}$（升），$a_1 = 1\dfrac{29}{66}$（升），$a_2 = 1\dfrac{22}{66}$（升），$a_3 = 1\dfrac{15}{66}$（升），$a_4 = 1\dfrac{8}{66}$

（升），$a_5 = 1\dfrac{1}{66}$（升），$a_6 = \dfrac{60}{66}$（升），$a_7 = \dfrac{53}{66}$（升），$a_8 = \dfrac{46}{66}$（升），$a_9 = \dfrac{39}{66}$

（升）。

招差术的发展

招差术是现代计算数学中一种常用的插值方法，又叫高次内插法。一次内插法被中国古代天文学早已应用在实践中。人们用隋唐时期创立的等间距和不等间距二次内插法来计算日月五星的视行度数，但是太阳等天体的视运动并不属于时间的二次函数，因此仅用二次内插公式推算天体的视运动的结果误差比较大。唐代天文学家一行注意到这个问题之后，就列出一个包括三差的表格，但由于当时数学发展水平的限制，一行没有能够给出正确的三次差内插公式。

元代天文学家和数学家王恂、郭守敬在所编制的《授时历》中，为了能精确推算日月五星运行的速度和位置，就运用"平、定、立"三差给出了三次差内插公式。朱世杰对于这类插值问题作了更深入的研究。他把高阶等差级数方面的研究成果运用于内插法，利用招差术，也可解决高阶等差级数的求和问题。清朝数学家李善兰先生也发扬了招差术的传统，他提出了类似于西方微积分中的逐差法的招差术公式。

【原文】

术曰：以下三节分四升为下率①，以上四节分三升为上率②。此二率者，各其平率③也。上、下率以少减多，余为实。按：此上、下节各分所容为率者，各其平率。"上、下以少减多"者，余为中间五节半之凡差，故以为实也。置四节、三节，各半之，以减九节，余为法。实如法得一升，即衰相去也。按：此术，法者，上、下节所容已定之节，中间相去节数也。实者，中间五节半之凡差也。故实如法而一，则每节之差也。下率一升、少半升者，下第二节容也。一升、少半升者，下三节通分四升之平率。平率即为中分节之容也。

【注释】

①下率：下3节所容的平均值。

②上率：上4节所容的平均值。

③平率：平均率。

【译文】

计算法则是：以下3节平分4升，作为下率，以上4节平分3升，作为上率。此二率分别是上4节、下3节的平均率。上率、下率以少减多，余数作为被除数。按：此处上4节、下3节分别平分其容积所形成的率，各是它们的平均率。"上率、下率以少减多"，余数就是中间 $5\frac{1}{2}$ 节之总差，所以作为被除数。布置4节、3节，各取其半，以它们减9节，余数作为除数。被除数除以除数，求得的升数，就是诸衰之差。按：这种算法中，法就是上4节、下3节中其容积已经确定的节之中间相距的节数。实就是中间 $5\frac{1}{2}$ 节之总差。所以被除数除以除数，就是每节之差。下率1 $\frac{1}{3}$ 升者，就是下第2节的容积。$1\frac{1}{3}$ 升是下3节一起分4升之平均率。平均率就是中间这一节的容积。

【原文】

[20] 今有凫①起南海，七日至北海；雁起北海，九日至南海。今凫、雁俱起②。问：何日相逢？答曰：三日，十六分日之十五。

术曰：并日数为法，日数相乘为实，实如法得一日③。按：此术，凫七日一至，雁九日一至。齐其至，同其日，定六十三日凫九至，雁七至。今凫、雁俱起而问相逢者，是为共至。并齐以除同，即得相逢日。故"并日数为法"者，并齐之意；"日数相乘为实"者，犹以同为实也④。一曰：凫飞日行七分至之一，雁飞日行九分至之一，齐而同之，凫飞定日行六十三分至之九，雁飞定日行六十三分至之七。是为南北海相去六十三分，凫日行九分，雁日行七分也。并凫、雁一日所行，以除南北相去，而得相逢日也。

【注释】

①凫：野鸭。

②俱起：一起起飞。

③《九章算术》的方法是相逢日＝日数之积÷日数之和。

④将齐相加，以除同，就得到相逢的日数。所以"将日数相加，作为法"，这是将齐相加的意思。

【译文】

[20] 假设有一只野鸭自南海起飞，7 日至北海；一只大雁自北海起飞，9 日至南海。如果野鸭、大雁同时起飞。问：它们多少日相逢？答：$3\frac{15}{16}$日。

计算法则是：将日数相加，作为除数，使日数相乘，作为被除数，被除数除以除数，得到相逢的日数。按：这种算法中，布置野鸭 7 日飞至 1 次，大雁 9 日飞至 1 次。将它们飞至的次数相齐，使其用的日数相同，则确定 63 日中野鸭飞至 9 次，大雁飞至 7 次。如果野鸭、大雁同时起飞而问它们相逢的日数，这就是同时飞至。将齐相加，以除同，就得到相逢的日数。所以"将日数相加，作为法"，这是将齐相加的意思；"使日数相乘，作为实"，仍然是以同作为被除数。一术说：野鸭 1 日飞行全程的 $\frac{1}{7}$，大雁 1 日飞行全程的 $\frac{1}{9}$，将它们齐同，确定野鸭 1 日飞行全程的 $\frac{9}{63}$，大雁 1 日飞行全程的 $\frac{7}{63}$。这就是南北海距离 63 份，野鸭 1 日飞行 9 份，大雁 1 日飞行 7 份。将野鸭、大雁 1 日所飞行的份数相加，以它除南北海的距离，就得到它们相逢的日数。

古题今解

[20]

$$\left[1 \div \left(\frac{1}{7} + \frac{1}{9}\right)\right]日 = 3\frac{15}{16}日。$$

【原文】

[21] 今有甲发长安①，五日至齐；乙发齐，七日至长安。今乙发已先二日，

甲乃发长安。问：几何日相逢？答曰：二日、十二分日之一。

术曰：并五日、七日以为法。按：此术"并五日、七日为法"者，犹并齐为法。置甲五日一至、乙七日一至，齐而同之，定三十五日甲七至，乙五至。并之为十二至者，用三十五日也。谓甲、乙与发之率耳[2]。然则日化为至[3]，当除日，故以为法也。以乙先发二日减七日，"减七日"者，言甲、乙俱发，今以发为始发之端，于本道里则余分也[4]。余，以乘甲日数为实。七者，长安去齐之率也，五者，后发相去之率也。今问后发，故舍七用五。以乘甲五日，为二十五日。言甲七至，乙五至，更相去，用此二十五日也。实如法得一日。一日甲行五分至之一，乙行七分至之一。齐而同之，甲定日行三十五分至之七，乙定日行三十五分至之五。是为齐去长安三十五分，甲日行七分，乙日行五分也。今乙先行发二日，已行十分，余，相去二十五分。故减乙二日，余，令相乘，为二十五分[5]。

【注释】

①长安：古地名。秦离宫。

②这是说甲、乙一同出发的率。

③日化为至：日数化为到达的次数。

④现在以同时出发为始发的开端，对于原本的道路里数就是余分。

⑤所以减去乙先走的2日，使其余数相乘，为25份。

【译文】

[21] 假设甲自长安出发，5日至齐；乙自齐出发，7日至长安。如果乙先出发已经2日，甲才自长安出发。问：多少日相逢？答：$2\frac{1}{12}$日。

计算法则是：将5日、7日相加，作为除数。按：这种算法中，"将5日、7日相加，作为法"，仍然是将齐相加，作为除数。布置甲5日到达1次，乙7日到达1次，将它们齐同，确定35日中甲到达7次，乙到达5次。将它们相加，为到达12次，用35日。这是说甲、乙一同出发的率。那么日数化为到达的次数，应当除以日数，所以以它作为除数。以乙先出发的2日减7日，"减7日"，是说甲、乙同时出发，现在以同时出发为始发的开端，对于原本的道路里数就是余分。以其余数乘甲自长安到达齐的日数，作为被除数。7是长安至齐的距离之率，5是甲后来自长安出发时甲、乙相距之率。现在就甲后来自长安出发提问，所以舍去7而用5。以5乘甲自长安到达齐的日数5，为25日。所以说甲到达7次，乙到达5次，再考虑甲乙相距，就是用此25日。被除数除以除数，便得到相逢的日数。甲 1 日行走全程的 $\frac{1}{5}$，乙 1 日行走全程的 $\frac{1}{7}$。将它们齐同，确定甲 1 日行走全程的 $\frac{7}{35}$，乙 1 日行走全程的 $\frac{5}{35}$。这就是齐到长安的全程 35 份，甲 1 日行走 7 份，乙 1 日行走 5 份。现在乙先行出发 2 日，已行走 10 份，余数是相距 25 份。所以减去乙先走的 2 日，使其余数相乘，为 25 份。

古题今解

[21]

乙走 2 日后，剩下的路程为：

$$1 - 2 \times \frac{1}{7} = \frac{5}{7};$$

$$\frac{5}{7} \div \left(\frac{1}{5} + \frac{1}{7} \right) 日 = 2 \frac{1}{12} 日。$$

【原文】

[22] 今有一人一日为①牝瓦三十八枚，一人一日为牝瓦七十六枚。今令一人一日作瓦，牝、牡相半。问：成瓦几何？答曰：二十五枚、少半枚。

术曰：并牝、牡为法，牝、牡相乘为实，实如法得一枚。此意亦与凫雁同术。牝、牡瓦相并，犹如凫雁日飞相并也。按：此术，"并牝、牡为法"者，并齐之意②；"牝、牡相乘为实"者，犹以同为实也。故实如法即得也。

【注释】

①为：制造。

②是将齐相加之意。

【译文】

[22] 假设一人 1 日制造牝瓦 38 枚，一人 1 日制造牝瓦 76 枚。现在使一人造瓦 1 日，牝瓦、牡瓦各一半。问：制成多少瓦？答：$25 \frac{1}{3}$ 枚。

计算法则是：将一人 1 日制的牝瓦、牡瓦数相加，作为除数，牝瓦、牡瓦数相乘，作为被除数，被除数除以除数，得到枚数。此问的思路也与野鸭大雁的术文相同。牝瓦、牡瓦数相加，如同野鸭大雁飞的日数相加。按：这种算法中，"将一人 1 日制的牝瓦、牡瓦数相加，作为法"，是将齐相加之意；"牝瓦、牡瓦数相乘，作为实"，仍然是以同作为被除数。所以被除数除以除数，就得到成瓦数。

古题今解

[22]

由题意得：$1 \div \left(\dfrac{1}{38} + \dfrac{1}{76} \right)$ 枚 $= 25 \dfrac{1}{3}$ 枚。

【原文】

[23] 今有一人一日矫矢①五十，一人一日羽矢②三十，一人一日筈矢③十五。今令一人一日自矫、羽、筈。问：成矢几何？答曰：八矢、少半矢。

术曰：矫矢五十，用徒一人；羽矢五十，用徒一人、太半人；筈矢五十，用徒三人、少半人。并之，得六人，以为法。以五十矢为实。实如法得一矢。按：此术，言成矢五十，用徒六人，一日工也。此同工共作，犹兔、雁共至之类，亦以同为实，并齐为法。可令矢互乘一人为齐，矢相乘为同。今先令同于五十矢，矢同则徒齐，其归一也④。以此术为兔雁者，当雁飞九日而一至，兔飞九日而一至、七分至之二，并之，得二至、七分至之二，以为法。以九日为实。实如法而一，得兔雁相逢数也。

【注释】

①矫矢：矫正箭。

②羽矢：装箭翎。

③筈（kuò）矢：装箭尾。

④刘徽指出，两种齐同方式，本质是一样的。

【译文】

[23] 假设1人1日矫正箭50支，1人1日装箭翎30支，1人1日装箭尾15支。现在使1人1日自己矫正、装箭翎、装箭尾。问：1日做成多少支箭？答：$8\dfrac{1}{3}$ 支箭。

计算法则是：矫正箭50支，用工1人；装箭翎50支，用工 $1\dfrac{2}{3}$ 人；装箭尾50支，用 $3\dfrac{1}{3}$ 人。将它们相加，得到6人，作为除数。以50支箭作为被除数。被除数除以除数，得到成箭数。按：这种算法说成箭50支，用工6人，是1日的工。这是同工共作类的问题，如同野鸭、大雁共同到达之类，也是以同作为被除数，将齐相加作为除数。又可以使矫正、装箭翎、装箭尾互乘1人，作为齐，箭的支数相乘作为同。现在先将它们同于50支箭，箭的支数相同，则用工数应该分别与之相齐，其归宿是一样的。如果以这种算法处理野鸭、大雁问题，应当是大雁飞 9 日而到达 1 次，野鸭飞 9 日而到达 $1\frac{2}{7}$ 次。两者相加，得到 $2\frac{2}{7}$ 次，以它作为除数。以 9 日作为被除数。被除数除以除数，得凫雁相逢日。

[23]

由题意得： $\dfrac{50 \text{ 支}}{\left(1+1\frac{2}{3}+3\frac{1}{3}\right)\text{人}} = \dfrac{50\text{ 支}}{6\text{ 人}} = \dfrac{25}{3}\text{ 支} = 8\frac{1}{3}\text{ 支}$。

【原文】

[24] 今有假田①，初假之岁②三亩一钱，明年四亩一钱，后年五亩一钱。凡三岁得一百。问：田几何？答曰：一项二十七亩、四十七分亩之三十一。

术曰：置亩数及钱数。令亩数互乘钱数，并以为法。亩数相乘，又以百钱乘之，为实。实如法得一亩。按：此术，令亩互乘钱者，齐其钱；亩数相乘者，同其亩，同于六十。则初假之岁得钱二十，明年得钱十五，后年得钱十二也。凡三岁得钱一百为所有数，同亩为所求率，四十七钱为所有率，今有之，即得也。齐其钱，同其亩，亦如凫雁术也。于今有术，百钱为所有数，同亩为所求率，并齐为所有率。臣淳风等谨按：假田六十亩，初岁得钱二十，明年得钱十五，后年得钱十二，并之得钱四十七，是为得田六十亩三岁所假。于今有术，百钱为所有数，六十亩为所求率，四十七为所有率，而今有之，即合问也。

【注释】

①假田：指汉代租给贫民垦殖的土地。

②初假之岁：出租的第一年。

【译文】

[24] 假设出租田地，第一年 3 亩 1 钱，第二年 4 亩 1 钱，第三年 5 亩 1 钱。三年共得 100 钱。问：出租的田是多少？答：1 项 $27\frac{31}{47}$ 亩。

计算法则是：布置各年的亩数及钱数。使亩数互乘钱数，将它们相加，作为除数。各年的亩数相乘，又以 100 钱乘之，作为被除数。被除数除以除数，得出租田地的亩数。按：这种算法中，使亩数互乘钱数，是齐各年的钱；亩数相乘，是使它们的亩数相同，它们都同于 60。则第一年得 20 钱，第二年得 15 钱，第三年得 12 钱。三年共得到的 100 钱作为所有数，相同的亩数作为所求率，47 钱作为所有率，对其应用今有术，就得到田地的亩数。齐各年的钱数，使它们的亩数相同，亦如同野鸭大雁术。按今有术，100 钱作为所有数，使它们的亩数相同作为所求率，将齐相加作为所有率。淳风等按：出租田地60亩，第一年得到20钱，第二年得到15钱，后年得到12钱，将它们相加，得到47钱，这就得到60亩田地三年所出租的租金。按今有术，100钱为所有数，60亩为所求率，47钱为所有率，而对之应用今有术，即符合问题。

[24]

由题意得：$100 \div \left(\dfrac{1}{3} + \dfrac{1}{4} + \dfrac{1}{5} \right)$ 亩 $= 1$ 顷 $27\dfrac{31}{47}$ 亩。

【原文】

[25] 今有程耕[①]，一人一日发[②]七亩，一人一日耕三亩，一人一日耰种[③]五亩。今令一人一日自发、耕、耰种之。问：治田几何？答曰：一亩一百一十四步、七十一分步之六十六。

术曰：置发、耕、耰亩数。令互乘人数，并，以为法。亩数相乘为实。实如法得一亩。此犹兔雁术也。臣淳风等谨按：此术亦[④]发、耕、耰种亩数互乘人者，齐其人；亩数相乘者，同其亩。故并齐为法，以同为实。计田一百五亩，发用十五人，耕用三十五人，种用二十一人，并之，得七十一工。治得一百五亩，故以为实。而一人一日所治，故以人数为法除之，即得也。

【注释】

①程耕：标准的耕作量。

②发：开发，开垦。

③耰（yōu）种：耰，古代用以破碎土块、平整田地的农具。耰种，这里指播种后用耰平土，覆盖种子。

④亦：通"以"。

【译文】

[25] 假设按标准量耕作，1人1日开垦7亩地，1人1日耕3亩地，1人1日播种5亩地。现在使1人1日自己开垦、耕地、播种。问：整治的田地是多少？答：1亩$114\dfrac{66}{71}$步。

计算法则是：布置开垦、耕地、播种的亩数。使之互乘人数，相加，作为除数。开垦、耕地、播种的亩数相乘，作为被除数。被除数除以除数，得整治的亩数。此问如同野鸭大雁的算法。淳风等按：这种算法中也用开垦、耕地、播种的亩数互乘人数，是为了使人相齐；开垦、耕地、播种的亩数相乘，是为了使亩数相同。所以将齐相加作为除数，以同作为被除数。总计田地是105亩，开垦用15人，耕地用35人，播种用21人，将它们相加，得71工。整治了105亩，所以作为被除数。而要求1人1日所整治的亩数，所以以人数作为除数除之，即得。

《古题今解》

[25]

由题意得：$1 \div \left(\dfrac{1}{7} + \dfrac{1}{3} + \dfrac{1}{5} \right)$ 亩 = 1 亩 $114\dfrac{66}{71}$ 平方步。（1 亩 = 240 平方步。）

【原文】

[26] 今有池，五渠注之[①]。其一渠开之，少半日一满；次，一日一满；次，二日半一满；次，三日一满；次，五日一满。今皆决之[②]。问：几何日满池？答曰：七十四分日之十五。

术曰：各置渠一日满池之数，并，以为法。按：此术，其一渠少半日满者，是一日三满也；次，一日一满；次，二日半满者，是一日五分满之二也；次，三日满者，是一日三分满之一也；次，五日满者，是一日五分满之一也；并之，得四满、十五分满之十四也。以一日为实。实如法得一日。此犹矫矢之术也。先令同于一日，日同则满齐。自兔雁至此，其为同齐有二术焉，可随率宜也。其一术：各置日数及满数。令日互相乘满，并，以为法。日数相乘为实。实如法得一日。亦如兔雁术也。臣淳风等谨按：此其一渠少半日满池者，是一日三满池也；次，一日一满；次，二日半满者，是五日再满；次，三日一满；次，五日一满。此谓列置日数右行，及满数于左行。以日互乘满者，齐其满；日数相乘者，同其日。满齐而日同，故并齐以除同，即得也。

【注释】

①五条水渠向里注水。

②现在同时打开五条渠。

【译文】

[26] 假设有一水池，五条水渠向里注水。如果开启第一条渠，$\dfrac{1}{3}$ 日就注满 1 池；开启第二条渠，1 日就注满 1 池；开启第三条渠，$2\dfrac{1}{2}$ 日就注满 1 池；开启第四条渠，3 日就注满 1 池；开启第五条渠，5 日就注满 1 池。现在同时打开五条渠。问：多少日注满水池？答：$\dfrac{15}{74}$ 日。

计算法则是：分别布置各渠1日注满水池之数，相加，作为除数。按：这种算法中，其第一条渠$\frac{1}{3}$日就注满1池，就是1日注满3池；第二条渠1日注满1池；第三条渠$2\frac{1}{2}$日注满1池，就是1日注满$\frac{2}{5}$池；第四条渠3日注满1池，就是1日注满$\frac{1}{3}$池；第五条渠5日注满1池，就是1日注满$\frac{1}{5}$池；将它们相加，得$4\frac{14}{15}$池。以1日作为被除数。被除数除以除数，得到日数。此问如同矫正箭的算法。先使它们同于1日，日数相同，则满池之数要分别与之相齐。自野鸭大雁问至此问，它们施行齐同的方式都有两种，可以根据计算的需要选择适宜的方式。另一算法是：分别布置日数及注满水池之数。使日数互相乘满池之数，相加，作为除数。日数相乘作为被除数。被除数除以除数，得到日数。也如同野鸭大雁的算法。淳风等按：这种算法中，其第一条渠$\frac{1}{3}$日注满1池，就是1日注满3池；第二条渠1日注满1池；第三条渠$2\frac{1}{2}$日注满1池，就是5日注满2池；第四条渠3日注满1池；第五条渠5日注满1池。这是说在右行布列日数，在左行布列满池之数。以日数互乘满池之数，是使满池之数分别与日数相齐；日数相乘，是使日数相同。满池之数分别与日数相齐，而日数相同，所以将齐相加，以它除同，就得到五渠共同注满一池的日数。

《古题今解》

[26]

由题意得：$1 \div \left(3 + 1 + \frac{2}{5} + \frac{1}{3} + \frac{1}{5}\right)$日$= \frac{15}{74}$日。

【原文】

[27] 今有人持米出三关[①]，外关三而取一，中关五而取一，内关七而取一，余米五斗。问：本持米几何？答曰：十斗九升、八分升之三。

术曰：置米五斗，以所税者三之，五之，七之，为实。以余不税者二、四、六相乘为法。实如法得一斗。此亦重今有[②]也。"所税者"，谓今所当税之本。定[③]三、五、七皆为所求率，二、四、六皆为所有率。置今有余米五斗，以七乘之，六而一，即内关未税之本米也。又以五乘之，四而一，即中关未税之本米也。又以三乘之，二而一，即外关未税之本米也。今从末求本，不问中间，故令中率转相乘而同之，亦如络丝术。又一术："外关三而取一"，则其余本米三分之二也。求外关所税之余，则当置一，二分乘之，三而一。欲知中关，以四乘之，五而一。欲知内关，以六乘之，七而一。凡余分者，乘其母子，以三、五、七相乘得一百五，为分母，二、四、六相乘得四十八，为分子。约而言之，则是余米于本所持三十五分之十六也。于今有术，余米五斗为所有数，分母三十五为所求率，分子十六为所有率也。

[28] 今有人持金出五关，前关二而税一，次关三而税一，次关四而税一，次关五而税一，次关六而税一。并五关所税，适重一斤。问：本持金几何？答曰：一斤三两四铢、五分铢之四。

术曰：置一斤，通所税者以乘之，为实。亦通其不税者，以减所通，余为法。实如法得一斤。此意犹上术也。置一斤，"通所税者"，谓令二、三、四、五、六相乘为分母，七百二十也。"通其所不税者"，谓令所税之余一、二、三、四、五相乘为分子，一百二十也。约而言之，是为余金于本所持六分之一也。以子减母，凡五关所税六分之五也。于今有术，所税一斤为所有数，分母六为所求率，分子五为所有率。此亦重今有之义。又，虽各有率，不问中间，故令中率转相乘而连除之，即得也。置一以为持金之本率，以税率乘之、除之，则其率亦成积分也。

【注释】

①此问及下一问都是持物出关问题，我们并为一组。

②重今有：即重今有术。

③定：确定。

【译文】

[27] 假设有人带着米出三个关卡，外关 3 份而征税 1 份，中关 5 份而征税 1 份，内关 7 份而征税 1 份，还剩余 5 斗米。问：本来带的米是多少？答：10 斗 9 $\frac{3}{8}$ 升。

计算法则是：布置米 5 斗，以所征税者 3、5、7 乘之，作为被除数。以剩余不征税者 2、4、6 互相乘，作为除数。被除数除以除数，得米的斗数。这也是重今有术的意义。"所征税者"，是说现在所应当征税的部分。确定 3、5、7 皆为所求率，2、4、6 皆为所有率。布置现有的剩余的米 5 斗，以 7 乘之，除以 6，就是内关未征税时本来的米。又以 5 乘之，除以 4，则就是中关未征税时本来的米。又以 3 乘之，除以 2，则就是外关未征税时本来的米。现在从末求本，不考虑中间的，所以使中率辗转相乘而使它们通同之，也如同络丝术。又一算法是："外关 3 份而征税 1 份"，则它的剩余是本来带的米的 $\frac{2}{3}$。求外关征税的剩余，则应当布置 1，以 2 乘之，除以 3。想知道中关征税后的剩余，以 4 乘之，除以 5。想知道中关征税后的剩余，以 6 乘之，除以 7。求总的剩余所占的分数，则使分母、分子分别相乘，以 3、5、7 相乘，得到 105，作为分母，以 2、4、6 相乘，得到 48，作为分子。约简地表示之，则是剩余的米是本来所带的米的 $\frac{16}{35}$。对于今有术，剩余的米 5 斗为所有数，分母 35 为所求率，分子 16 为所有率。

[28] 假设有人带着金出五个关卡，前关 2 份而征税 1 份，第二关 3 份而征税 1 份，第三关 4 份而征税 1 份，第四关 5 份而征税 1 份，第五关 6 份而征税 1 份。五关所征税之和恰好重 1 斤。问：本来带的金是多少？答：1 斤 3 两 4 $\frac{4}{5}$ 铢。

术曰：布置 1 斤，通所应征税者，以其乘之，作为被除数。亦通其不应征税者，用以减通所应征税者，剩余作为法。被除数除以除数，得到本来带的斤数。这种算法的思路如同上一术。布置 1 斤，"通所应征税者"，是说使 2、3、4、5、6 相乘作为分母，即 720。"连通所不应征税者"，是说使征税后剩余的 1、2、3、4、5 相乘作为分子，即 120。约简地表示之，这就是剩余的金是本来所

带的金的 $\frac{1}{6}$，以分子减分母，五关所征的税总计为 $\frac{5}{6}$。按今有术，所征的税 1 斤为所有数，分母 6 为所求率，分子 5 为所有率。这也是重今有术的意义。又，虽然都有各自的率，却不考虑中间的，所以使中率辗转相乘而连除之，即得其结果。布置 1，以作为所带金的本率，以其税率乘之、除之，则它的率也是分数的积累。

《古题今解》

[27]

由余米 5 斗知：

$$5 \div \left(1 - \frac{1}{7}\right) \text{斗} = 5 \times \frac{7}{6} \text{斗} = \frac{35}{6} \text{斗}。$$

入内关前有米：

$$\frac{\frac{35}{6}}{1 - \frac{1}{5}} \text{斗} = \frac{35}{6} \times \frac{5}{4} \text{斗} = \frac{175}{24} \text{斗}。$$

入外关前有米：

$$\frac{\frac{175}{24}}{1 - \frac{1}{3}} \text{斗} = 10 \text{斗} 9 \frac{3}{8} \text{升}。$$

[28]

设这人原本有金重 x，各关所收税金：

第 1 关：

$$\frac{1}{2}x；$$

第 2 关：

$$\frac{1}{3}\left(1 - \frac{1}{2}\right)x = \frac{1}{6}x；$$

第 3 关：

$$\frac{1}{4}\left(1 - \frac{1}{2} - \frac{1}{6}\right)x = \frac{1}{12}x；$$

第 4 关：

$$\frac{1}{5}\left(1 - \frac{1}{2} - \frac{1}{6} - \frac{1}{12}\right)x = \frac{1}{20}x；$$

第 5 关：

$$\frac{1}{6}\left(1 - \frac{1}{2} - \frac{1}{6} - \frac{1}{12} - \frac{1}{20}\right)x = \frac{1}{30}x;$$

共收税金：

$$\left(\frac{1}{2} + \frac{1}{6} + \frac{1}{12} + \frac{1}{20} + \frac{1}{30}\right)x = 1$$

解得 $x = \frac{6}{5}$ 斤 = 1 斤 3 两 4 $\frac{4}{5}$ 铢。（1 斤 = 16 辆，1 两 = 24 铢。）

盈不足① 以御隐杂互见

（盈不足：处理隐杂互见的问题）

本章主要讲盈亏类问题的一种算术方法，借有余、不足以求隐含之数。"盈不足"即双设法问题，本章提出了盈不足、盈适足和不足适足、两盈和两不足三种类型的盈亏问题，以及若干可以通过两次假设化为盈不足问题的一般问题的解法，这是一项创造，中世纪欧洲称它为"双设法"。这也是处于世界领先地位的成果，传到西方后，影响极大。

【原文】

[01] 今有共买物，人出八，盈三；人出七，不足四。问：人数、物价各几何？答曰：七人，物价五十三。

[02] 今有共买鸡，人出九，盈一十一；人出六，不足十六。问：人数、鸡价各几何？答曰：九人，鸡价七十。

[03] 今有共买琎^②，人出半，盈四；人出少半，不足三。问：人数、琎价各几何？答曰：四十二人，琎价十七。

[03] 今有共买琎②，人出半，盈四；人出少半，不足三。问：人数、琎价各几何？答曰：四十二人，琎价十七。

[04] 今有共买牛，七家共出一百九十，不足三百三十；九家共出二百七十，盈三十。问：家数、牛价各几何？答曰：一百二十六家，牛价三千七百五十。

按：此术，并盈、不足者，为众家之差，故以为实。置所出率各以家数除之，各得一家所出率，以少减多者，得一家之差。以除，即家数。以多率乘之，减盈，故得牛价也。

【注释】

①盈不足：中国传统数学的重要科目，"九数"之一，现今称之为盈亏类问题。

②琎（jīn）：美石。

【译文】

[01] 假设共同买东西，如果每人出 8 钱，盈余 3 钱；每人出 7 钱，不足 4 钱。问：人数、物价各多少？答：人数是 7 人，物价是 53 钱。

[02] 假设共同买鸡，如果每人出 9 钱，盈余 11 钱；每人出 6 钱，不足 16 钱。问：人数、鸡价各多少？答：人数是 9 人，鸡价是 70 钱。

[03] 假设共同买琎，如果每人出 $\frac{1}{2}$ 钱，盈余 4 钱；每人出 $\frac{1}{3}$ 钱，不足 3 钱。问：人数、琎价各多少？答：人数是 42 人，琎价是 17 钱。

[04] 假设共同买牛，如果 7 家共出 190 钱，不足 330 钱；9 家共出 270 钱，盈余 30 钱。问：家数、牛价各多少？答：126 家，牛价 3750 钱。

按：这种算法中，盈与不足相加，是所有家所出钱之差，所以作为被除数。布置所出率，分别以家数除之，各得每一家的所出率。以少减多，得一家所出钱之差。以它除之，就是家数。以所出率之多者乘之，减去盈，就得到牛价。

[01]

设人数为 x，物价为 y，则，由题意得：

$$\begin{cases} y = 8x - 3 \\ y = 7x + 4 \end{cases}，解得 \begin{cases} x = 7 \\ y = 53 \end{cases}。$$

[02]

设人数为 x，鸡价格为 y，则

$$\begin{cases} y = 9x - 11 \\ y = 6x + 16 \end{cases}，解得 \begin{cases} x = 9 \\ y = 70 \end{cases}。$$

[03]

设人数为 x，珬价格为 y，则

$$\begin{cases} y = \dfrac{1}{2}x - 4 \\ y = \dfrac{1}{3}x + 3 \end{cases}，解得 \begin{cases} x = 42 \\ y = 17 \end{cases}。$$

[04]

设家数为 x，牛价格为 y，则

$$\begin{cases} y = \dfrac{x}{7} \times 190 + 330 \\ y = \dfrac{x}{9} \times 270 - 30 \end{cases}，解得 \begin{cases} x = 126 \\ y = 3750 \end{cases}。$$

"盈不足术"及其发展

"盈不足"是我国古代计算盈亏类问题的一种算术方法，为《周礼》"九数"之一。"盈不足"算法需要给出两次假设，如果通过两次假设，然后分别验算其盈余和不足的数量，这样问题改造成为一个盈亏问题来解。因此"盈不足术"是解应用问题的一种创新，它在我国古代算法中占有相当重要的地位。

"盈不足术"西传到中亚阿拉伯国家之后，也受到他们的特别青睐，被称为"契丹算法"，后来又传入欧洲，这种被他们称为"双设法"的算法曾长期统治欧洲的数学王国。

【原文】

盈不足术曰：置所出率，盈、不足各居其下。按盈者，谓之朓[①]；不足者，谓之朒[②]。所出率谓之假令。令维乘[③]所出率，并以为实。并盈、不足为法。实如法而一。盈朒维乘两设者，欲为同齐之意④。据"共买物，人出八，盈三；人出七，不足四"，齐其假令，同其盈朒，盈朒俱十二。通计齐则不盈不朒之正数，故可并之为实，并盈、不足为法。齐之三十二者，是四假令，有盈十二。齐之二十一者，是三假令，亦朒十二。并七假令合为一实，故并三、四为法。有分者，通之⑤。若两设有分者，齐其子，同其母。此问两设俱见零分，故齐其子，同其母。令下维乘上，讫，以同约之。不可约，故以乘，通之。盈不足相与同其买物者⑥，置所出率，以少减多，余，以约法、实。实为物价，法为人数。所出率以少减多者，余谓之设差。以为少设，则并盈朒，是为定实。故以少设约定实，则为人数，约适足之实故为物价。盈、朒当与少设相通。不可遍约，亦当分母乘，设差为约法实。其一术曰：并盈、不足为实。以所出率以少减多，余为法。实如法得一人。以所出率乘之，减盈、增不足即物价。此术意谓并盈、不足为众人之差，以所出率以少减多，余为一人之差。以一人之差约众人之差，故得人数也。

【注释】

①朓（tiǎo）：本义是夏历月底月亮在西方出现。引申为盈，有余。

②朒（nǜ）：本义是夏历月初月亮在东方出现。引申为不足。

③维乘：交叉相乘。此谓以盈、不足与两所出率交叉相乘。

④盈朒维乘两设者，欲为同齐之意：将盈、朒与两设交叉相乘，是想做到齐同的意思。

⑤有分者，通之：如果有分数，就通分。

⑥盈不足相与同其买物者：使盈、不足相与通同，共同买东西的问题。

【译文】

盈不足算法是：布置所出率，将盈与不足分别布置在它们的下面。提示：盈称之为朓，不足称之为朒。所出率称之为假令。使盈、不足与所出率交叉相乘，相加，作为被除数。将盈与不足相加，作为除数。被除数除以除数，即得。使盈、朒与两假令交叉相乘，是为了同齐的意思。根据"共同买东西，如果每人出 8 钱，盈余 3 钱；每人出 7 钱，不足 4 钱"，是使它们的假令相齐，使它们的盈、朒相同，则盈、朒都是 12。通同之后计算齐，就是既不盈也不朒的准确之数，所以可将它们相加，作为被除数；将盈、不足相加，作为除数。将假令 8 通过齐变成 32，是 4 次假令，有盈 12。将假令 7 通过齐变成 21，是 3 次假令，朒也是 12。将 7 次假令合并成一个实，所以以 3 与 4 相加，作为除数。如果有分数，就将它们通分。如果两个假令中有分数，应当使它们的分子相齐，使它们的分母相同。此题中两设都有奇零分数，则使分子相齐，分母相同。使下行的盈、不足与上行的假令交叉相乘。完了，以同约简它们。如不可约简，就以同乘之，通分。如果使盈、不足相与通同，共同买东西的问题，布置所出率，以小减大，用余数除法与实。除实就得到物价，除法就得到人数。所出率中以小减大，其余数称为设差。将它看作少设的数量，那么将盈与朒相加，这就是确定的实。所以用少设的数量去除确定的实，即得到人数，去约适足之实，就得到物价。盈、朒应当与少设的数量相通。如果出现少设的数量不能都除尽的情形，也应当用分母乘，用设差去除法、实。其一算法是：将盈与不足相加，作为被除数。所出率

以小减大，以余数作为除数。被除数除以除数，得到人数。以所出率分别乘人数，或减去盈，或加上不足，就是物价。这种算法的思路是：盈与不足之和是众人所出钱数的差额，所出率以小减大，余数为一人所出钱数的差额。以一人的差额除众人的差额，所以得到人数。

【原文】

[05] 今有共买金，人出四百，盈三千四百；人出二百，盈一百。问：人数、金价各几何？答曰：三十三人，金价九千八百。

[06] 今有共买羊，人出五，不足四十五；人出七，不足三。问：人数、羊价各几何？答曰：二十一人，羊价一百五十。

两盈、两不足术曰：置所出率，盈、不足各居其下①。令维乘②所出率，以少减多，余为实。两盈、两不足以少减多，余为法。实如法而一。有分者，通之。两盈、两不足相与同其买物者，置所出率，以少减多，余，以约法、实，实为物价，法为人数。按：此术，两不足者，两设皆不足于正数。其所以变化，

犹两盈。而或有势同而情违者。当其为实，俱令不足维乘相减，则遗其所不足③焉。故其余所以为实者，无脯数以损③焉。盖出而有余两盈，两设皆逾于正数。

【注释】

①各居其下：分别布置在它们的下面。

②维乘：交叉相乘。

③损：减损。

【译文】

[05] 假设共同买金，如果每人出 400 钱，盈余 3400 钱；每人出 200 钱，盈余 100 钱。问：人数、金价各多少？答：33 人，金价 9800 钱。

[06] 假设共同买羊，如果每人出 5 钱，不足 45 钱；每人出 7 钱，不足 3 钱。问：人数、羊价各多少？答：21 人，羊价 150 钱。

两盈、两不足计算法则是：置所出率，将两盈或两不足分别布置在它们的下面。使两盈或两不足与所出率交叉相乘，以小减大，余数作为被除数。两盈或两不足以小减大，余数作为除数。被除数除以除数，即得。如果有分数，就将它们通分。如果使两盈或两不足相与通同，共同买东西的问题，布置所出率，以小减大，用其余数除法、实。除实得到物价，除法得到人数。按：这种算法中的两不足，就是两次假令的结果皆小于准确的数。对之进行变换的原因，如同两盈的情形。而有时会出现态势相同而情理相反的情形。如果要将两次假令变为被除数，那就使两不足与它们交叉相乘，然后相减，那么留下的是其不足的部分。所以它的余数成为被除数的原因，就是此处没有不足的数进行减损。原来所出的结果都有余，就是两盈，即两次假令皆大于准确的数。

《古题今解》

[05]

设合伙人数为 x，金价格为 y，则

$$\begin{cases} y = 400x - 3400 \\ y = 300x - 100 \end{cases}, \text{解得} \begin{cases} x = 33 \\ y = 9800 \end{cases}。$$

[06]

设合伙人数为 x，羊价格为 y，则

$$\begin{cases} y = 5x + 45 \\ y = 7x + 3 \end{cases}, \text{解得} \begin{cases} x = 21 \\ y = 150 \end{cases}。$$

【原文】

假令与共买物，人出八，盈三；人出九，盈十。齐其假令，同其两盈。两盈俱三十。举齐则兼去[①]。其余所以为实者，无盈数。两盈以少减多，余为法。齐之八十者，是十假令，而凡盈三十者，是十，以三之[②]；齐之二十七者，是三假令，而凡盈三十者，是三，以十之[③]。今假令两盈共十、三，以二十七减八十，余五十三为实。故令以三减十，余七为法。所出率以少减多，余谓之设差。因设差为少设，则两盈之差是为定实。故以少设约法得人数，约实即得物价[④]。

其一术曰：置所出率，以少减多，余为法。两盈、两不足以少减多，余为实。实如法而一，得人数。以所出率乘之，减盈、增不足，即物价。"置所出率，以少减多"，得一人之差。两盈、两不足相减，为众人之差。故以一人之差除之，得人数。以所出率乘之，减盈、增不足，即物价。

【注释】

①举齐则兼去：实现了齐，那么两盈都可以消去。

②是十，以三之：是 10 用 3 乘得到的。

③是三，以十之：是 3 用 10 乘得到的。

④以少设约法得人数，约实即得物价：以假令所少的除法就得到人数，除实就得到物价。

【译文】

假令共同买东西，如果每人出 8 钱，盈余 3 钱；每人出 9 钱，盈余 10 钱。使两假令相齐，使两盈相同。两盈都变成 30 钱。实现了齐那么两盈都可以消去。将齐的余数用来作为被除数的原因，是没有盈余的数。两盈以小减大，余数作为除数。将假令 8 通过齐变成 80，是 10 次假令，而总共盈 30，是 10 用 3 乘得到的；将假令 9 通过齐变成 27，是 3 次假令，而总共盈 30，是 3 用 10 乘得到的。现在由假令得到的两盈是 10 与 3，用 27 减去 80，余数 53 作为被除数。所以以 3 减 10，余数 7 作为除数。所出率以小减大，其余数称之为设差。因为设差就是假令所少的，则两盈之差就是定实。故以假令所少的除法就得到人数，除实就得到物价。

其一计算法则是：布置所出率，以小减大，余数作为除数。两盈或两不足以小减大，余数作为被除数。被除数除以除数，得到人数。分别用所出率乘人数，减去盈余，或加上不足，就是物价。"布置所出率，以小减大"，就是一人所出之差。两盈或两不足相减，是众人所出之差。所以以一人所出之差除众人所出之差，便得到人数。以所出率乘人数，减去盈余，或加上不足，就是物价。

【原文】

[07] 今有共买犬，人出五，不足九十；人出五十，适足^①。问：人数、犬价各几何？答曰：二人，犬价一百。

[08] 今有共买豕，人出一百，盈一百；人出九十，适足。问：人数、豕价各几何？答曰：一十人，豕价九百。

盈适足、不足适足术曰：以盈及不足之数为实。置所出率，以少减多，余为法，实如法得一人。其求物价者，以适足乘人数，得物价。

此术意谓以所出率，"以少减多"者，余是一人不足之差^②。不足数为众人之差。以一人差约之，故得人之数也。"以盈及不足数为实"者，数单见^③，即众人差，故以为实。所出率以少减多，即一人差，故以为法。以除众人差得人数。以适足乘人数，即得物价也。

【注释】

①适足：刚刚好。

②余数就是一人的不足之差。

③是因为只出现这一个数。

【译文】

[07] 假设共同买狗，每人出 5 钱，不足 90 钱；每人出 50 钱，刚刚好。问：人数、狗价各多少？答：2 人，狗价 100 钱。

[08] 假设共同买猪，每人出 100 钱，盈余 100 钱；每人出 90 钱，刚刚好。问：人数、猪价各多少？答：10 人，猪价 900 钱。

盈适足、不足适足计算法则是：以盈或不足之数作为被除数。布置所出率，以小减大，余数作为除数，被除数除以除数，得人数。如果求物价，便以对应于适足的所出率乘人数，就得到物价。

这种算法的思路是说，所出率"以小减大"，那么余数就是一人的不足之差。而不足数是众人所出之差。以一人差除之，所以得到人数。"以盈或不足之数作为实"，是因为只出现这一个数，就是众人所出之差，所以以它作为被除数。所出率以小减大，是一人所出差，所以作为除数。以它除众人所出之差，得人数。以对应于适足的所出率乘人数，即得到物价。

《古题今解》

[07]

设人数为 x，狗价是 y，那么

$$\begin{cases} y = 5x + 90 \\ y = 50x \end{cases}, \text{解得} \begin{cases} x = 2 \\ y = 100 \end{cases}。$$

[08]

设人数为 x，猪价是 y，那么

$$\begin{cases} y = 100x - 100 \\ y = 90x \end{cases}, \text{解得} \begin{cases} x = 10 \\ y = 900 \end{cases}。$$

【原文】

[09] 今有米在十斗桶中，不知其数。满中添粟而舂之，得米七斗。问：故米几何？答曰：二斗五升。

术曰：以盈不足术求之。假令故米二斗，不足二升；令之三斗，有余二升。按：桶受一斛，若使故米二斗，须添粟八斗以满之。八斗得粝米四斗八升，课于七斗[1]，是为不足二升。若使故米三斗，须添粟七斗以满之。七斗得粝米四斗二升，课于七斗，是为有余二升。以盈、不足维乘假令之数者，欲为齐同之意。为齐同者，齐其假令，同其盈朒[2]。通计齐即不盈不朒之正数，故可以并之为实，并盈、不足为法。实如法，即得故米斗数，乃不盈不朒之正数也。

【注释】

①与 7 斗米相比较。

②整个地考虑齐，则就是既不盈也不朒之准确的数。

【译文】

[09] 假设有米在容积为 10 斗的桶中，不知道其数量。把桶中添满粟，然后舂成米，得到 7 斗米。问：原有的米是多少？答：2 斗 5 升。

计算法则是：以盈不足术求解之。假令原来的米是 2 斗，那么不足 2 升；假令是 3 斗，则盈余 2 升。按：此桶能容纳 1 斛米，如果假令原来的米是 2 斗，必须添 8 斗粟才能盛满它，8 斗粟能得到 4 斗 8 升粝米，与 7 斗米相比较，是不足 2 升。如果使原来的米是 3 斗，必须添 7 斗粟才能盛满它。7 斗粟能得到 4 斗 2 升粝米，与 7 斗米相比较，是有盈余 2 升。以盈及不足与假令之数交叉相乘，是想使其符合齐同的意义。所谓齐同，就是使假令相齐，使其盈朒相同。整个地考虑齐，则就是既不盈也不朒之准确的数，所以可以将它们相加，作为被除数，将盈、不足相加作为除数。被除数除以除数，就得到原来的米的斗数，正是既不盈也不朒之准确的数。

[09]

设原有粝米为 x 斗，粝米：粟 $=30：50$，由题意得：

$(10-x) \times 3 \div 5 = 7-x$，得 $x = 2\frac{1}{2}$ 斗 $= 2$ 斗 5 升。

【原文】

[10] 今有垣高九尺。瓜生其上，蔓①日长七寸；瓠（hù）②生其下，蔓日长一尺。问：几何日相逢？瓜、瓠各长几何？答曰：五日、十七分日之五，瓜长三尺七寸、一十七分寸之一，瓠长五尺二寸、一十七分寸之一十六。

术曰：假令五日，不足五寸；令之六日，有余一尺二寸。按："假令五日，不足五寸"者，瓜生五日，下垂蔓三尺五寸；瓠生五日，上延蔓五尺。课于九尺之垣，是为不足五寸。"令之六日，有余一尺二寸"者，若使瓜生六日，下垂蔓四尺二寸；瓠生六日，上延蔓六尺。课于九尺之垣，是为有余一尺二寸。以盈、不足维乘假令之数者，欲为齐同之意。齐其假令，同其盈朒。通计齐，即不盈不朒之正数，故可并以为实，并盈、不足为法。实如法而一，即设差不盈不朒之正数，即得日数。以瓜、瓠一日之长乘之，故各得其长之数也。

【注释】

①蔓：细长而不能直立的茎。

②瓠（hù）：蔬菜名，一年生草本，茎蔓生。

【译文】

[10] 假设有一堵墙，高 9 尺。一株瓜生在墙顶，它的蔓每日向下长 7 寸；又有一株瓠生在墙根，它的蔓每日向上长 1 尺。问：它们多少日后相逢？瓜与瓠的蔓各长多少？答：$5\frac{5}{17}$ 日后相逢，瓜蔓长 3 尺 $7\frac{1}{17}$ 寸，瓠蔓长 5 尺 $2\frac{16}{17}$ 寸。

计算法则是：假令 5 日相逢，不足 5 寸；假令 6 日相逢，盈余 1 尺 2 寸。按："假令 5 日相逢，不足 5 寸"，是因为瓜生长 5 日，向下垂伸的蔓是 3 尺 5 寸；瓠生长 5 日，向上延伸的蔓是 5 尺。与 9 尺高的墙相比较，这就是不足 5 寸。"假令 6 日相逢，盈余 1 尺 2 寸"，是因为如果使瓜生长 6 日，向下垂伸的蔓是 4 尺 2 寸；瓠生长 6 日，向上延伸的蔓是 6 尺。与 9 尺高的墙相比较，这就是盈余 1 尺 2 寸。以盈及不足与假令之数交叉相乘，是想使其符合齐同的意义。所谓齐同，就是使假令相齐，使其盈朒相同。整个地考虑齐，则就是既不盈也不朒之准确的数，所以可以将它们相加，作为被除数，将盈、不足相加作为除数。被除数除以除数，就得到相逢日数。以瓜、瓠一日所长的尺寸乘日数，就分别得到它们所长的尺寸。

《古题今解》

[10]

设两蔓 x 日相遇，则 $7x+10x=90$，$x=\dfrac{90}{7+10}$日$=\dfrac{90}{17}$日$=5\dfrac{5}{17}$日；

瓜蔓长：$5\dfrac{5}{17}\times 7$ 寸$=3$ 尺 $7\dfrac{1}{17}$寸；

瓠蔓长：$5\dfrac{5}{17}\times 10$ 寸$=5$ 尺 $2\dfrac{16}{17}$寸。

【原文】

[11] 今有蒲①生一日，长三尺；莞②生一日，长一尺。蒲生日自半；莞生日自倍。问：几何日而长等？答曰：二日、十三分日之六，各长四尺八寸、一十三分寸之六。

术曰：假令二日，不足一尺五寸；令之三日，有余一尺七寸半。按："假令二日，不足一尺五寸"者，蒲生二日，长四尺五寸，莞生二日，长三尺，是为未相及一尺五寸，故曰不足。"令之三日，有余一尺七寸半"者，蒲增前七寸半，莞增前四尺，是为过一尺七寸半，故曰有余。以盈、不足乘除之，又以后一日所长，各乘日分子，如日分母而一者，各得日分子之长也。故各增二日定长，即得其数③。

【注释】

①蒲：香蒲，又称蒲草，多年生水草。

②莞（guān）：蒲草类水生植物，俗名水葱。

③所以各增加前两日所长的长度，就得到它们的长度数。

【译文】

[11] 假设有一株蒲，第一日生长 3 尺；一株莞第一日生长 1 尺。蒲的生长，后一日是前一日的 $\dfrac{1}{2}$；莞的生长，后一日是前一日的 2 倍。问：过多少日它们的长才能相等？答：过 $2\dfrac{6}{13}$日其长相等，各长 4 尺 8 $\dfrac{6}{13}$寸。

计算法则是：假令 2 日它们的长相等，则不足 1 尺 5 寸；假令 3 日，则有盈余 1 尺 7 $\dfrac{1}{2}$寸。按："假令 2 日它们的长相等，则不足 1 尺 5 寸"，是因为蒲生长 2 日，长是 4 尺 5 寸，莞生长 2 日，长是 3 尺，这时莞与蒲相差 1 尺 5 寸，所以说"不足"。"假令 3 日，则有盈余 1 尺 7 $\frac{1}{2}$ 寸"，是因为蒲比前一日增长了 7

$\frac{1}{2}$ 寸，莞比前一日增长了 4 尺，这就是莞超过蒲 1 尺 7 $\frac{1}{2}$ 寸，所以说"有盈余"。以盈不足术对之做乘除运算，即得日数。又以第三日蒲、莞所长的长度分别乘日数的分子，除以日数的分母，就分别得到第三日的分子所长的长度。所以各增加前两日所长的长度，就得到它们的长度数。

《古题今解》

[11]

因为蒲、莞是分别按累减、累加速度连续地生长，所以蒲、莞日增长均成等比数列：

$$S_n = \frac{a_1 (1 - q^n)}{1 - q}。$$

设 x 日蒲、莞的长度相等，由 $a_1 = 3$，$q = \frac{1}{2}$，$n = x$，

蒲 x 日增长的长度为：

$$S_n = 3 \left[1 - \left(\frac{1}{2} \right)^x \right] \div \left(1 - \frac{1}{2} \right) = 6 - 6 \times \left(\frac{1}{2} \right)^x$$

莞 x 日增长的长度为：

$S'_n = (1 - 2^x) \div (1 - 2) = 2^x - 1$，那么

$6 - 6 \times \left(\frac{1}{2} \right)^x = 2^x - 1$

$2^x + 6 \cdot 2^{-x} - 7 = 0$

$2^{2x} - 7 \cdot 2^{-x} + 6 = 0$

解得：$2^x = 6$

$x \approx 2.585$ 日。

代入 $S_n = S'_n = 2^x - 1 \approx 5$（尺）。

（注：因为古今计算方式，所以和原文的答案有误差）。

【原文】

[12] 今有垣厚五尺，两鼠对穿。大鼠日一尺，小鼠亦日一尺。大鼠日自倍①，小鼠日自半②。问：几何日相逢？各穿几何？答曰：二日、一十七分日之二。大鼠穿三尺四寸、十七分寸之一十二，小鼠穿一尺五寸、十七分寸之五。

术曰：假令二日，不足五寸；令之三日，有余三尺七寸半。大鼠日自倍[1]，二日合穿三尺；小鼠日自半[2]，合穿一尺五寸，并大鼠所穿，合四尺五寸。课于垣厚五尺，是为不足五寸。令之三日，大鼠穿得七尺，小鼠穿得一尺七寸半，并之，以减垣厚五尺，有余三尺七寸半。以盈不足术求之，即得。以后一日所穿乘日分子，如日分母而一，即各得日分子之中所穿。故各增二日定穿，即合所问也。

卷七

【注释】

①日自倍：后一日所穿是前一日的 2 倍，则各日所穿是以 2 为公比的递升等比数列。

②日自半：后一日所穿是前一日的 $\frac{1}{2}$ 倍，则各日所穿是以 $\frac{1}{2}$ 为公比的递减等比数列。

【译文】

[12] 假设有一堵墙，5 尺厚，两只老鼠相对穿洞。大老鼠第一日穿 1 尺，小老鼠第一日也穿 1 尺。大老鼠每日比前一日加倍，小老鼠每日比前一日减半。问：它们几日相逢？各穿多长？答：$2\frac{2}{17}$ 日相逢。大老鼠穿 3 尺 $4\frac{12}{17}$ 寸，小老鼠穿 1 尺 $5\frac{5}{17}$ 寸。

计算法则是：假令两鼠 2 日相逢，不足 5 寸；假令 3 日相逢，有盈余 3 尺 7$\frac{1}{2}$ 寸。大老鼠每日比前一日加倍，2 日应当穿 3 尺；小老鼠每日比前一日减半，那么2日应当穿1尺5寸。加上大老鼠所穿的，总共应当是4尺5寸。与墙厚5尺相比较，这就是不足5寸。假令3日相逢，大老鼠穿7尺，小老鼠穿1尺7$\frac{1}{2}$寸。两者相加，以减墙厚5尺，有盈余3尺7$\frac{1}{2}$寸。以盈不足术求解之，即得相逢日数。以最后一日两鼠所穿分别乘该日的分子，除以该日的分母，各得两鼠该日的分子之中所穿的长度。所以用它们分别加2日所穿的长度，得数就符合所问的问题。

《古题今解》

[12]

设 x 日大、小鼠相遇。大、小鼠穿墙分别是按逐日递增、递减速度穿墙，故大、小鼠穿墙日增长均成等比数列：$S_n = \dfrac{a_1(1-q^n)}{1-q}$。

大鼠 x 日穿墙长度由 $a_1 = 1$，$q = 2$，$n = x$，

得：$S_n = (1-2^x) \div (1-2) = 2^x - 1$

小鼠 x 日穿墙长度由 $a_1 = 1$，$q = \dfrac{1}{2}$，$n = x$，

得：$S'_n = \left[1 - \left(\dfrac{1}{2}\right)^x\right] \div \left(1 - \dfrac{1}{2}\right) = 2 - 2\left(\dfrac{1}{2}\right)^x$，

因为 $S_n + S'_n = 5$，

所以 $2^x - 1 + 2 - 2\left(\dfrac{1}{2}\right)^x = 5$，

解得 $x \approx 2.154$ 日。

将 x 代入 S_n 和 S'_n 的代数式得：

$S_n \approx 3$ 尺 $4\frac{1}{2}$ 寸，$S'_n \approx 1$ 尺 $5\frac{1}{2}$ 寸。

（注：因为古今计算方式，所以和原文的答案有误差）。

"盈不足术"的特征

中国数学发展的早期，对复杂的问题常用这种两次假设的方法化成盈不足问题解决。但什么是"盈不足术"？它能解决哪些实际问题？举个例子说：今有人共买物，人出 a_1，盈 b_1，人出 a_2，不足 b_2，问人数、物价各多少？我们发现，任何一个算术问题，假设一个答案，代入原题验算，都必定会出现盈（多了）、不足（不够）、适足（刚刚好）这三种情况之一，两次假设，便成为一个盈不

足问题。但值得注意的是，通过数学的发展人们发现，这种方法对线性问题可以得出准确的答案，而对非线性问题只能得出近似解。

【原文】

[13] 今有醇酒^①一斗，直钱五十；行酒一斗，直^②钱一十。今将钱三十，得酒二斗。问：醇、行酒各得几何？答曰：醇酒二升半，行酒一斗七升半。

术曰：假令醇酒五升，行酒一斗五升，有余一十；令之醇酒二升，行酒一斗八升，不足二。据醇酒五升，直钱二十五；行酒一斗五升，直钱一十五。课于三十，是为有余十。据醇酒二升，直钱一十；行酒一斗八升，直钱一十八。课于三十，是为不足二。以盈不足术求之。此问已有重设及其齐同之意也^③。

【注释】

①醇酒：酒味醇厚的美酒。

②直：通“值”。

③此问已经有双重假设及其齐同的思想。

【译文】

[13] 假设 1 斗醇酒值 50 钱，1 斗行酒值 10 钱。现在用 30 钱买 2 斗酒。问：醇酒、行酒各得多少？答：醇酒 $2\frac{1}{2}$ 升，行酒 1 斗 $7\frac{1}{2}$ 升。

计算法则是：假令买得醇酒 5 升，那么行酒就是 1 斗 5 升，则有盈余 10 钱；假令买得醇酒 2 升，那么行酒就是 1 斗 8 升，则不足 2 钱。根据醇酒 5 升，值 25 钱；行酒 1 斗 5 升，值 15 钱。与 30 钱相比较，这就是有盈余 10 钱。根据醇酒 2 升，值 10 钱；行酒 1 斗 8 升，值 18 钱。与 30 钱相比较，这就是有不足 2 钱。以盈不足术求之。此问已经有双重假设及其齐同的思想。

古题今解

[13]

设醇酒为 x 斗，行酒为 y 斗，由题意得：

$$\begin{cases} 50x + 10y = 30 \\ x + y = 2 \end{cases}, \text{解得} \begin{cases} x = \dfrac{1}{4} \text{斗} = 2\dfrac{1}{2}\text{升} \\ y = 1\dfrac{3}{4}\text{斗} = 1\text{斗}7\dfrac{1}{2}\text{升} \end{cases}。$$

【原文】

[14] 今有大器五、小器一，容三斛；大器一、小器五，容二斛。问：大、小器各容几何？答曰：大器容二十四分斛之十三，小器容二十四分斛之七。

术曰：假令大器五斗，小器亦五斗，盈一十斗；令之大器五斗五升，小器二斗五升，不足二斗。按：大器容五斗，大器五，容二斛五斗，以减三斛，余五斗，即小器一所容，故曰小器亦五斗。小器五，容二斛五斗，大器一，容五斗合为三斛。课^①于两斛，乃多十斗。令之大器五斗五升，大器五，合容二斛七斗五升，以减三斛，余二斗五升，即小器一所容，故曰小器二斗五升。大器一容五斗五升，小器五合容一斛二斗五升，合为一斛八斗。课于二斛，少二斗。故曰不足二斗。以盈、不足维乘除之^②。

【注释】

①课：相比较。

②以盈、不足作交叉相乘，并作除法，即得容积。

【译文】

[14] 假设有5个大容器、1个小容器，容积共3斛；1个大容器、5个小容器，容积共2斛。问：大、小容器的容积各是多少？答：大容器的容积是$\frac{13}{24}$斛，小容器的容积是$\frac{7}{24}$斛。

计算法则是：假令1个大容器的容积是5斗，1个小容器的容积也是5斗，则盈余10斗；假令1个大容器的容积是5斗5升，1个小容器的容积是2斗5升，则不足2斗。按：1个大容器的容积是5斗，5个大容器的容积就是2斛5斗，以减3斛，盈余5斗，这就是1个小容器的容积，所以说1个小容器的容积也是5斗。5个小容器的容积是2斛5斗，1个大容器容积是5斗，合起来是3斛。与2斛相比较，就是多10斗。假令1个大容器的容积是5斗5升，5个大容器的容积合起来就是2斛7斗5升，以减3斛，剩余2斗5升，这就是1个小容器的容积，所以说1个小容器的容积是2斗5升。1个大容器的容积是5斗5升，5个小容器的容积共是1斛2斗5升，合起来是1斛8斗。与2斛相比较，就是少2斗。所以说不足2斗。以盈、不足作交叉相乘，并作除法，即得容积。

古题今解

[14]

设大器容积为x，小器容积为y，由题意得：

$$\begin{cases} 5x + y = 3 \\ x + 5y = 2 \end{cases}，解得 \begin{cases} x = \dfrac{13}{24}（斛） \\ y = \dfrac{7}{24}（斛） \end{cases}。$$

【原文】

[15] 今有漆三得油四，油四和漆五。今有漆三斗，欲令分以易油，还自和余漆。问出漆、得油、和漆各几何？答曰：出漆一斗一升、四分升之一，得油一斗五升，和漆一斗八升、四分升之三。

术曰：假令出漆九升，不足六升；令之出漆一斗二升，有余二升。

【译文】

[15] 若有 3 份漆可换得 4 份油，用 4 份油可调 5 份漆。今有漆 3 斗，要分出一部分来换油，换回油后用以调所余的漆。问拿出换油的漆、换得的油、留下用于调和用的漆各是多少？

答：拿出换油的漆为 1 斗 1 $\frac{1}{4}$ 升；换得的油为 1 斗 5 升；留下用于调和的漆为 1 斗 8 $\frac{3}{4}$ 升。

计算法则：假令出漆为 9 升，则不足 6 升；假令出漆 1 斗 2 升，则多余 2 升。

古题今解

[15]

设 x 为分出换油的漆，y 为换得的油，$3-x$ 为剩余之漆，由题意得：

$$\begin{cases} \dfrac{x}{y} = \dfrac{3}{4} \\ \dfrac{y}{3-x} = \dfrac{4}{5} \end{cases}, \text{解得} \begin{cases} x = 1 \text{ 斗 } 1\frac{1}{4} \text{（升）} \\ y = 1 \text{ 斗 } 5 \text{（升）} \end{cases}。$$

剩下的漆为 3 斗 - 1 斗 1 $\frac{1}{4}$ 升 = 1 斗 8 $\frac{3}{4}$ 升。

【原文】

[16] 今有玉方一寸，重七两；石方一寸，重六两。今有石立方三寸，中有玉，并重十一斤。问：玉、石重各几何？答曰：玉一十四寸，重六斤二两；石一十三寸，重四斤一十四两。

术曰：假令皆玉，多十三两；令之皆石，不足十四两。不足为玉，多为石。各以一寸之重乘之，得玉、石之积重[①]。立方三寸是一面之方，计积[②]二十七寸。玉方一寸重七两，石方一寸重六两，是为玉、石重差一两。假令皆玉，合有一百八十九两。课于一十一斤，有余一十三两。玉重而石轻，故有此多。即二十七寸之中有十三寸，寸损一两，则以为石重，故言多为石。言多之数出于石以为玉。假令皆石，合有一百六十二两。课于十一斤，少十四两。故曰不足。此不足即以重为轻，故令减少数于石重，即二十七寸之中有十四寸，寸增一两也。

【译文】

[16] 假如有玉 1 寸，重 7 两；石方 1 寸，重 6 两。现在有一个 3 寸见方的石头的立方体，中间夹有玉的成份，总共重约 11 斤。问：玉和石各重多少？答：玉是 14 立方寸，重 6 斤 2 两；石是 13 立方寸，重 4 斤 14 两。

计算法则是：假令这块石头都是玉，就多 13 两；假令都是石头，则不足 14 两。那么不足的数就是玉的体积，多的数就是石头的体积。各以它们 1 立方寸的重量乘之，便分别得到玉和石头的重量。3 寸见方的立方是说一边长 3 寸，计算其体积是 27 立方寸。1 寸见方的玉重 7 两，1 寸见方的石头重 6 两，就是说 1 寸见方的玉与石头的重量之差是 1 两。假令这块石头都是玉，应

该有189两重。与11斤相比较，有盈余13两。玉比较重而石头比较轻，所以才有此盈余。就是说27立方寸之中有13立方寸，如果每立方寸减损1两，就成为石头的重量，所以说多的数就是石头的体积。所说的多的数出自于把石头当作了玉。假令这块石头都是石头，应该有162两。与11斤相比较，少了14两，所以说不足。这个不足就是把重的作为轻的造成的，因而从石头的总重中减去少了的数，就是27立方寸之中有14立方寸，每立方寸增加1两。

古题今解

[16]

设 x 为含玉重，y 为含石重。1 斤 = 16 两，11 斤 = 176 两，由题意得：

$$\begin{cases} \dfrac{x}{7} + \dfrac{y}{6} = 3^3 \\ x + y = 176 \end{cases}，解得\begin{cases} x = 6 斤 2 两 \\ y = 4 斤 14 两 \end{cases}°$$

玉的体积为：$98 \div 7 = 14$ 立方寸；

石的体积为：$78 \div 6 = 13$ 立方寸。

【原文】

[17] 今有善田一亩，价三百；恶田①七亩，价五百。今并买一顷，价钱一万。问：善、恶田各几何？答曰：善田一十二亩半，恶田八十七亩半。

术曰：假令善田二十亩，恶田八十亩，多一千七百一十四钱七分钱之二；令之善田一十亩，恶田九十亩，不足五百七十一钱、七分钱之三。按：善田二十亩，直钱六千；恶田八十亩，直钱五千七百一十四、七分钱之二。课②于一万，是多一千七百一十四、七分钱之二。令之善田十亩，直钱三千；恶田九十亩，直钱六千四百二十八、七分钱之四。课于一万，是为不足五百七十一、七分钱之三。以盈不足术求之也。

【注释】

①善田：良田。恶田：又称为"恶地"，贫瘠的田地。

②课：比较。

【译文】

[17] 假设 1 亩良田，价是 300 钱；7 亩劣田，价是 500 钱。现在共买 1 顷田，价钱是 10000 钱。问：良田、劣田各多少？答：良田是 $12\frac{1}{2}$ 亩，劣田是 $87\frac{1}{2}$ 亩。

计算法则是：假令良田是 20 亩，劣田是 80 亩，则价钱多了 $1714\frac{2}{7}$ 钱；假令良田是 10 亩，劣田是 90 亩，则价钱不足 $571\frac{3}{7}$ 钱。按：良田 20 亩，值钱 6000 钱；劣田 80 亩，值钱 $5714\frac{2}{7}$ 钱。与 10000 钱相比较，这就是多了 $1714\frac{2}{7}$ 钱。假令良田 10 亩，值钱 3000，劣田 90 亩，值钱 $6428\frac{4}{7}$ 钱。与 10000 钱相比较，这就是不足 $571\frac{3}{7}$ 钱。以盈不足术求解之。

[17]

设好田为 x 亩，坏田为 y 亩，由题意得：

$$\begin{cases} x + y = 100 \\ 300x + \dfrac{500}{7}y = 1000 \end{cases}, \text{解得} \begin{cases} x = 12\dfrac{1}{2} \text{（亩）} \\ y = 87\dfrac{1}{2} \text{（亩）} \end{cases}。$$

【原文】

[18] 今有黄金九枚，白银一十一枚，称之重适等；交易其一，金轻十三两。问：金、银一枚各重几何？答曰：金重二斤三两一十八铢，银重一斤十三两六铢。

术曰：假令黄金三斤，白银二斤一十一分斤之五，不足四十九，于右行。令之黄金二斤，白银一斤一十一分斤之七，多一十五，于左行。以分母各乘其行内之数，以盈不足维乘所出率，并以为实。并盈不足为法。实如法，得黄金重。分母乘法以除，得银重。约之得分也。

【译文】

[18] 今有黄金9枚，白银11枚，称重量恰好相等；互相交换1枚，黄金部分减轻了13两。问：金、银一枚各重多少？答：每枚金重2斤3两18铢，每枚银重1斤13两6铢。

计算法则：假令黄金为3斤，白银即为 $2\dfrac{5}{11}$ 斤，不足49置于右行。假令黄金为2斤，白银即为 $1\dfrac{7}{11}$ 斤，多出了15，放在左行。用分母各自去乘本行中的各数，以盈、不足之数与所出率交叉相乘，将所得之数相加作被除数。盈与不足相加作除数。除数除被除数即得黄金重量。用分母乘除数然后相除，得白银重量。约简而得分数。

[18]

设每枚黄金重 x，白银金重 y，由题意得：

$$\begin{cases} 9x = 11y \\ (10y + x) - (8x + y) = 13 \end{cases}, \text{解得} \begin{cases} x = 2 \text{斤} 3 \text{两} 18 \text{铢} \\ y = 1 \text{斤} 13 \text{两} 6 \text{铢} \end{cases}。$$

【原文】

[19] 今有良马与驽马发长安至齐。齐去长安三千里。良马初日行一百九十三里，日增十三里；驽马初日行九十七里，日减半里。良马先至齐，复还迎驽马。问：几何日相逢及各行几何？答曰：一十五日、一百九十一分日之一百三十五而相逢。良马行四千五百三十四里、一百九十一分里之四十六；驽马行一千四百六十五里、一百九十一分里之一百四十五。

术曰：假令十五日，不足三百三十七里半。令之十六日，多一百四十里。以盈、不足维乘假令之数，并而为实。并盈、不足为法。实如法而一，得日数。不尽者，以等数除之而命分。

【译文】

[19] 今有良马和驽马从长安出发到齐国。齐与长安相距 3000 里。良马第一天走 193 里，以后逐日增加 13 里；驽马第一日走 97 里，以后逐日减少 $\frac{1}{2}$ 里。良马先到齐国，再返回迎接驽马。问：良马、驽马经多少日相逢，各自走了多少路？答：经 $15\frac{135}{191}$ 日相逢。良马走了 $4534\frac{46}{191}$ 里，驽马走了 $1465\frac{145}{191}$ 里。

计算法则：假令经 15 日相逢，则会差欠 $337\frac{1}{2}$ 里。假令经 16 日相逢，又多出了 140 里。用盈（指多出的里数）、不足（差欠之数）与假令之日数对角线相乘，将所得之数相加作被除数。将盈、不足数相加作除数。除数除被除数得所求相逢日数。除之不尽者，用最大公约数约简而后确定分数。

古题今解

[19]

设良马和驽马 x 日相遇，由题意得：

$S_n = na_1 + [n(n-1)d \div 2]$，良马 $a_1 = 193$，$d = 13$，$n = x$。

良马 x 日所走的路程为：

$S_n = 193x + [13(x^2 - x) \div 2]$

驽马 $a'_1 = 97$，$d' = -\frac{1}{2}$，$n = x$。

驽马 x 日所走的路程为：

$S'_n = 97x + [-\frac{1}{2}(x^2 - x) \div 2]$

因为 $S'_n = S_n$，所以

$$193x + [13(x^2 - x) \div 2] + 97x + \left[-\frac{1}{2}(x^2 - x) \div 2\right] = 3000 \div 2$$

解得 $x \approx 15\frac{71}{100}$ 日，将其代入 S'_n、S_n 的代数式得：

良马 $15\frac{71}{100}$ 日所走路程为：$4533\frac{19}{20}$ 里；驽马 $15\frac{71}{100}$ 日所走路程为：$1466\frac{1}{20}$ 里。

（注：因为古今计算方式，所以和原文的答案有误差）。

【原文】

[20] 今有人持钱之蜀贾[①]，利：十，三[②]。初返，归一万四千；次返，归一万三千；次返，归一万二千；次返，归一万一千；后返，归一万。凡五返归钱，本利俱尽。问：本持钱及利各几何？答曰：本三万四百六十八钱、三十七万一千二百九十三分钱之八万四千八百七十六；利二万九千五百三十一钱、三十七万一千二百九十三分钱之二十八万六千四百一十七。

术曰：假令本钱三万，不足一千七百三十八钱半；令之四万，多三万五千三百九十钱八分。按：假令本钱三万，并利为三万九千，除初返归留，余，加利为三万二千五百；除二返归留，余，又加利为二万五千三百五十；除第三返归留，余，又加利为一万七千三百五十五；除第四返归留，余，又加利为八千二百六十一钱半；除第五返归留，合一万钱，不足一千七百三十八钱半。若使本钱四万，并利为五万二千，除初返归留，余，加利为四万九千四百；除第二返归留，余，又加为利四万七千三百二十；除第三返归留，余，又加利为四万五千九百一十六；除第四返归留，余，又加利为四万五千三百九十钱八分；除第五返归留，合一万，余三万五千三百九十钱八分，故曰多。

又术：置后返归一万，以十乘之，十三而一，即后所持之本。加一万一千，又以十乘之，十二而一，即第四返之本。加一万二千，又以十乘之，十三而一，即第三返之本。加一万三千，又以十乘之，十三而一，即第二返之本。加一万四千，又以十乘之，十三而一，即初持之本。并五返之钱以减之，即利也。

【注释】

①之蜀贾：到蜀地做买卖。

②利：十，三：即利润是每10，可得利息是3。

【译文】

[20] 假设有人带着钱到蜀地做买卖，利润是每10，可得利息是3。第一次

返回留下 14000 钱，第二次返回留下 13000 钱，第三次返回留下 12000 钱，第四次返回留下 11000 钱，最后一次返回留下 10000 钱。第五次返回留下钱之后，本利俱尽。问：原本带的钱及利润各多少？答：本是 $30468\frac{84876}{371293}$ 钱，利是 $29531\frac{286417}{371293}$ 钱。

计算法则是：假令本钱是 30000 钱，则不足是 $1738\frac{1}{2}$ 钱；假令本钱是 40000 钱，则多了 $35390\frac{8}{10}$ 钱。按：假令本钱是 30000 钱，加利润为 39000 钱，减去第一次返回留下的钱，余数加利润为 32500 钱；减去第二次返回留下的钱，余数又加利润为 25350 钱；减去第三次返回留下的钱，余数又加利润为 17355 钱；减去第四次返回留下的钱，余数又加利润为 $8261\frac{1}{2}$ 钱；减去第五次返回留下的钱，应当为 10000 钱，则不足 $1738\frac{1}{2}$ 钱。若本钱为 40000 钱，加利润为 52000 钱，减去第一次返回留下的钱，余数加利润为 49400 钱；减去第二次返回留下的钱，余数又加利润为 47320 钱；减去第三次返回留下的钱，余数又加利润为 45916 钱；减去第四次返回留下的钱，余数又加利润为 $45390\frac{8}{10}$ 钱；减去第五次返回留下的钱，应当为 10000 钱，盈余是 $35390\frac{8}{10}$ 钱，所以叫作多。

又一算法是：布置最后一次返回留下的 10000 钱，乘以 10，除以 13，就是最后一次所带的本钱。加 11000 钱，又乘以 10，除以 12，就是第四次所带的本钱。加 12000 钱，又乘以 10，除以 13，就是第三次所带的本钱。加 13000 钱，又乘以 10，除以 13，就是第二次所带的本钱。加 14000 钱，又乘以 10，除以 13，就是初次所带的本钱。将五次返回所留下的钱相加，以此减之，就是利润。

古题今解

[20]

设该商人本钱为 x 钱，利钱为 y 钱，由题意得：

$$\begin{cases} x + y = 14000 + 13000 + 12000 + 11000 + 10000 \\ \left\{\left\{\left\{\left[x\left(1+\frac{3}{10}\right)-14000\right]\times\left(1+\frac{3}{10}\right)-13000\right\}\times\left(1+\frac{3}{10}\right)-12000\right\}\times \\ \left(1+\frac{3}{10}\right)-11000\right\}\times\left(1+\frac{3}{10}\right)-10000 = 0 \end{cases}$$

解得：

$$\begin{cases} x = 30468\dfrac{84876}{371293} \text{（钱）} \\[4mm] y = 29531\dfrac{286417}{371293} \text{（钱）} \end{cases} 。$$

卷八

（方程：处理交错混杂及正负问题）

　　本章主要讲一次方程组问题的解法，并提出了关于正、负数加减运算的"正负术"。所涉内容相当于现在的矩阵；解线性方程组时使用的直除法，与矩阵的初等变换一致。这是世界上最早的完整的线性方程组的解法。在西方，直到 17 世纪才由莱布尼茨提出完整的线性方程的解法法则。这一章还引进和使用了负数，并提出了正负术和正负数的加减法则——第一次突破了正数的范围，扩展了数系。这是世界数学史上一项重大的成就，外国则到 7 世纪印度的婆罗摩笈多才认识负数。

【原文】

[01] 今有上禾[③]三秉，中禾二秉，下禾一秉，实三十九斗；上禾二秉，中禾三秉，下禾一秉，实三十四斗；上禾一秉，中禾二秉，下禾三秉，实二十六斗。问：上、中、下禾实一秉各几何？答曰：上禾一秉九斗、四分斗之一，中禾一秉四斗、四分斗之一，下禾一秉二斗、四分斗之三。

方程程，课程也。群物总杂，各列有数，总言其实。令每行为率[④]，二物者再程，三物者三程，皆如物数程之，并列为行，故谓之方程。行之左右无所同存，且为有所据而言耳[⑤]。此都术也，以空言难晓，故特系之禾以决之。又列中、左行如右行也。

【注释】

①方程：中国传统数学的重要科目，"九数"之一，即今之线性方程组解法，与今之"方程"的含义不同。今之方程古代称为开方。

②错糅：就是交错混杂。

③禾：粟，今之小米。也指对粮食作物的总称。

④令每行为率：是说每一个数量关系构成一个有顺序的整体，并投入运算，类似于今之线性方程组中之行向量的概念。

⑤行之左右无所同存，且为有所据而言耳：刘徽在此指出，方程中没有等价的行，同时，每一行都是有根据的。

【译文】

[01] 假设有3捆上等禾，2捆中等禾，1捆下等禾，共39斗实；2捆上等禾，3捆中等禾，1捆下等禾，共34斗实；1捆上等禾，2捆中等禾，3捆下等禾，共26斗实。问：1捆上等禾、1捆中等禾、1捆下等禾的实各是多少？答：

1 捆上等禾 $9\frac{1}{4}$ 斗，1 捆中等禾 $4\frac{1}{4}$ 斗，1 捆下等禾 $2\frac{3}{4}$ 斗。

方程程，就是求解其标准。各种物品混杂在一起，各列都有不同的数，总的表示出它们的实。使每行作为率，两个物品有二程，三个物品有三程，程的多少都与物品的种数相等。把各列并列起来，就成为行，所以叫作方程。某行的左右不能有等价的行，而且都是有所根据而表示出来的。这是一种普遍方法，因为太抽象的表示难以使人通晓，所以特地将它与禾联系起来以解决之。又像右行那样列出中行、左行。

[01]

设上禾、中禾、下禾每一束得实各为 x、y、z 斗，则依据题设条件列方程：

$$\begin{cases} 3x + 2y + z = 39 \\ 2x + 3y + z = 34 \\ x + 2y + 3z = 26 \end{cases} , \text{解得} \begin{cases} x = 9\frac{1}{4} \text{（斗）} \\ y = 4\frac{1}{4} \text{（斗）} \\ z = 2\frac{3}{4} \text{（斗）} \end{cases} 。$$

【原文】

术曰：置上禾三秉，中禾二秉，下禾一秉，实三十九斗于右方。中、左禾列如右方。以右行上禾遍乘[1]中行，而以直除。为术之意，令少行减多行，反复相减，则头位必先尽。上无一位，则此行亦阙一物矣。然而举率以相减，不害余数之课也[2]。若消去头位，则下去一物之实。如是叠[3]令左右行相减，审其正负，则可得而知。先令右行上禾乘中行，为齐同之意。为齐同者，谓中行直减右也[4]。从简易虽不言齐同，以齐同之意观之，其义然矣[5]。又乘其次，亦以直除。复去左行首。然以中行中禾不尽者遍乘左行，而以直除。亦令两行相去行之中禾也。左方下禾不尽者，上为法，下为实。实即下禾之实。上、中禾皆去，故余数是下禾实，非但一秉。欲约众秉之实，当以禾秉数为法。列此，以下禾之秉数乘两行，以直除，则下禾之位皆决[6]矣。各以其余一位之秉除其下实。即计数矣，用算繁而不省[7]。所以别为法，约也。然犹不如自用其旧，广异法也[8]。求中禾，以法乘中行下实，而除下禾之实。

【注释】

①遍乘：整个地乘，普遍地乘。

②举率以相减，不害余数之课也：方程的行与行相减，不影响方程的解。

③叠：重复，重叠。

④为齐同者，谓中行直减右行也：为了做到齐同，就是说应当从中行对减去右行。

⑤以齐同之意观之，其义然矣：不过以齐同的意图考察之，其意义确实是这样。

⑥皆决：即皆去。

⑦即计数矣，用算繁而不省：那么统计用算的次数，运算太烦琐而不简省。

⑧然犹不如自用其旧，广异法也：然而这种方法还不如仍用其旧法，不过，这是为了扩充不同的方法。

【译文】

计算法则是：在右行布置 3 捆上等禾，2 捆中等禾，1 捆下等禾，共 39 斗实。中行、左行的禾也如右行那样列出。以右行的上等禾的捆数乘整个中行，而以右行与之对减。造术的意图是，数值小的行减数值大的行，反复相减，则头位必定首先减尽。上面没有了这一位，则此行就去掉了一种物品。然而用整个的率互相减，其余数不影响方程的解。若消去了这一行的头位，则下面也去掉一种物品的实。像这样，反复使左右行相减，考察它们的正负，就可以知道它们的结果。先使右行上等禾的捆数乘整个中行，意图是要让它们齐同。为了做到齐同，就是说应当从中行对减去右行。遵从简易的原则，虽然不叫作齐同，不过以齐同的意图考察之，其意义确实是这样。又以右行上禾的捆数乘下一行，亦以右行对减。再消去左行头一位。然后以中行的中等禾没有减尽的捆数乘整个左行，而以中行对减。又使中、左两行相消除去左行的中等禾。左行的下等禾没有减尽的，上方的作为除数，下方的作为实。这里的实就是下等禾之实。左行的上等禾、中等禾皆消去了，所以余数就是下等禾之实，但不是 1 捆的。想约去众多的捆的实，应当以下等禾的捆数作为除数。列出这一行，以下等禾的捆数乘另外两行，以左行对减，则这两行下等禾位置上的数就都被消去了。分别以各行余下的一种禾的捆数除下方的实。那么统计用算的次数，运算太烦琐而不简省。创造别的方法，是为了约简。然而这种方法还不如仍用其旧法，不过，这是为了扩充不同的方法。如果要求中等禾的实，就以左行的法乘中行下方的实，而减去下等禾之实。

【原文】

此谓中两禾实①，下禾一秉实数先见，将中秉求中禾②，其列实以减下实③。而左方下禾虽去一秉，以法为母，于率不通④。故先以法乘，其通而同之⑤。俱令法为母，而除下禾实⑥。以下禾先见之实令乘下禾秉数，即得下禾一位之列实⑦。减于下实，则其数是中禾之实也⑧。余，如中禾秉数而一，即中禾之实⑨。余，中禾一位之实也。故以一位秉数约之，乃得一秉之实也。求上禾，亦以法乘右行下实，而除下禾、中禾之实。此右行三禾共实，合三位之实，故以二位秉数约之，乃得一秉之实⑩。今中、下禾之实，其数并见，令乘右行之禾秉以减之，故亦如前，各求列实，以减下实也。余，如上禾秉数而一，即上禾之实⑪。实皆如法，各得一斗⑫。三实同用。不满法者，以法命之。母、实皆当约之。

【注释】

①中两禾实：即中行的中、下两种禾之实。

②下禾一秉实数先见，将中秉求中禾：1捆下等禾的实数已先显现出来了，那么就中等禾的捆数求中等禾的实。

③其列实以减下实：就用它（下禾）的列实去减中行下方的实。

④左方下禾虽去一秉，以法为母，于率不通：虽可以减去左行1捆下等禾的实，可是以法作为分母，对于率不能通达。

⑤其通而同之：使其通达而做到同。

⑥俱令法为母，而除下禾实：都以左行的法作为分母，而减去下等禾的实。

⑦以下禾先见之实令乘下禾秉数，即得下禾一位之列实：以左行下等禾先显现的实乘中行下等禾的捆数，就得到下等禾一位的列实。

⑧减于下实，则其数是中禾之实也：以它去减中行下方的实，则其余数就是中等禾之实。

⑨余，如中禾秉数而一，即中禾之实：中禾之余实除以中行的中禾的秉数。

⑩乃得一秉之实：就得到1秉一种禾的实。

⑪余，如上禾秉数而一，即上禾之实：其余数，除以上等禾的捆数，就是1捆上等禾之实。

⑫实皆如法，各得一斗：这就是实皆除以法，分别得1捆的斗数。

【译文】

这是说中行有中等、下等两种禾之实，而1捆下等禾的实数已先显现出来了，那么就中等禾的捆数求中等禾的实，就用下禾的列实去减中行下方的实。虽可以减去左行1捆下等禾的实，可是以法作为分母，对于率不能通达。所以先以左行的法乘中行下方的实，使其通达而做到同。都以左行的法作为分母，而减去下等禾的实。以左行下等禾先显现的实乘中行下等禾的捆数，就得到下等禾一位的列实。以它去减中行下方的实，则其余数就是中等禾之实。它的余数，除以中等禾的捆数，就是 1 捆中等禾的实。余数是中等禾这一种物品的实。所以以它的捆数除之，就得到 1 捆中等禾的实。如果要求上等禾的实，也以左行的法乘右行下方的实，而减去下等禾、中等禾的实。这右行是三种禾共有的实，是三种物品的实之和，所以去掉两种物品的捆数，就得到一种的实。现在中等禾、下等禾的实，它们的数量都显现出来了，便以它们乘右行中相应的禾的捆数，以减下方的实，所以也像前面那样，分别求出中等禾、下等禾的列实，以它们减下方的实。其余数，除以上等禾的捆数，就是 1 捆上等禾之实。这就是实皆除以法，分别得 1 捆的斗数。三个实被同样地使用。如果实有不满法的部分，就以法命名一个分数。分母、分子都应当约简。

【原文】

[02] 今有上禾七秉，损实一斗，益之下禾二秉，而实一十斗；下禾八秉，益实一斗，与上禾二秉，而实一十斗。问：上、下禾实一秉各几何？答曰：上禾一秉实一斗、五十二分斗之一十八，下禾一秉实五十二分斗之四十一。

术曰：如方程。损之曰益，益之曰损[①]。问者之辞虽以损益为说，今按：实云上禾七秉、下禾二秉，实一十一斗；上禾二秉、下禾八秉，实九斗也。"损之曰益"，言损一斗，余当一十斗。今欲全其实，当加所损也。"益之曰损"，言益实以一斗，乃满一十斗。今欲知本实，当减所加，即得也。损实一斗者，其实过一十斗也；益实一斗者，其实不满一十斗也。重谕损益数者，各以损益之数损益之也。

【注释】

①损之曰益，益之曰损：在此处减损某量，也就是说在彼处增益同一个量，在此处增益某量，也就是说在彼处减损同一个量。损益是建立方程的一种重要方法。损之曰益：是说关系式一端减损某量，相当于另一端增益同一量。益之曰损：是说关系式一端增益某量，相当于另一端减损同一量。

【译文】

[02] 假设有 7 捆上等禾，如果它的实减损 1 斗，又增益 2 捆下等禾，而实共是 10 斗；有 8 捆下等禾，如果它的实增益 1 斗，与 2 捆上等禾，而实也共是 10 斗。问：1 捆上等禾、下等禾的实各是多少？答：1 捆上等禾的实 $1\frac{18}{52}$ 斗，1 捆下等禾的实 $\frac{41}{52}$ 斗。

计算法则是：如同方程术那样求解。在此处减损某量，也就是说在彼处增益同一个量，在此处增益某量，也就是说在彼处减损同一个量。设问者的话虽然以"损益"为内容，不过今按：这实际上是说，7 捆上等禾、2 捆下等禾，实是 11 斗；2 捆上等禾、8 捆下等禾，实是 9 斗。"在此处减损某量，也就是说在彼处增益同一个量"，是说实减损 1 斗，余数应当是 10 斗。今想求它的整个实，应当加所减损的数量。"在此处增益某量，也就是说在彼处减损同一个量"，是说实增益 1 斗，才满 10 斗。今想知道本来的实，应当减去所增加的数量，就得到了。"它的实减损 1 斗"，就是它的实超过 10 斗的部分；"它的实增益 1 斗"，就是它的实不满 10 斗的部分。再一次申明减损增益的数量，就是各以减损增益的数量对之减损增益。

古题今解

[02]

设上禾 1 束得实为 x 斗，下禾 1 束得实为 y 斗，则依据题设条件列方程：

$$\begin{cases} (7x-1) + 2y = 10 \\ (8y+1) + 2x = 10 \end{cases}, \text{解得} \begin{cases} x = 1\dfrac{18}{52}（斗）\\ y = \dfrac{41}{52}（斗）\end{cases}。$$

方程的解法原理：损益术

损益之说本是先秦哲学家的一种辩证思想。《周易·损》："损下益上，其道上行。"《老子·四十二章》："物或损之而益，或益之而损。"其他学者也经常用到"损益"。《九章算术》的编纂者借用"损益"这一术语，仍是增减的意思，与《老子》之说十分接近，当然其含义稍有不同。

"损益术"是通过移项建立方程的方法。就是，在等式一端损，相当于在另一端益；在等式一端益，相当于在另一端损。有时既损益常数项，也损益未知数。

"损益术"还包括今之合并同类项。

【原文】

[03] 今有上禾二秉，中禾三秉，下禾四秉，实皆不满斗。上取中、中取下、下取上各一秉而实满斗。问：上、中、下禾实一秉各几何？答曰：上禾一秉实二十五分斗之九，中禾一秉实二十五分斗之七，下禾一秉实二十五分斗之四。

术曰：如方程。各置所取^①。置上禾二秉为右行之上，中禾三秉为中行之中，下禾四秉为左行之下。所取一秉及实一斗各从其位②。诸行相借取之物，皆依此例。

【注释】

①分别布置所借取的数量。

②每行所借取的1捆及实1斗都遵从自己的位置。

【译文】

[03] 假设有2捆上等禾，3捆中等禾，4捆下等禾，它们各自的实都不满1斗。如果上等禾借取中等禾、中等禾借取下等禾、下等禾借取上等禾各1捆，则它们的实恰好都满1斗。问：1捆上等禾、中等禾、下等禾的实各是多少？

答：1捆上等禾的实是$\frac{9}{25}$斗，1捆中等禾的实是$\frac{7}{25}$斗，1捆下等禾的实是$\frac{4}{25}$斗。

计算法则是：如同方程术那样求解。分别布置所借取的数量。布置上等禾的捆数2为右行的上位，中等禾的捆数3为中行的中位，下等禾的捆数4为左行的下位。每行所借取的1捆及实1斗都遵从自己的位置。凡是各行之间有互相借取物品的问题，皆依照此例。

古题今解

[03]

设上、中、下禾1捆之实各为 x、y、z 斗，则依据题设条件列方程：

$$\begin{cases} 2x+y=1 \\ 3y+z=1 \\ 4z+x=1 \end{cases} \text{，解得} \begin{cases} x=\dfrac{9}{25} \text{（斗）} \\ y=\dfrac{7}{25} \text{（斗）} \\ z=\dfrac{4}{25} \text{（斗）} \end{cases}.$$

【原文】

以正负术入之①。正负术②曰：今两算得失相反，要令正负以名之③。正算赤，负算黑。否则以邪正为异。方程自有赤、黑相取，法、实数相推求之术，而其并减之势不得广通，故使赤、黑相消夺④之。于算或减或益，同行异位殊为二品，各有并、减之差见于下焉。着此二条⑤，特系之禾以成此二条之意。故赤、黑相杂⑥足以定上下之程，减、益虽殊足以通左右之数，差、实虽分足以应同异之率。然则其正无入负之⑦，负无入正之⑧，其率⑨不妄也。同名相除⑩，此为以赤除赤，以黑除黑。行求相减⑪者，为去头位⑫也。然则头位同名者当用此条⑬；头位异名者当用下条⑭。异名相益⑮，以行减行，当各以其类矣。其异名者，非其类也。

【注释】

①以正负术入之：将正负术纳入其解法。

②正负术：即正负数加减法则。

③这是刘徽的正负数定义。它表示，正数与负数是互相依存的，相对的。正数相对于负数而言为正数，负数相对于正数而言为负数。因此，正数与负数可以互相转化，已经摆脱了"以盈为正、以欠为负"的素朴观念。

④消夺：指相消与夺位两种运算。相消是以某数消减另一个数。如果将该数相消化为0，则就是夺，即夺其位。

⑤二条：指正负数加法法则与正负数减法法则。

⑥赤、黑相杂：指方程的一行中正负数相杂。

⑦正无入负之：正的算数如果无偶，就变成负的。

⑧负无入正之：负的算数如果无偶，就变成正的。

⑨这里的"率"也指计算方法。

⑩同名相除：相减的两个数如果符号相同，则它们的数值相减。

⑪相减：这里指相加减，偏词复义。

⑫为去头位：为的是消去头位。

⑬此条：指正负数减法法则中的"同名相除"。

⑭下条：指下文正负数减法法则中的"异名相益"。

⑮异名相益：相减的两个数如果符号不同，则它们的数值相加。

【译文】

将正负术纳入之。正负计算法则是：如果两个算数所表示的得与失是相反的，必须引入正负数以命名之。正的算数用红筹，负的算数用黑筹。否则就用邪筹与正筹区别它们。方程术自有红算数与黑算数互相借取，法与实的数值互相推求的方法，然而它们相加、相减的态势不能广泛通达，所以使红算数与黑算数互相消减夺位。减夺位与减损增益使之成为一种物品的实。一种术最根本的是要抓住其关键。方程术中必定要消去某一行的首位，至于其他位，不管是多少，所以有时是它们相减，有时是它们相加，不论符号是相同还是不同，原理都是一样的。正数如果无偶，就变成负的，负数如果无偶，就变成正的。

【原文】

非其类者，犹无对也，非所得减也①。故赤用黑对则余黑②，黑无对则余赤。赤、黑并于本数。此为相益之③，皆所以为消夺。消夺之与减益成一实④

也。术本取要，必除行首，至于他位，不嫌多少，故或令相减，或令相并，理无同异而一也。正无入负之⑤，负无入正之⑥。无入，为无对也。无所得减，则使消夺者居位也。其当以列实减下实，而行中正、负杂者亦用此条⑦。此条者，同名减实、异名益实，正无入负之，负无入正之也。其异名相除⑧，同名相益⑨，正无入正之，负无入负之⑩。此条"异名相除"为例，故亦与上条互取。凡正负所以记其同异，使二品互相取而已⑪矣。言负者未必负于少，言正者未必正于多⑫。故每一行之中虽复赤黑异算无伤。然则可得使头位常相与异名⑬。此条之实兼通矣，遂以二条反复一率。观其每与上下互相取位，则随算而言耳，犹一术也。又，本设诸行，欲因成数以相去耳，故其多少无限，令上下相命而已。若以正负相减，如数有旧增法者，每行可均之⑭，不但数物左右之⑮也。

【注释】

①非其类者，犹无对也，非所得减也：不是它那一类的，就好像是没有对减的数，则就不可以相减了。无对：没有相对的数。这是说在建立正负数加减法则之前正负数是无法相加减的。

②故赤用黑对则余黑：红算数如果用黑算数作对减的数，则得黑算数。

③之：语气词。

④消夺之与减益成一实：此谓通过消夺减益化成一种物品的实。

⑤正无入负之：《九章算术》的术文是说，正数没有与之对减的数，则为负数。

⑥负无入正之：《九章算术》的术文是说，负数没有与之对减的数，则为正数。

⑦此条：指正负数减法法则。

⑧其异名相除：如果两者是异号的，则它们的数值（这里是绝对值）相减。

⑨同名相益：如果相加的两者是同号的，则它们的数值（这里是绝对值）相加。

⑩负无入负之：如果负数没有与之相加的，则为负数。

⑪使二品互相取而已：只是使两种物品互取而已。

⑫刘徽在此再一次阐明正数与负数是相对的，就其绝对值而言，正的未必就大，负的未必就小。

⑬刘徽指出，在一行中，赤算统统变成黑算，黑算统统变成赤算，其数量关系不变。因此，可以将用来消元的两行的头位变成互相异号，以使它们相加。

⑭如数有旧增法者，每行可均之：如一行诸数中有原来的法的重叠，那么

这一行可以自行调节。

⑮不但数物左右之：不只是对各物品的数量利用左右行相消。

【译文】

无偶，就是没有与之对减的数。没有能够被减的，则就使用来消减的数居于这个位置。那些应当以列实去减下方的实的，以及一行中正负数相错杂的，也应当应用这一条。这一条就是，同符号的就减实、不同符号的就加实，正数如果无偶就变成负数，负数如果无偶就变成正数。相加的两个数如果符号不相同，则它们的数值相减，相加的两个数如果符号相同，则它们的数值相加，正数如果无偶就是正数，负数如果无偶就是负数。这一条以"相加的两个数如果符号不相同，则它们的数值相减"为例，所以也与上一条互取。凡是正负数所以记出它们的同号异号，只是使两种物品互取而已。表示成负的，负的其数值未必就小，表示成正的，正的其数值未必就大。所以每一行之中即使将红算与黑算互易符号，也没有什么障碍。那么可以使两行的头位取成互相不同的符号。这些条文的实质全都是相通的，于是以上两条翻来覆去都是同一种运算。考察它们在一行中上下互相选取的符号，则总是根据运算的需要而表示出来的，仍然是同一种方法。又，设置诸行，本意是想凭借已有的数互相消减，所以不管行数

是多少，使上下相命就可以了。若用正负数相减，如一行诸数中有原来的法的重叠，那么这一行可以自行调节，不只是对各物品的数量利用左右行相消。

【原文】

[04] 今有上禾五秉，损实一斗一升，当下禾七秉；上禾七秉，损实二斗五

升，当下禾五秉。问：上、下禾实一秉各几何？答曰：上禾一秉五升，下禾一秉二升。

术曰：如方程。置上禾五秉正，下禾七秉负，损实一斗一升正。言上禾五秉之实多，减其一斗一升，余，是与下禾七秉相当数也。故互其算[1]，令相折除，以一斗一升为差。为差者，上禾之余实也。次置上禾七秉正，下禾五秉负，损实二斗五升正。以正负术入之。按：正负之术本设列行，物程之数不限多少，必令与实上、下相次，而以每行各自为率。然而或减或益，同行异位殊为二品，各自并、减之差见于下也[2]。

[05] 今有上禾六秉，损实一斗八升，当下禾一十秉；下禾一十五秉，损实五升，当上禾五秉。问：上、下禾实一秉各几何？答曰：上禾一秉实八升，下禾一秉实三升。

【注释】

①互其算：交换算数，即损益。

②各自并、减之差见于下也：各自有加有减，其和差显现于下方。

【译文】

[04] 假设有5捆上等禾，将它的实减损1斗1升，等于7捆下等禾；7捆上等禾，将它的实减损2斗5升，等于5捆下等禾。问：1捆上等禾、下等禾的实各是多少？答：1捆上等禾的实是5升，1捆下等禾的实是2升。

计算法则是：如同方程术那样求解。布置上等禾的捆数5，是正的，下等禾的捆数7，是负的，减损的实1斗1升，是正的。这是说5捆上等禾的实多，减损它1斗1升，余数就与7捆下等禾的实相等。所以互相置换算数，使它们互相折消，以1斗1升作为差。成为这个差的，就是上等禾余下的实。其次布置7捆上等禾，是正的，5捆下等禾，是负的，减损的实2斗5升，是正的。将正负术纳入之。提示：应用正负术，本来设置各列各行，需要求解的物品个数不管多少，必须使它们与实上下一一排列，而以每行各自作为率。然而有的减损，有的增益，它们在同一行不同位置完全表示两种不同的物品，各自有加有减，其和差显现于下方。

[05] 假设有6捆上等禾，将它的实减损1斗8升，与10捆下等禾的实相等；15捆下等禾，将它的实减损5升，与5捆上等禾的实相等。问：1捆上等禾、下等禾的实各是多少？答：1捆上等禾的实是8升，1捆下等禾的实是3升。

《古题今解》

［04］

设上、下禾 1 捆之实各为 x、y，依题设条件列方程：

$$\begin{cases} 5x - 11 = 7y \\ 7x - 25 = 5y \end{cases}, \quad 解得 \begin{cases} x = 5（升） \\ y = 2（升） \end{cases}。$$

［05］

设上、下禾每 1 捆所得之实各为 x、y 升，则依据题设条件列方程：

$$\begin{cases} 6x - 18 = 10y \\ 15y - 5 = 5x \end{cases}, \quad 解得 \begin{cases} x = 8（升） \\ y = 3（升） \end{cases}。$$

【原文】

术曰：如方程。置上禾六秉正，下禾一十秉负，损实一斗八升正。次[①]，上禾五秉负，下禾一十五秉正，损实五升正。以正负术入之。言上禾六秉之实多，减损其一斗八升，余，是与下禾十秉相当之数。故亦互其算，而以一斗八升为差实。差实者，上禾之余实。

［06］今有上禾三秉，益实六斗，当下禾一十秉；下禾五秉，益实一斗，当上禾二秉。问：上、下禾实一秉各几何？答曰：上禾一秉实八斗，下禾一秉实三斗。

术曰：如方程。置上禾三秉正，下禾一十秉负，益实六斗负。次置上禾二秉负，下禾五秉正，益实一斗负。以正负术入之。言上禾三秉之实少，益其六斗，然后于下禾十秉相当[②]也。故亦互其算，而以六斗为差实。差实者，下禾之余实。

【注释】

①次：即"次置"。

②于下禾十秉相当：与 10 捆下等禾相当。

【译文】

计算法则是：如同方程术那样求解。布置上等禾的捆数 6，是正的，下等禾的捆数 10，是负的，所减损的实 1 斗 8 升，是正的。接着，布置上等禾的捆数 5，是负的，下等禾的捆数 15，是正的，所减损的实 5 升，是正的。将正负术纳入之。这是说 6 捆上等禾的实多，减损它 1 斗 8 升，余数与 10 捆下等禾的实相等。所以也互相置换算数，而以 1 斗 8 升作为差实。差实就是上等禾余下的实。

［06］假设有 3 捆上等禾，将它的实增益 6 斗，与 10 捆下等禾的实相等；5

捆下等禾，将它的实增益 1 斗，与 2 捆上等禾的实相等。问：1 捆上等禾、下等禾的实各是多少？答：1 捆上等禾的实是 8 斗，1 捆下等禾的实是 3 斗。

计算法则是：如同方程术那样求解。布置上等禾的捆数 3，是正的，下等禾的捆数 10，是负的，增益的实 6 斗，是负的。接着布置上等禾的捆数 2，是负的，下等禾的捆数 5，是正的，增益的实 1 斗，是负的。将正负术纳入之。这是说 3 捆上等禾的实少，给它增益 6 斗，然后与 10 捆下等禾的实相等。所以也互相置换算数，而以 6 斗作为差实。差实就是下等禾余下的实。

《古题今解》

[06]

设上、下禾每 1 捆所得之实各为 x、y 斗，则依据题设条件列方程：

$$\begin{cases} 3x + 6 = 10y \\ 5y + 1 = 2x \end{cases}，解得 \begin{cases} x = 8（斗） \\ y = 3（斗） \end{cases}。$$

【原文】

[07] 今有牛五、羊二，直金十两；牛二、羊五，直金八两。问：牛、羊各直金几何？答曰：牛一直金一两、二十一分两之一十三，羊一直金二十一分两之二十。

术曰：如方程。假令为同齐，头位为牛，当相乘[①]。右行定，更置牛十、羊四，直金二十两[②]；左行牛十、羊二十五，直金四十两。牛数等同，金多二十两者，羊差二十一使之然也。以少行减多行，则牛数尽，惟羊与直金之数见，可得而知也。以小推大，虽四、五行不异也。

【注释】

①相乘：指头位互相乘，以做到齐同。这是刘徽创造的解线性方程组的互乘相消法。

②更置牛十、羊四，直金二十两：此谓通过齐同运算，右行由"牛五、羊二，直金十两"变换成"牛十、羊四，直金二十两"。

【译文】

[07] 假设有 5 头牛、2 只羊，值 10 两金；2 头牛、5 只羊，值 8 两金。问：1 头牛、1 只羊各值多少金？答：1 头牛值 $1\frac{13}{21}$ 两金，1 只羊值 $\frac{20}{21}$ 两金。

计算法则是：如同方程术那样求解。假令作齐同变换，两行的头位是牛，应当互相乘。右行就确定了，重新布置牛的头数 10，羊的只数 4，值金数 20 两；左行牛的头数 10，羊的只数 25，值金数 40 两。两行牛的头数相等，那么金多

20两，是羊多了21只造成的。以数值少的行减多的行，则牛的头数减尽，只有羊的只数与所值的金数显现出来，因此可以知道羊所值的金的两数。以小推大，即使是四、五行的方程也没有什么不同。

古题今解

[07]

设牛、羊每头各值金 x、y 两，则依据题设条件列方程：

$$\begin{cases} 5x + 2y = 10 \\ 2x + 5y = 8 \end{cases}，解得 \begin{cases} x = 1\dfrac{13}{21}（两）\\ y = \dfrac{20}{21}（两）\end{cases}。$$

【原文】

[08] 今有卖牛二、羊五，以买一十三豕，有余钱一千；卖牛三、豕三，以买九羊，钱适足；卖六羊、八豕，以买五牛，钱不足六百。问：牛、羊、豕价各几何？答曰：牛价一千二百，羊价五百，豕价三百。

术曰：如方程。置牛二、羊五正，豕一十三负，余钱数正；次，牛三正，羊九负，豕三正；次，牛五负，羊六正，豕八正，不足钱负。以正负术入之。

此中行买、卖相折，钱适足，故①但互买、卖算而已，故下无钱直也。设欲以此行如方程法，先令二牛遍乘中行，而以右行直除之。是故终于下实虚缺矣，故注曰"正无实负，负无实正"，方为类也②。方将以别实加适足之数与实物作实。"盈不足"章黄金白银与此相当。"假令黄金九、白银一十一，称之重适等。交易其一，金轻十三两。问：金、银一枚各重几何？"与此同。

【注释】

①故：所以。

②刘徽此处所引，当然是前人的旧注。

【译文】

[08] 假设卖了2头牛、5只羊，用来买13只猪，还剩余1000钱；卖了3头牛、3头猪，用来买9只羊，钱恰好足够；卖了6只羊、8只猪，用来买5头牛，不足600钱。问：1头牛、1只羊、1头猪的价格各是多少？答：1头牛的价格是1200钱，1只羊的价格是500钱，1头猪的价格是300钱。

计算法则是：如同方程术那样求解。布置牛的头数2、羊的只数5，都是正的，猪的头数13，是负的，余钱数是正的；接着布置牛的头数3，是正的，羊的只数9，是负的，猪的头数3，是正的；再布置牛的头数5，是负的，羊的只数6，是正的，猪的头数8，是正的，不足的钱是负的。将正负术纳入之。

　　这里中行的买卖互相折算，钱数恰好足够，所以只是互相置换买卖的算数即可，因而下方没有值的钱数。如果想把方程的解法用于这一行，须先使牛的头数2整个地乘中行，而用右行与之对减。中行下方的实既然虚缺，那么注云"正的没有实被减，就是负的，负的没有实被减，就是正的"，就是为了这一类问题。将用别的实加适足的数，以实物作为被除数。"盈不足"章的黄金白银问题与此相似。"假设有9枚黄金，11枚白银，称它们的重量，恰好相等。交换其一枚，黄金这边轻13两。问：1枚黄金、1枚白银各重多少？"与此相同。

古题今解

[08]

设牛、羊、猪单独的价格各为 x、y、z 钱，则依据题设条件列方程：

$$\begin{cases} 2x + 5y = 13z + 1000 \\ 3x + 3z = 9y \\ 6y + 8z = 5x - 600 \end{cases}，解得\begin{cases} x = 1200 \text{（钱）} \\ y = 500 \text{（钱）} \\ z = 300 \text{（钱）} \end{cases}。$$

【原文】

[09]　今有五雀六燕①，集称②之衡，雀俱重，燕俱轻。一雀一燕交而处，衡适平。并雀、燕重一斤。问：雀、燕一枚各重几何？答曰：雀重一两、一十九分两之一十三，燕重一两、一十九分两之五。

　　术曰：如方程。交易质③之，各重八两。此四雀一燕与一雀五燕衡适平。并重一斤，故各八两。列两行程数。左行头位其数有一者，令右行遍除亦可令于左行，而取其法、实于左。左行数多，以右行取其数。左头位减尽，中、下位算当燕与实。右行不动，左上空。中法，下实，即每枚当重宜可知也。按：此四雀一燕与一雀五燕其重等，是三雀四燕重相当，雀率重四，燕率重三也。诸再程之率皆可异术④求之，即其数也。

【注释】

　　①成语"五雀六燕"即由此衍化而成，喻双方分量相等，如五雀六燕，铢两悉称。

　　②称：称量。

　　③质：称，衡量。

　　④异术：实际上就是刘徽在"麻麦问"提出的方程新术。

【译文】

[09] 有 5 只麻雀、6 只燕子，分别在衡上称量之，麻雀在一起重，燕子在一起轻。将 1 只麻雀、1 只燕子交换，衡恰好平衡。麻雀与燕子合起来共重 1 斤。问：1 只麻雀、1 只燕子各重多少？答：1 只麻雀重 $1\frac{13}{19}$ 两，1 只燕子重 $1\frac{5}{19}$ 两。

计算法则是：如同方程术那样求解。将 1 只麻雀与 1 只燕子交换，再称量它们，各重 8 两。这里 4 只麻雀、1 只燕子与 1 只麻雀、5 只燕子恰好使衡平衡。它们合起来重 1 斤，所以各重为 8 两。列出两行用以求解的数。左行头位的数为 1，使左行整个地去减右行，也可使右行与左行对减，而在左行取得法与实。左行的下位与实的数值大，以右行消减它的数。左行的头位减尽，中位与下位应当是燕与实的算数。右行不动，左行上位空。中位是法，下位是实，那么每 1 只燕子的重量应当是可以知道的。提示：此 4 只麻雀、1 只燕子与 1 只麻雀、5 只燕子，它们的重量相等，这就是 3 只麻雀与 4 只燕子的重量相当，所以麻雀重的率是 4，燕子重的率是 3。各种求若干率的问题都可以用特殊的方法解决，就得到其数值。

古题今解

[09]

设雀、燕每 1 只各重 x、y 两，则依据题设条件列方程：

$$\begin{cases} 4x + y = 5y + x \\ 5x + 6y = 16 \end{cases}，解得 \begin{cases} x = 1\frac{13}{19}（两）\\ y = 1\frac{5}{19}（两）\end{cases}。$$

【原文】

[10] 今有甲乙二人持钱不知其数。甲得乙半而钱五十，乙得甲太半而亦钱五十。问：甲、乙持钱各几何？答曰：甲持三十七钱半，乙持二十五钱。

术曰：如方程。损益之[①]。此问者言一甲、半乙而五十，太半甲、一乙亦五十也。各以分母乘其全，内子，行定：二甲、一乙而钱一百；二甲、三乙而钱一百五十。于是乃如方程。诸物有分者放[②]此。

【注释】

①损益之：此处的"损益"是指将分数系数通过通分损益成整数系数。

②放：训"仿"。

【译文】

[10] 假设甲、乙二人带着钱，不知是多少。如果甲得到乙的钱数的一半，就有了50钱，乙得到甲的钱数的 $\frac{2}{3}$，也有了50钱。问：甲、乙各带了多少钱？

答：甲带了 $37\frac{1}{2}$ 钱，乙带了25钱。

计算法则是：如同方程术那样求解。先对之减损增益。这一问题是说，1份甲带的钱与 $\frac{1}{2}$ 份乙带的钱而共有50钱，$\frac{2}{3}$ 份甲带的钱与1份乙带的钱也共有50钱。各以分母乘其整数部分，纳入分子，确定两行为：甲的份数2、乙的份数1而共有100钱；甲的份数2、乙的份数3而共有150钱。于是就如同方程术那样求解。各种物品有分数的都仿照此问。

古题今解

[10]

设甲、乙持钱数各为 x、y 钱，则依据题设条件列方程：

$$\begin{cases} x+\dfrac{1}{2}y=50 \\ y+\dfrac{2}{3}x=50 \end{cases}, \text{解得} \begin{cases} x=37\dfrac{1}{2}（钱）\\ y=25（钱） \end{cases}。$$

【原文】

[11] 今有二马、一牛价过①一万，如半马之价；一马、二牛价不满一万，如半牛之价。问：牛、马价各几何？答曰：马价五千四百五十四钱、一十一分钱之六，牛价一千八百一十八钱、一十一分钱之二。

术曰：如方程。损益曾②。此一马半与一牛价首一万也，二牛半与一马亦直一万也。"一马半与一牛直钱一万"，通分内子，右行为三马、二牛，直钱二万。"二牛半与一马直钱一万"，通分纳子，左行为二马、五牛，直钱二万也。

【注释】

①过：超过。

②损益曾：先对之减损增益。

【译文】

[11] 假设有2匹马、1头牛，它们的价钱超过10000钱的部分，如同1匹马价钱的 $\frac{1}{2}$；1匹马、2头牛，它们的价钱不满10000钱的部分，如同半头牛的

价钱。问：1 头牛、1 匹马的价钱各是多少？答：1 匹马的价钱是 $5454\frac{6}{11}$ 钱，1 头牛的价钱是 $1818\frac{2}{11}$ 钱。

计算法则是：如同方程术那样求解。先对之减损增益。这里 $1\frac{1}{2}$ 匹马与 1 头牛的价钱值 10000 钱，$2\frac{1}{2}$ 头牛与 1 匹马的价钱也是 10000 钱。"$1\frac{1}{2}$ 匹马与 1 头牛的价钱值 10000 钱"，通分纳子，右行为：马的匹数 3、牛的头数 2，值钱 20000 钱。"$2\frac{1}{2}$ 头牛与 1 匹马的价钱也是 10000 钱"，通分纳子，左行为：马的匹数 2、牛的头数 5，值钱 20000 钱。

【古题今解】

[11]

设每匹马价格为 x 钱，每头牛价格为 y 钱，则依据题设条件列方程：

$$\begin{cases} 2x+y=10000+\dfrac{1}{2}x \\ x+2y=10000-\dfrac{1}{2}y \end{cases}, \text{解得} \begin{cases} x=5454\dfrac{6}{11}（钱） \\ y=1818\dfrac{2}{11}（钱） \end{cases}。$$

【原文】

[12] 今有武马^①一匹，中马二匹，下马三匹，皆载四十石至坂^②，皆不能上。武马借中马一匹，中马借下马一匹，下马借武马一匹，乃皆上。问：武、中、下马一匹各力引^③几何？答曰：武马一匹力引二十二石、七分石之六，中马一匹力引一十七石、七分石之一，下马一匹力引五石、七分石之五。

术曰：如方程。各置所借。以正负术入之。

【注释】

①武马：上等马。

②坂（bǎn）：斜坡。

③力引：拉力，牵引力。

【译文】

[12] 假设有 1 匹上等马，2 匹中等马，3 匹下等马，分别载 40 石的物品至一陡坡，都上不去。这匹上等马借 1 匹中等马，这些中等马借 1 匹下等马，这些下等马借 1 匹上等马，于是都能上去。问：1 匹上等马、中等马、下等马的拉

力各是多少？答：1 匹上等马的拉力 $22\frac{6}{7}$ 石，1 匹中等马的拉力 $17\frac{1}{7}$ 石，1 匹

下等马的拉力 $5\frac{5}{7}$ 石。

计算法则是：如同方程术那样求解。分别布置所借的 1 匹马。将正负术纳

入之。

《古题今解》

[12]

设武马、中马、下马每匹各能用力拉粮 x、y、z 石，则依据题设条件列

方程：

$$\begin{cases} x+y=40 \\ 2y+z=40 \\ 3z+x=40 \end{cases}，解得\begin{cases} x=22\frac{6}{7}（石） \\ y=17\frac{1}{7}（石） \\ z=5\frac{5}{7}（石） \end{cases}。$$

【原文】

[13] 今有五家共井，甲二绠^①不足，如乙一绠；乙三绠不足，以丙一绠；

丙四绠不足，以丁一绠；丁五绠不足，以戊一绠；戊六绠不足，以甲一绠。如

各得所不足一绠，皆逮^②。问：井深、绠长各几何？答曰：井深七丈二尺一寸，

甲绠长二丈六尺五寸，乙绠长一丈九尺一寸，丙绠长一丈四尺八寸，丁绠长一

丈二尺九寸，戊绠长七尺六寸。

术曰：如方程^③。以正负术入之。此率初如方程为之，名各一逮井。其后，

法得七百二十一，实七十六，是为七百二十一绠而七十六逮井，并用逮之数以

法除实者，而戊一绠逮井之数定^④，逮七百二十一分之七十六。是故七百二十一

为井深，七十六为戊绠之长，举率以言之^⑤。

【注释】

①绠（gěng）：汲水用的绳索。

②逮：及，及至。

③如方程：如同方程术那样求解。

④那么就确定了戊家 1 根井绳达到井底的数。

⑤这只是用率将它们表示出来。

【译文】

[13] 假设有五家共同使用一口井，甲家的 2 根井绳不够井的深度，差乙家的 1 根井绳；乙家的 3 根井绳不够井的深度，差丙家的 1 根井绳；丙家的 4 根井绳不够井的深度，差丁家的 1 根井绳；丁家的 5 根井绳不够井的深度，差戊家的 1 根井绳；戊家的 6 根井绳不够井的深度，差甲家的 1 根井绳。如果各家分别得到所不足的那一根井绳，都恰好及至井底。问：井深及各家的井绳长度是多少？答：井深是 7 丈 2 尺 1 寸，甲家的井绳长是 2 丈 6 尺 5 寸，乙家的井绳长是 1 丈 9 尺 1 寸，丙家的井绳长是 1 丈 4 尺 8 寸，丁家的井绳长是 1 丈 2 尺 9 寸，戊家的井绳长是 7 尺 6 寸。

计算法则是：如同方程术那样求解。将正负术纳入之。这些率最初是如方程术那样求解出来的，指的是各达到一次井深。其后，得到法是 721，实是 76，这就是 721 根戊家的井绳而能 76 次达到井底，这是合并了达到井底的次数，如果以法除实，那么就确定了戊家 1 根井绳达到井底的数，达到井深的 $\frac{76}{721}$。所以把 721 作为井深，76 作为戊家 1 根井绳之长，这只是用率将它们表示出来。

《古题今解》

[13]

设井深为 w，甲、乙、丙、丁、戊绳长分别为 x、y、z、u、v 寸，则依据题设条件列方程：

$$\begin{cases} 2x+y=w \\ 3y+z=w \\ 4z+u=w \\ 5u+v=w \\ 6v+x=w \end{cases}, \text{解得} \begin{cases} x=2\text{丈}6\text{尺}5\text{寸} \\ y=1\text{丈}9\text{尺}1\text{寸} \\ z=1\text{丈}4\text{尺}8\text{寸} \\ u=1\text{丈}2\text{尺}9\text{寸} \\ v=7\text{尺}6\text{寸} \\ w=7\text{丈}2\text{尺}1\text{寸} \end{cases}$$

【原文】

[14] 有白禾二步、青禾三步、黄禾四步、黑禾五步，实各不满斗。白取青、黄，青取黄、黑，黄取黑、白，黑取白、青，各一步，而实满斗。问：白、青、黄、黑禾实一步各几何？答曰：白禾一步实一百一十一分斗之三十三，青禾一步实一百一十一分斗之二十八，黄禾一步实一百一十一分斗之一十七，黑禾一步实一百一十一分斗之一十。

术曰：如方程。各置所取。以正负术入之。

[15] 今有甲禾二秉、乙禾三秉、丙禾四秉，重皆过于石：甲二重如乙一，乙三重如丙一，丙四重如甲一。问：甲、乙、丙禾一秉各重几何？答曰：甲禾一秉重二十三分石之一十七，乙禾一秉重二十三分石之一十一，丙禾一秉重二十三分石之一十。

术曰：如方程。置重过于石之物[①]为负。此问者言甲禾二秉之重过于一石也。其"过"者何云[②]？如乙一秉重矣。互言其算[③]，令相折除，而以一石为之差实[④]。差实者，如甲禾余实，故置算相与同也。以正负术入之。此"入"，头位异名相除者，正无入正之，负无入负之也。

【注释】

①重过于石之物：指与某种禾的重量超过 1 石的部分相当的那种物品。

②其"过"者何云：那"超过"的部分是什么呢？

③互言其算：互相置换它们的算数。

④而以一石为之差实：谓二甲减一乙，三乙减一丙，四丙减一甲，差实同是一石也。

【译文】

[14] 假设有 2（平方）步白禾、3（平方）步青禾、4（平方）步黄禾、5（平方）步黑禾，各种禾的实都不满 1 斗。2（平方）步白禾取青禾、黄禾各 1（平方）步，3（平方）步青禾取黄禾、黑禾各 1（平方）步，4（平方）步黄禾取黑禾、白禾各 1（平方）步，5（平方）步黑禾取白禾、青禾各 1（平方）步，而它们的实都满 1 斗。问：1（平方）步白禾、青禾、黄禾、黑禾的实各是多少？答：1（平方）步白禾的实是 $\frac{33}{111}$ 斗，1（平方）步青禾的实是 $\frac{28}{111}$ 斗，1（平方）步黄禾的实是 $\frac{17}{111}$ 斗，1（平方）步黑禾的实是 $\frac{10}{111}$ 斗。

计算法则是：如同方程术那样求解。分别布置所取的数量。将正负术纳入之。

[15] 假设有 2 捆甲等禾，3 捆乙等禾，4 捆丙等禾，它们的重量都超过 1 石：2 捆甲等禾超过 1 石的恰好是 1 捆乙等禾的重量，3 捆乙等禾超过 1 石的恰好是 1 捆丙等禾的重量，4 捆丙等禾超过 1 石的恰好是 1 捆甲等禾的重量。问：1 捆甲等禾、乙等禾、丙等禾各重多少？答：1 捆甲等禾重 $\frac{17}{23}$ 石，1 捆乙等禾重 $\frac{11}{23}$ 石，1 捆丙等禾重 $\frac{10}{23}$ 石。

计算法则是：如同方程术那样求解。布置与重量超过 1 石的部分相当的那种物品，为负的。这个问题是说，2 捆甲等禾的重量超过 1 石。那超过的部分是什么呢？就如同 1 捆乙等禾的重量。互相置换它们的算数，使其互相折算，那么一律以 1 石作为差实。差实，如同甲等禾余下的实，所以布置的算数都是相同的。将正负术纳入之。这里的"纳入"就是，头位的两个数如果符号不相同，则它们的数值相减，正数如果无偶就是正数，负数如果无偶就是负数。

《古题今解》

[14]

设白、青、黄、黑禾每 1 （平方）步得粮之实分别为 x、y、z、u 斗，则依据题设条件列方程：

$$\begin{cases} 2x+y+z=1 \\ 3y+z+u=1 \\ 4z+x+u=1 \\ 5u+x+y=1 \end{cases}，解得 \begin{cases} x=\dfrac{33}{111}（斗） \\ y=\dfrac{28}{111}（斗） \\ z=\dfrac{17}{111}（斗） \\ u=\dfrac{10}{111}（斗） \end{cases}。$$

[15]

设甲、乙、丙禾每捆之重分别为 x、y、z 石，则依据题设条件列方程：

$$\begin{cases} 2x-1=y \\ 3y-1=z \\ 4z-1=x \end{cases}，解得 \begin{cases} x=\dfrac{17}{23}（石） \\ y=\dfrac{11}{23}（石） \\ z=\dfrac{10}{23}（石） \end{cases}。$$

【原文】

[16] 今有令①一人、吏②五人、从③者一十人，食鸡一十；令一十人、吏一人、从者五人，食鸡八；令五人、吏一十人、从者一人，食鸡六。问：令、吏、从者食鸡各几何？答曰：令一人食一百二十二分鸡之四十五，吏一人食一百二十二分鸡之四十一，从者一人食一百二十二分鸡之九十七。

术曰：如方程。以正负术入之。

[17] 今有五羊、四犬、三鸡、二兔直钱一千四百九十六；四羊、二犬、六

鸡、三兔直钱一千一百七十五；三羊、一犬、七鸡、五兔直钱九百五十八；二羊、三犬、五鸡、一兔直钱八百六十一。问：羊、犬、鸡、兔价各几何？答曰：羊价一百七十七，犬价一百二十一，鸡价二十三，兔价二十九。

术曰：如方程。以正负术入之。

【注释】

①令：官名，古代政府某机构的长官，如尚书令等。也专指县级行政长官。

②吏：古代官员的通称。

③从：随从。

【译文】

[16] 假设有 1 位县令、5 位官吏、10 位随从，吃了 10 只鸡；10 位县令、1 位官吏、5 位随从，吃了 8 只鸡；5 位县令、10 位官吏、1 位随从，吃了 6 只鸡。

问：1 位县令、1 位官吏、1 位随从，各吃多少只鸡？答：1 位县令吃了 $\frac{45}{122}$ 只鸡，1 位官吏吃了 $\frac{41}{122}$ 只鸡，1 位随从吃了 $\frac{97}{122}$ 只鸡。

计算法则是：如同方程术那样求解。将正负术纳入之。

[17] 假设有 5 只羊、4 条狗、3 只鸡、2 只兔子值钱 1496 钱；4 只羊、2 条狗、6 只鸡、3 只兔子值钱 1175 钱；3 只羊、1 条狗、7 只鸡、5 只兔子值钱 958 钱；2 只羊、3 条狗、5 只鸡、1 只兔子值钱 861 钱。问：1 只羊、1 条狗、1 只鸡、1 只兔子价钱各是多少？答：1 只羊的价钱是 177 钱，1 条狗的价钱是 121 钱，1 只鸡的价钱是 23 钱，1 只兔子的价钱是 29 钱。

计算法则是：如同方程术那样求解。将正负术纳入之。

古题今解

[16]

设令、吏、从者每人吃鸡数分别为 x、y、z 只，则依据题设条件列方程：

$$\begin{cases} x + 5y + 10z = 10 \\ 10x + y + 5z = 8 \\ 5x + 10y + z = 6 \end{cases}, \quad 解得 \begin{cases} x = \dfrac{45}{122}（只） \\ y = \dfrac{41}{122}（只） \\ z = \dfrac{97}{122}（只） \end{cases}。$$

[17]

设羊、狗、鸡、兔每只各为 x、y、z、u 钱，则依据题设条件列方程：

$$\begin{cases} 5x + 4y + 3z + 2u = 1496 \\ 4x + 2y + 6z + 3u = 1175 \\ 3x + y + 7z + 5u = 958 \\ 2x + 3y + 5z + u = 861 \end{cases}，解得 \begin{cases} x = 177 \text{（钱）} \\ y = 121 \text{（钱）} \\ z = 23 \text{（钱）} \\ u = 29 \text{（钱）} \end{cases}。$$

四元术

四元术是指多元高次方程组解法，包括四元术表示法和四元消法两部分内容。四元术的核心是四元消法，即将四元四式消元后成三元三式，再消元变成二元二式，最后化成一元一式方程，即高次开方式。朱世杰在他的数学专著中给出了天元术、二元术、三元术和四元术的例子。在四元术的表示中，他将常数项居中，旁记一"太"字，天元幂系数在下面，地元居在左边，人元居在右边，物元居在上面，幂次由它们和"太"字的位置关系决定，没有记出天、地、人、物等字，距"太"字愈远，幂次愈高，相邻两元幂次的积记入每行列的交叉处，不相邻的未知数的幂次的积无相应位置，就放在夹缝中，一个筹式相当于现今的一个方程式，二元方程组列出两个筹式，三元方程组列出三个筹式，四元方程组列出四个筹式。这是一种分离系数表示法，对列出高次方程组与消元都很方便。但是由于平面只有上、下、左、右四个方向，所以最多只能列出四元，高出四元的方程组就不能表示出来了。

【原文】

[18] 今有麻九斗、麦七斗、菽三斗、苔二斗、黍五斗，直钱一百四十；麻七斗、麦六斗、菽四斗、苔五斗、黍三斗，直钱一百二十八；麻三斗、麦五斗、菽七斗、苔六斗、黍四斗，直钱一百一十六；

麻二斗、麦五斗、菽三斗、荅九斗、黍四斗，直钱一百一十二；麻一斗、麦三斗、菽二斗、荅八斗、黍五斗，直钱九十五。问：一斗直几何？答曰：麻一斗七钱，麦一斗四钱，菽一斗三钱，荅一斗五钱，黍一斗六钱。

【译文】

[18] 假设有 9 斗麻、7 斗小麦、3 斗菽、2 斗荅、5 斗黍，值 140 钱；7 斗麻、6 斗小麦、4 斗菽、5 斗荅、3 斗黍，值 128 钱；3 斗麻、5 斗小麦、7 斗菽、6 斗荅、4 斗黍，值 116 钱；2 斗麻、5 斗小麦、3 斗菽、9 斗荅、4 斗黍，值 112 钱；1 斗麻、3 斗小麦、2 斗菽、8 斗荅、5 斗黍，值 95 钱。问：1 斗麻、小麦、菽、荅、黍各值多少钱？答：1 斗麻值 7 钱，1 斗小麦值 4 钱，1 斗菽值 3 钱，1 斗荅值 5 钱，1 斗黍值 6 钱。

《古题今解》

[18]

设每斗麻、麦、菽、荅、黍各值 x、y、z、u、v 钱，则依据题设条件列方程：

$$\begin{cases} 9x+7y+3z+2u+5v=140 \\ 7x+6y+4z+5u+3v=128 \\ 3x+5y+7z+6u+4v=116 \\ 2x+5y+3z+9u+4v=112 \\ x+3y+2z+8u+5v=95 \end{cases}，解得\begin{cases} x=7（钱） \\ y=4（钱） \\ z=3（钱） \\ u=5（钱） \\ v=6（钱） \end{cases}。$$

【原文】

术曰：如方程。以正负术入之。此"麻麦"与"均输""少广"之章重衰[①]、积分皆为大事。其拙于精理徒按本术者，或用算而布毡，方好烦而喜误，曾不知其非，反欲以多为贵。故其算也，莫不暗于设通[②]而专于一端。至于此类，苟务其成，然或失之，不可谓要约。更有异术者，庖丁解牛，游刃理间，故能历久其刃如新。夫数，犹刃也，易简用之则动中庖丁之理。故能和神爱刃，速而寡尤。凡《九章》为大事，按法皆不尽[③]一百算也。虽布算不多，然足以算多。世人多以方程为难，或尽布算之象在缀正负而已，未暇以论其设动无方，斯胶柱调瑟[④]之类。聊复恢演[⑤]为作新术，著之于此，将亦启导疑意。网罗道精[⑥]，岂传之空言？记其施用之例，著策之数，每举一隅[⑦]焉。

【注释】

①重衰：指"均输"章用连锁比例求解的各个问题的方法。

②暗于设通：不通晓全面而通达。

③不尽：不能穷尽。

④胶柱调瑟：如果用胶黏住瑟的弦柱，就无法调节音调，以比喻拘泥不知变通。

⑤聊复恢演：姑且展开演算。

⑥道精：道理的精髓。

⑦每举一隅：举一反三。

【译文】

计算法则是：如同方程术那样求解。将正负术纳入之。此"麻麦问"与"均输"章的重衰、"少广"章的积分等都是重要问题。那些对数理的精髓认识肤浅，只知道按本来方法做的人，有时为了布置算数而铺下毡毯，正是喜好烦琐而导致错误，竟然不知道这样做不好，反而想以布算多为贵。所以他们都不通晓全面而通达知识而拘泥于一孔之见。至于此类做法，即使努力使其成功，然而有时会产生失误，不能说是抓住了关键。更有一种新异的方法，就像是庖丁解牛，使刀刃在牛的肌理间游动，所以能历经很久其刀刃却像新的一样。数学方法就好像是刀刃，遵从易简的原则使用之，就常常正合于庖丁解牛的道理。所以只要能认真细心，就会做得迅速而错误极少。凡是《九章算术》中成为大的问题，按方法都不足100步计算。虽然布算不多，然足以计算很复杂的问题。世间的人大都把方程术看得很难，或者认为布算之象只不过在点缀正负数而已，没有花时间讨论它们的无穷变换，这是胶柱调瑟那样的事情。我姑且展示演算，为之作一新术，撰著于此，只不过是想启发开导疑惑之处。搜罗数理的精髓，岂能只说空话？我记述其施用的例子，运算的方法，在这里只举其一隅而已。

【原文】

方程新术曰：以正负术入之。令左、右相减，先去下实，又转去物位，则其①求一行二物正、负相借者，是其相当之率②。又令二物与他行互相去取，转其二物相借之数，即皆相当之率也。各据二物相当之率，对易其数，即各当之率③也。更置成行及其下实④，各以其物本率今有之，求其所同，并以为法。其当相并而行中正负杂者，同名相从，异名相消，余以为法。以下置为实⑤。实如法，即合所问也。一物各以本率今有之，即皆合所问也。率不通者，齐之⑥。

【注释】

①其：训"以"。

275

②相当之率：与相与之率相反的率关系。

③各当之率：即相与之率。

④更置成行及其下实：重新布置所确定的一行及其下方的实。

⑤以下置为实：以下方所布置的作为被除数。

⑥率不通者，齐之：第一步所求出的诸未知数的两两相与之率不一定互相通达，便使用齐同术，使诸率悉通。

【译文】

方程新计算法则是：将正负术纳入之。使左、右相减，先消去下方的实，又转而消去某些位置上的物品，则由此求出某一行中两种物品以正、负表示的互相借取的数，就是它们的相当之率。又使此两种物品的系数与其他行互相去取，转而求出那些行的两种物品的互相借取之数，则全都是相当之率。分别根据两种物品的相当之率，对易其数，那么就是它们分别对应的率。重新布置那确定的一行及其下方的实，分别以各种物品的本率应用今有术，求出各物同为某物的数，相加，作为除数。如果其中应当相加而行中正负数相混杂的，那么同一符号的就相加，不同符号的就相消，余数作为除数。以下方布置的数作为被除数。被除数除以除数，便应该是所问的那种物品的数量。每一种物品各以其本率应用今有术，便都应该是所问的物品的数量。其中如果有互相不通达的率，就使它们相齐。

【原文】

其一术①曰：置群物通率②为列衰。更置成行群物之数③，各以其率乘之，并以为法。其当相并而行中正负杂者，同名相从，异名相消，余为法。以成行下实乘列衰，各自为实。实如法而一，即得。

【注释】

①其一术：是方程新术的另一种方法。

②通率：即诸未知数的相与之率。通率在应用衰分术时作为列衰。

③重新布置那确定的一行各个物品之数。

【译文】

又一计算法则是：布置所有物品的通率，作为列衰。重新布置那确定的一行各个物品之数，各以其率乘之，相加，作为除数。如果其中有相加而行中正负数相混杂的，那么同一符号的就相加，不同符号的就相消，余数作为除数。以确定的这行下方的实乘列衰，各自作为被除数。被除数除以除数，即得到答案。

【原文】

以旧术①为之，凡应置五行。今欲要约。先置第三行，减以第四行②，又减第五行③；次置第二行，以第二行减第一行④，又减第四行⑤，去其头位；余，可半⑥；次置右行及第二行，去其头位⑦；次以右行去第四行头位⑧，次以左行去第二行头位⑨；次以第五行去第一行头位⑩；次以第二行去第四行头位；余，可半⑪；以右行去第二行头位⑫；以第二行去第四行头位⑬。余，约之为法、实，实如法而一，得六，即有黍价。以法治第二行，得荅价，右行得菽价，左行得麦价，第三行麻价。如此凡用七十七算。

【注释】

①旧术：是刘徽将直除法进行到底的那种方法。

②先置第三行，减以第四行：以第4行减第3行。

③又减第五行：又去减第5行。

④次置第二行，以第二行减第一行：再布置第2行，以第2行减第1行。

⑤又减第四行：这里仍然是以第2行减第1行之后新的第1行减第4行。

⑥去其头位；余，可半：消去第4行的头位；剩余的整行，可以被2整除，便除以2。

⑦次置右行及第二行，去其头位：此谓布置右行及第2行，分别以第3行二度减、七度减，其头位均变为0。

⑧次以右行去第四行头位：此谓布置第4行，以右行二度减第4行，第4行头位变为0（头位均就有效数字而言）。

⑨次以左行去第二行头位：此谓布置第2行，以左行二度减第2行，第2行头位变为0。

⑩次以第五行去第一行头位：此谓布置第1行，以第5行头位3遍乘第1行，减去第5行，第1行头位变为0。

⑪次以第二行去第四行头位；余，可半：此谓布置第4行，将第2行加于第4行，并整行除以2。第4行头位变为0。

⑫以右行去第二行头位：此谓布置第2行，以右行头位25遍乘第2行，二度减右行，第2行头位变为0。

⑬以第二行去第四行头位：此谓布置第4行，以第2行头位遍乘第4行，二度减第2行，则第4行头位变为0。

【译文】

用旧的方程术求解"麻麦问"，共应该布置五行。现在想抓住问题的关键，并使之简约。先布置第三行，减去第四行，又减第五行；再布置第二行，以第二行减第一行，又减第四行，消去它的头位；剩余的整行，可以被 2 整除；再布置右行及第二行，消去它们的头位；再以右行消去第四行的头位；再以左行消去第二行的头位；再以第五行消去第一行的头位；再以第二行消去第四行的头位；剩余的整行，可以被 2 整除；以右行消去第二行的头位；以第二行消去第四行的头位。剩余的整行，约简，作为除数、被除数，被除数除以除数，得 6，就是 1 斗黍的价钱。分别以法处理第二行，得到 1 斗荅的价钱，处理右行，得到 1 斗菽的价钱，处理左行，得到 1 斗麦的价钱，处理第三行，得到 1 斗麻的价钱。这样做，共用了 77 步运算。

【原文】

以新术为此：先以第四行减第三行。次以第三行去右行及第二行、第四行下位①。又以减左行下位，不足减乃止②。次以左行减第三行下位③。次以第三行去左行下位。讫，废去第三行④。次以第四行去左行下位，又以减右行下位⑤。次以右行去第二行及第四行下位⑥。次以第二行减第四行及左行头位⑦。次以第四行减左行菽位，不足减乃止⑧。次以左行减第二行头位，余，可再半⑨。次以第四行去左行及第二行头位⑩。次以第二行去左行头位⑪。余，约之，上得五，下得三，是菽五当荅三。次以左行去第二行菽位，又以减第四行及右行菽位，不足减乃止⑫。次以右行减第二行头位，不足减乃止⑬。次以第二行去右行头位⑭。次以左行去右行头位⑮。余，上得六，下得五。是为荅六当黍五。次以左行去右行荅位⑯。余，约之，上为二，下为一。次以右行去第二行下位⑰，以第二行去第四行下位，又以减左行下位⑱。次，左行去第二行下位。余，上得三，下得四。是为麦三当菽四。次以第二行减第四行下位。次以第四行去第二行下位。

【注释】

①以第三行减右行、第二行、第四行，直到它们的下位（实）变为 0。

②又以第三行减左行，以消减左行下位（实），直到不足减为止。

③以左行减第三行，以消减其下位。

④以第三行减左行，直到其下位变为 0。然后废去第三行，其余四行的下位变为 0。

⑤以第四行（仍是原来的序号）减左行，直到其下位变为 0；又以第四行减右行，消减其下位。

⑥以右行减第二行、第四行，直到其下位变为 0。

⑦以第二行减第四行、左行，以消减其头位。

⑧以第四行减左行，以消减其菽位（第3位），直到不足减为止。

⑨以左行加第二行，以消减其头位（绝对值）。剩余的第二行整行，除以4。

⑩以第四行加左行，减第二行，直到其头位变为0。

⑪以第二行加左行，直到其头位变为0。

⑫以左行减第二行，直到其菽位变为0。又以左行加第四行，减右行，加第四行，直到菽位不足减为止。

⑬以右行减第二行，直到头位不足减为止。

⑭以第二行减右行，直到头位变为0。

⑮以左行减右行，直到头位变为0。

⑯以左行加右行，直到荅位变为0。

⑰以右行加第二行，直到其下位变为0。

⑱以第二行加第四行，其下位变为0。

【译文】

以方程新术解决这个问题：先以第四行减第三行。再以第三行消去右行及第二行、第四行的下位。又以第三行消减左行，直到其下位不足减才停止。再以左行减第三行，消减其下位。再以第三行消去左行的下位。完了，废去第三行。再以第四行消去左行的下位，又以第四行减右行，消减其下位。再以右行消去第二行及第四行的下位。再以第二行减第四行及左行，消减它们的头位。再以第四行减左行，直到其菽位不足减才停止。再以左行减第二行，消减其头位，其剩余的行，可以两次被2整除。再以第四行加左行，减第二行，消去它们的头位。再以第二行加左行，消去其头位。余数，约简之，上方得到5，下方得到3，这就是菽5相当于荅3。再以左行减第二行，消去其菽位，又以左行加第四行，减右行，消减其菽位，直到不足减才停止。再以右行减第二行，直到其头位不足减才停止。再以第二行消去右行的头位。再以左行消去右行的头位。余数，上方得到6，下方得到5。这就是荅6相当于黍5。再以左行加右行，消去其荅位。余数，约简之，上方为2，下方为1。再以右行加第二行，消去其下位，再第二行加第四行，消去其下位，又以第二行加左行，消减其下位。再以左行加第二行，消去其下位。余数，上方得到3，下方得到4。这就是麦3相当于菽4。再以第二行减第四行，消减其下位。再以第四行减第二行，消去其下位。

【原文】

余，上得四，下得七，是为麻四当麦七[1]。是为相当之率举矣。据麻四当麦七，即为麻价率七而麦价率四[2]；又麦三当菽四，即为麦价率四而菽价率三[3]；又菽五当荅三，即为菽价率三而荅价率五[4]；又荅六当黍五，即为荅价率[5]五而黍价率六[6]；而率通矣。更置第三行，以第四行减之，余有麻一斗、菽四斗正，

荅三斗负，下实四正。求其同为麻之数，以菽率三、荅率五各乘其斗数，如麻率七而一，菽得一斗、七分斗之五正，荅得二斗、七分斗之一负。则菽、荅化为麻，以并之，令同名相从，异名相消，余得定麻七分斗之四，以为法。置四为实，而分母乘之，实得二十八，而分子化为法矣。以法除得七，即麻一斗之价。置麦率四、菽率三、荅率五、黍率六，皆以麻价乘之，各自为实。以麻率七为法，所得即各为价。

亦可使置本行实与物同通之，各以本率今有之，求其本率所得，并，以为法。如此，即无正负之异矣[7]，择异同而已[8]。

【注释】

①诸物的相当之率，即麻4相当于麦7，麦3相当于菽4，菽5相当于荅3，荅6相当于黍5。

②此由麻4相当于麦7，得出麻：麦＝7：4。

③此由麦3相当于菽4，得出麦：菽＝4：3。

④此由菽5相当于荅3，得出菽：荅＝3：5。

⑤此由荅6相当于黍5，得出荅：黍＝5：6。

⑥由于麻与麦，麦与菽，菽与荅，荅与黍的四组率中，麦、菽、荅的率已相等，故不必再进行齐同，直接得出麻：麦：菽：荅：黍 = 7：4：3：5：6。

⑦显然，这里没有正负数的加减问题。

⑧择异同而已：只是选择所同于的谷物罢了。

【译文】

余数，上方得到 4，下方得到 7。这就是麻 4 相当于麦 7。这样，各种谷物的相当之率都列举出来了。根据麻 4 相当于麦 7，就是麻价率是 7 而麦价率是 4；又根据麦 3 相当于菽 4，就是麦价率是 4 而菽价率是 3；又根据菽 5 相当于荅 3，就是菽价率是 3 而荅价率是 5；又根据荅 6 相当于黍 5，就是荅价率是 5 而黍价率是 6；因而诸率都互相通达了。重新布置第三行，以第四行减之，余有麻的斗数 1，菽的斗数 4，都是正的，荅的斗数 3，是负的，下方的实 4，是正的。求出它们同为麻的数，就以菽率 3、荅率 5 各乘菽、荅的斗数，除以麻率 7，得到菽为 $1\frac{5}{7}$ 斗，是正的，得到荅为 $2\frac{1}{7}$ 斗，是负的。那么菽、荅都化成了麻，将它们相加，使同一符号的相加，不同符号的相消，那么确定麻的余数是 $\frac{4}{7}$ 斗，作为除数。布置 4 作为被除数，而以分母乘之，得到实为 28，而分子化为除数。以法除，得到 7，就是 1 斗麻的价钱。布置麦率 4、菽率 3、荅率 5、黍率 6，皆以 1 斗麻的价钱乘之，各自作为被除数。以麻率 7 作为除数，被除数除以除数，所得到的结果就是各种谷物的价钱。

也可以布置原来某一行的实与诸谷物的斗数，将它们同而通之，分别以其本率，应用今有术，求其本率所相应的某谷物的数，相加，作为除数。这样做，就没有正负数的差异了，只是选择它们所同于的谷物罢了。

空位表零法

在公元 4 世纪以前，中国人就开始用空位表示零，中国的算盘就是这样表示的。西方用符号"0"来表示零。有人认为，"0"是印度人在公元 9 世纪发明的，因为它出现在公元 870 年瓜摩尔的碑文中。但是人们后来发现，符号"0"的出现要比这早得多，因为在公元 683 年柬埔寨和苏门答腊的碑文中，和在公元 686 年苏门答腊附近的邦加岛上的碑文中，都出现了这一符号。一些专家认为，这些国家出现的零的符号是由中国传过去的，然后他们又将其传到印度。

当然，我们说用空位表示零这是中国人的发明，并不是说使用"0"符号的绝对优先权属于我国，因为直到 1247 年，"0"符号才第一次在我国印刷品中出现。尽管在 1247 年以前我们的祖先就已经使用这个符号了，但没有人知道，这个表示零的符号，中国人是在何时、何地首先使用的，这是需要进一步考证的。

当然，有一点需要强调，零的重要程度超出很多人的想象，如果我们忽视了零，那么现代技术可能会瓦解。

【原文】

又可以一术为之[①]：置五行通率，为麻七、麦四、菽三、荅五、黍六以为列衰[②]。成行麻一斗、菽四斗正，荅三斗负，各以其率乘之，讫，令同名相从，异名相消，余为法。又置下实乘列衰，所得各为实。此可以置约法，则不复乘列衰，各以列衰为价[③]。如此则凡用一百二十四算也。

【注释】

①此是以上述"其一术"解"麻麦问"的演算，它归结到衰分术。

②以麻、麦、菽、荅、黍的相与之率作为列衰。

③各以列衰为价：分别以列衰作为价格。

【译文】

又可以用另一术求解它：布置五行的通率，就是麻7、麦4、菽3、荅5、黍6，作为列衰。取确定的一行：麻的斗数1，是正的，菽的斗数4，是正的，荅的斗数3，是负的，分别以它们各自的率乘之。完了，使符号相同的相加，符号不同的相消，余数作为除数。又布置下方的实乘列衰，所得分别作为被除数。而在这一问题中，下方布置的实可以与法互约，则不再乘列衰，分别以列衰作为1斗的价钱。这样做，共用了124步运算。

勾股^①以御高深广远

（勾股：处理有关高深广远的问题）

本章主要讲勾股定理的应用和测量问题，勾股容方和容圆问题的解法，利用勾股定理求解的各种问题。其中的绝大多数内容是与当时的社会生活密切相关的。提出了勾股数问题的通解公式：若 a、b、c 分别是勾股形的勾、股、弦，则 $a^2 + b^2 = c^2$。在西方，毕达哥拉斯、欧几里得这些数学家仅得到了这个公式的几种特殊情况，直到 3 世纪，希腊的"代数之父"丢番图才取得相近的结果，这比《九章算术》晚约三个世纪。本章内涉及的有些数学内容，在西方，有的甚至在近代才出现。例如勾股章最后一题给出的一组公式，在国外到 19 世纪末才由美国的数论学家迪克森得出。

【原文】

[01] 今有勾②三尺，股③四尺。问：为弦④几何？答曰：五尺。

[02] 今有弦五尺，勾三尺。问：为股几何？答曰：四尺。

[03] 今有股四尺，弦五尺。问：为勾几何？答曰：三尺。

勾股短面曰勾，长面曰股，相与结角曰弦。勾短其股，股短其弦。将以施于诸率，故先具此术以见其源也。术曰：勾股各自乘，并，而开方除之，即弦。勾自乘为朱方，股自乘为青方⑤，令出入相补，各从其类⑥，因就其余不移动也，合成弦方之幂。开方除之，即弦也。又，股自乘，以减弦自乘，其余，开方除之，即勾。臣淳风等谨按：此术以勾、股幂合成弦幂。勾方于内，则勾短于股。令股自乘，以减弦自乘，余者即勾幂也。故开方除之，即勾也。又，勾自乘，以减弦自乘，其余，开方除之，即股。勾、股幂合以成弦幂，令去其一，则余在者皆可得而知之。

【注释】

①勾股：中国传统数学的重要科目，由先秦"九数"中的"旁要"发展而来。

②勾：勾股形中较短的直角边。

③股：勾股形中较长的直角边。

④弦：勾股形中的斜边。

⑤《九章算术》与刘徽时代常给图形涂上朱、青、黄等不同的颜色。这里勾方为朱方，股方为青方，但并不是固定的。下文勾股容方、勾股容圆中，朱、青分别表示位于勾、股上的小勾股形。

⑥出入相补，各从其类：这就是著名的"出入相补"原理。

【译文】

[01] 假设勾股形中勾是3尺，股是4尺。问：相应的弦是多少？答：5尺。

[02] 假设勾股形中弦是5尺，勾是3尺。问：相应的股是多少？答：4尺。

[03] 假设勾股形中股是 4 尺，弦是 5 尺。问：相应的勾是多少？答：3 尺。

勾股在勾股形中，短边叫作勾，长边叫作股，与勾、股分别形成一个角的边叫作弦。勾比股短，股比弦短。将要把勾股术实施于各种率中，所以先提出这种算法，为的是展现其源头。计算法则是：勾、股各自乘，相加，而对之作开方除法，就得到弦。勾自乘为红色的正方形，股自乘为青色的正方形，现在使它们按照自己的类别进行出入相补，而使其余的部分不移动，就合成以弦为边长的正方形之幂。对之作开方除法，就得到弦。又，股自乘，以它减弦自乘，对其余数作开方除法，就得到勾。淳风等按：这种算法中以勾幂与股幂合成弦幂。勾所形成的正方形在股所形成的正方形的里面，就是勾比股短。使股自乘，以它减弦自乘，其剩余的部分就是勾幂也。所以对之作开方除法，就得到勾。又，勾自乘，以它减弦自乘，对其余数作开方除法，就得到股。勾幂与股幂合以成弦幂，现在去掉其中之一，则余下的那个都是可以知道的。

古题今解

[01]

根据题设条件，设直角三角形勾为 a，股为 b，弦为 c，则：

$$c^2 = a^2 + b^2,\ c = \sqrt{a^2 + b^2} = \sqrt{3^2 + 4^2} = 5\ （尺）。$$

[02]

根据题设条件，设直角三角形勾为 a，股为 b，弦为 c，则：

$$b^2 = c^2 - a^2,\ b = \sqrt{c^2 - a^2} = \sqrt{5^2 - 3^2} = 4\ （尺）。$$

[03]

根据题设条件，设直角三角形勾为 a，股为 b，弦为 c，则：

$$a^2 = c^2 - b^2,\ a = \sqrt{c^2 - a^2} = \sqrt{5^2 - 4^2} = 3\ （尺）。$$

勾股术的起源和发展

勾股由先秦"九数"中的"旁要"发展而来，是中国传统数学的重要科目。勾股术在中国很早就有实践运用。相传，大禹治水时左手拿着准绳，右手拿着规矩。而准绳、规矩都是测望山川高低远近的工具，其运用的原理不外乎是勾股术。

据《周髀算经》所载，勾股知识在中国起源很早，可以追溯到公元前 11 世纪的商高。商高答周公问曰："勾广三，股修四，径隅五。"公元前 5 世纪陈子答荣方问中也有勾股术的抽象完整的表述。我国古代数学家贾宪将勾股容方解法称为勾股旁要法，"旁要"除了测望城邑等测望问题外，还包括勾股术、勾股容方、勾股容圆等内容。张苍、耿寿昌整理《九章算术》，将其补充到原有的"旁要"卷，并将其改称"勾股"。

【原文】

[04] 今有圆材径二尺五寸，欲为方版^①，令厚七寸。问：广几何？答曰：二尺四寸。

术曰：令径二尺五寸自乘，以七寸自乘减之，其余，开方除之，即广。此以圆径二尺五寸为弦，版厚七寸为勾，所求广为股也^②。

[05] 今有木长二丈，围之三尺。葛生其下，缠木七周，上与木齐。问：葛长几何？答曰：二丈九尺。

术曰：以七周乘围为股，木长为勾，为之求弦。弦者，葛之长。据围广，求从为木长者其形葛卷裹袤^③。以笔管青线宛转，有似葛之缠木。解而观之，则每周之间自有相间成勾股弦。则其间葛长，弦。七周乘围，并合众勾以为一勾；木长而股，短，术云木长谓之股，言之倒。勾与股求弦，亦无围，弦之自乘幂^④。勾、股幂合为弦幂，明矣。然二幂之数谓倒在于弦幂之中而已，可更相表里，居里者则成方幂，其居表者则成矩幂^⑤。二表里形讹而数均^⑥。又按^⑦：此图勾幂之矩青，卷白表，是其幂以股弦差为广，股弦并为袤，而股幂方其里。股幂之矩青，卷白表^⑧，是其幂以勾弦差为广，勾弦并为袤，而勾幂方其里。是故差之与并，用除之，短、长互相乘也。

【注释】

①版：木板。后作"板"。

②此谓版厚、版广和圆材的直径构成一个勾股形的勾、股、弦。

③据围广，求从为木长者其形葛卷裹袤：根据围的广，求纵为树长而其形状如裹卷该树的葛的长。

④此谓在此问这种青线宛转若干周而展成的勾股问题中，勾与股求弦，如同"无围"的情形。

⑤刘徽进一步指出，勾幂与股幂合成弦幂时互为表里。

⑥二表里形讹而数均：此谓勾幂（或股幂）居里与居表形状不同，而面积却相等。

⑦按：在勾股章中，"朱"不一定表示勾幂，"青"也不一定表示股幂。本章有几处用朱幂、青幂表示勾股形的面积，亦有用青幂表示勾矩者。

⑧股幂之矩青，卷白表：股幂之矩呈青色，卷曲在白色的勾方表面。

【译文】

[04] 假设有一圆形木材，其截面的直径是2尺5寸，想把它锯成一条方板，使它的厚为7寸。问：它的广是多少？答：2尺4寸。

计算法则是：使直径2尺5寸自乘，以7寸自乘减之，对其余数作开方除法，就得到它的广。这里以圆的直径2尺5寸作为弦，方板的厚7寸作为勾，所要求的方板的广就是股。

[05] 假设有一株树长是2丈，一围的周长是3尺。有一株葛生在它的根部，缠绕树干共7周，其上与树干顶端相齐。问：葛长是多少？答：2丈9尺。

计算法则是：以7周乘围作为股，树长作为勾，求它们所对应的弦。弦就是葛的长。根据围的广，求纵为树长而其形状如裹卷该树的葛的长。取一支笔管，用青线宛转缠绕之，就像葛缠绕树。把它解开而观察之，则每一周之间各自间隔成勾股弦。那么其间隔中葛的长，就是弦。7周乘围广，就是合并各个股形的勾作为一个勾；树长作为股，却比勾短，所以如果术文说树长叫作股，就把勾、股说颠倒了。由勾与股求弦，如同没有围的情形，弦自乘得到的幂也出自上面第一图。那么勾幂与股幂合成弦幂，是很明显的。这样，勾、股二幂之数倒互于弦幂之中罢了，它们在弦幂中互相为表里，位于里面的就成为正方形的幂，那位于表面的就成为折矩形的幂。二组位于表、里的幂的形状不同而数值却相等。又提示：此图中勾幂的折矩是青色的，卷曲在白色的股幂的表面，则它的幂以股弦差作为广，以股弦和作为长，而股幂呈正方形，居于它的里面。股幂的折矩是青色的，卷曲在白色的勾幂的表面，则它的幂以勾弦差作为广，以勾弦和作为长，而勾幂呈正方形，居于它的里面。因此，勾弦或股弦的差与和，就是用其中之一除短、长互相乘。

古题今解

[04]

作图9-01，根据题设条件：

$BC = 25$寸，$CD = 7$寸，得：$BD = \sqrt{25^2 - 7^2}$寸 $= 24$寸 $= 2$尺4寸。

图9-01 示意图

［05］

作图 9-02，根据题设条件：

$EF = 3$ 尺，$BC = 7 \times 3$ 尺 $= 21$ 尺，$AB = 2$ 丈 $= 20$ 尺，

所求 $AC = \sqrt{AB^2 + BC^2} = \sqrt{20^2 + 21^2}$ 尺 $= 29$ 尺 $= 2$ 丈 9 尺。

图 9-02　示意图

【原文】

［06］今有池方一丈，葭①生其中央，出水一尺。引葭赴岸，适与岸齐。问：水深、葭长各几何？答曰：水深一丈二尺，葭长一丈三尺。

术曰：半池方自乘，此以池方半之，得五尺为勾，水深为股，葭长为弦。以勾、弦见股，故令勾自乘，先见矩幂也②。以出水一尺自乘，减之，出水者，股弦差。减此差幂于矩幂则除之③。余，倍出水除之，即得水深。差为矩幂之广④，水深是股。令此幂得出水一尺为长，故为矩而得葭长也⑤。加出水数，得葭长。臣淳风等谨按：此葭本出水一尺，既见水深，故加出水尺数而得葭长也。

［07］今有立木，系索其末，委⑥地三尺。引索却行，去本八尺而索尽。问：索长几何？答曰：一丈二尺、六分尺之一。

术曰：以去本自乘，此以去本八尺为勾，所求索者，弦也。引而索尽、开门去阗者，勾及股弦差同一术⑦。去本自乘者，先张矩幂。令如委数而一。委地者，股弦差也。以除矩幂，即是股弦并也。所得，加委地数而半之，即索长。子不可半者，倍其母。加差者并，则两长，故又半之。其减差者并，而半之得木长也。

［08］今有垣高一丈。倚木于垣，上与垣齐。引木却行一尺，其木至地。问：木长几何？答曰：五丈五寸。

术曰：以垣高一十尺自乘，如却行尺数而一。所得，以加却行尺数而半之，即木长数。此以垣高一丈为勾，所求倚木者为弦，引却行一尺为股弦差。为术之意与系索问同也。

【注释】

①葭（jiā）：初生的芦苇。

②刘徽认为池方之半、水深、葭长构成一个勾股形。

③减此差幂于矩幂则除之：从勾的折矩幂减去这个差的幂才能除。

④差为矩幂之广：股弦差是勾的折矩幂的广。

⑤令此幂得出水一尺为长，故为矩而得葭长也：使这个幂得到露出水面的 $\frac{1}{2}$ 尺，作为长，所以将它变成折矩，就得到芦苇的长。

⑥委：堆积，累积。

⑦引而索尽、开门去阃（kǔn）者，句及股弦差同一术：牵引着绳索到其尽头、开门离开门槛，都是已知句及股弦差的问题，用同一种术解决。

【译文】

[06] 假设有一水池，1 丈见方，一株芦苇生长在它的中央，露出水面 1 尺。把芦苇扯向岸边，顶端恰好与岸相齐。问：水深、芦苇的长各是多少？答：水深是 1 丈 2 尺，芦苇长是 1 丈 3 尺。

计算法则是：将水池边长自乘，这里取水池边长的 $\frac{1}{2}$ 得到 5 尺，作为句，水深作为股，芦苇的长作为弦。以句、弦展现出股，所以使句自乘，先显现句的折矩幂。以露出水面的 1 尺自乘，减之，芦苇露出水面的长度就是股弦差。从句的折矩幂减去这个差的幂才能除。其余数，以露出水面的长度的 2 倍除之，就得到水深。股弦差是句的折矩幂的广，水深就是股。使这个幂得到露出水面的 1 尺，作为长，所以将它变成折矩，就得到芦苇的长。加芦苇露出水面的数，就得到芦苇的长。淳风等按：这里芦苇本来露出水面 1 尺，既然已经显现出水深，所以加露出水面的尺数而得到芦苇的长度。

[07] 假设有一根竖立的木柱，在它的顶端系一条绳索，那么在地上堆积了 3 尺长。牵引着绳索向后倒退，到距离木柱根部 8 尺时恰好是绳索的尽头。问：绳索的长是多少？答：1 丈 2 $\frac{1}{6}$ 尺。

计算法则是：以到木柱根部的距离自乘，这里以到木柱根部的距离 8 尺作为句，所求绳索的长，就是弦。牵引着绳索到其尽头、开门离开门槛，都是已知句及股弦差的问题，用同一种术解决。以到木柱根部的距离自乘，是先展显句的折矩幂。以地上堆积的绳索的长除之。在地上堆积的长，就是股弦差。以除句的折矩幂，就是股弦和。所得的结果，加堆积在地上的长，除以 2，就是绳索的长。如果分子是不可以除以 2 的，就将分母加倍。在股弦和上加股弦差，则是绳索长的 2 倍，所以又除以 2。在股弦和上减股弦差，也除以 2，便得到木柱的长。

[08] 假设有一堵垣，高 1 丈。一根木柱倚在垣上，上端与垣顶相齐。拖着木向后倒退 1 尺，这根木柱就全部落在地上。问：木柱的长是多少？答：5 丈 5 寸。

计算法则是：以垣高 10 尺自乘，除以向后倒退的尺数。以所得到的结果加向后倒退的尺数，除以 2，就是木柱的长。这里以垣高 1 丈作为勾，所求的倚在垣上的木柱作为弦，以拖着向后倒退 1 尺作为股弦差。造术的意图与在木柱顶端系绳索的问题相同。

古题今解

[06]

作图 9 - 03，根据题设条件：

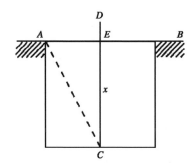

图 9 - 03　示意图

出水深 DE = 1 尺，$AE = \frac{1}{2}AB = 5$ 尺。

设：CE = x（水深），$AC = x + 1$，则，$(x+1)^2 - 5^2 = x^2$。

$x = \dfrac{5^2 - 1^2}{2}$（尺）= 12（尺），芦苇长 = $CE + DE$ = 12 尺 + 1 尺 = 13 尺 = 1 丈 3 尺。

[07]

作图 9 - 04，根据题设条件：

图 9 - 04　示意图

设绳索长为 x，$AB = x - 3$，则：$x^2 = (x-3)^2 + 8^2$，$x = \dfrac{9+64}{6}$（尺）$= 1$ 丈 $2\dfrac{1}{6}$ 尺。

[08]

作图 9 - 05，根据题设条件：

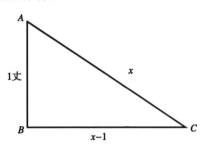

图 9 - 05　示意图

设木杆长度为 x，则 $x^2 - (x-1)^2 = 10^2$，$x = \dfrac{100+1}{2}$（尺）$=$ $= 5$ 丈 5 寸。

【原文】

[09] 今有圆材埋在壁①中，不知大小。以锯锯之，深一寸，锯道长一尺。问：径几何？答曰：材径二尺六寸。

术曰：半锯道自乘，此术以锯道一尺为勾，材径为弦，锯深一寸为股弦差之一半，锯道长是半也②。臣淳风等谨按：下锯深得一寸为半股弦差，注云为股弦差者，锯道也。如深寸而一，以深寸增之，即材径。亦以半增之，如上术，本当半之，今此皆同半差，故不复半也。

[10] 今有开门去阃一尺，不合二寸③。问：门广几何？答曰：一丈一寸。

术曰：以去阃一尺自乘，所得，以不合二寸半之而一。所得，增不合之半，即得门广。此去阃一尺为勾，半门广为弦，不合二寸以半之，得一寸为股弦差，求弦。故当半之。今次以两弦为广数，故不复半之也④。

【注释】

①壁：墙壁。

②锯道长也应是取一半。

③假设打开两扇门，距门槛1尺，没有合上的宽度是2寸。

④现在以两弦作为门广的数，所以不再取它们的一半了。

【译文】

[09] 假设有一圆形木材埋在墙壁中，不知道它的大小。用锯锯之，如果深达到 1 寸，则锯道长是 1 尺。问：木材的直径是多少？答：木材的直径是 2 尺 6 寸。

计算法则是：锯道长的 $\frac{1}{2}$ 自乘，这种算法中以锯道长 1 尺作为勾，木材的直径作为弦，锯道深 1 寸是股弦差的 $\frac{1}{2}$，锯道长也应是取一半。淳风按：下锯深度 1 寸是股弦差的一半，刘徽的注的意思是，与股弦差相对应的勾是锯道的长。除以锯道深 1 寸，加上锯道深 1 寸，就是木材的直径。也以股弦差的 $\frac{1}{2}$ 加之。如同上面诸术，本来应当取其 $\frac{1}{2}$，现在这里所有的因子都取了 $\frac{1}{2}$，所以就不再取其一半了。

[10] 假设打开两扇门，距门槛 1 尺，没有合上的宽度是 2 寸。问：门的广是多少？答：1 丈 1 寸。

计算法则是：以到门槛的距离 1 尺自乘，所得到的结果，除以没有合上的宽度 2 寸的一半。所得到的结果，加没有合上的宽度 2 寸的一半就得到门的广。这里以到门槛的距离 1 尺作为勾，门广的 $\frac{1}{2}$ 作为弦，取没有合上的宽度 2 寸的一半，得到 1 寸作为股弦差，以求弦。本来应当取其 $\frac{1}{2}$。现在以两弦作为门广的数，所以不再取它们的一半了。

古题今解

[09]

作图 9-06，根据题设条件：

图 9-06 示意图

ED =1 寸，AB =1 尺 =10 寸，设直径 AC 为 x 寸，$DO = \frac{1}{2}x - 1$，则 $BC = 2 \times$

$(\frac{1}{2}x - 1)$ = $x - 2$。

在直角三角形 ABC 中 AC^2 即，$x^2 = 10^2 + (x-2)^2$，$x = 26$ 寸 =2 尺 6 寸。

[10]

作图 9 - 07，根据题设条件：

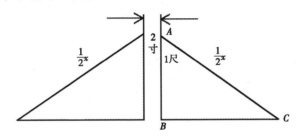

图 9 - 07 示意图

设门宽为 x 寸，则：

$AC = \frac{1}{2}x$，$BC = \frac{1}{2}x - 1$，已知 AB =1 尺 =10 寸，则 $AB^2 + BC^2 = AC^2$

$10^2 + \left(\frac{1}{2}x - 1\right)^2 = \left(\frac{1}{2}x\right)^2$，$x = 101$（寸）= 1 丈 1 寸。

【原文】

[11] 今有户高多于广六尺八寸，两隅相去适一丈。问：户高、广各几何[1]？
答曰：广二尺八寸，高九尺六寸。

术曰：令一丈自乘为实。半相多[2]，令自乘，倍之，减实，半其余，以开方除之[3]。所得，减相多之半，即户广；加相多之半，即户高。令户广为勾，高为股，两隅相去一丈为弦，高多于广六尺八寸为勾股差。按图为位，弦幂适满万寸。倍之，减勾股差幂，开方除之。其所得即高广并数。以差减并而半之，即户广；加相多之数，即户高也。今此术先求其半。一丈自乘为朱幂四、黄幂一。半差自乘，又倍之，为黄幂四分之二。减实，半其余，有朱幂二、黄幂四分之一。其于大方者四分之一。故开方除之，得高广并数半。减差半，得广，加，得户高。

【注释】

①《九章算术》"户高多于广问"实际上应用了已知弦与勾股差求勾、股的公式。

②半相多：取高多于广的 $\frac{1}{2}$。

③将它自乘，加倍，去减实，取其余数的一半对之作开方除法。

【译文】

[11] 假设有一门户，高比广多6尺8寸，两对角相距恰好1丈。问：此门户的高、广各是多少？答：门户的广是2尺8寸，门户的高是9尺6寸。

计算法则是：使1丈自乘，作为被除数。取高多于广的 $\frac{1}{2}$，将它自乘，加倍，去减实，取其余数的一半对之作开方除法。所得到的结果，减去高多于广的 $\frac{1}{2}$，就是门户的广；加上高多于广的一半，就是门户的高。将门户的广作为勾，高作为股，两对角的距离1丈作为弦，那么高多于广6尺8寸就成为勾股差。按照图形考察它们所处的地位，弦幂恰恰是10000平方寸。将它加倍，减去勾股差幂，对其余数作开方除法。那么所得到的结果就是门户的高与广之和。以勾股差减高与广之和，而取其 $\frac{1}{2}$，就是门户的广；以勾股差加高与广之和，而取其 $\frac{1}{2}$，就是门户的高。现在这种算法是先求其 $\frac{1}{2}$。1丈自乘为4个朱幂与1个黄幂。勾股差的 $\frac{1}{2}$ 自乘，又加倍，就是黄幂的 $\frac{2}{4}$。以它去减实，取其余数的 $\frac{1}{2}$，就有2个朱幂与 $\frac{1}{4}$ 个黄幂。它们在以高与广之和为边长的大正方形中占据 $\frac{1}{4}$。所以对之作开方除法，就得到 $\frac{1}{2}$ 的高与广之和。$\frac{1}{2}$ 的高与广之和减去 $\frac{1}{2}$ 的高与广之差，就得到门户的广，$\frac{1}{2}$ 的高与广之和加上 $\frac{1}{2}$ 的高与广之差，就得到门户的高。

古题今解

[11]

作图9-08，根据题设条件：

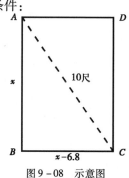

图9-08 示意图

设门高 AB 为 x 尺，则：门宽 BC 为 $(x-6.8)$ 尺。

又知 $AC=1$ 丈 $=10$ 尺，则 $AC^2=AB^2+BC^2$，$10^2=x^2+(x-6.8)^2$，$x=9.6$（尺）$=9$ 尺 6 寸。

门宽为 9.6 尺 -6.8 尺 $=2.8$ 尺 $=2$ 尺 8 寸。

【原文】

又按：勾股相并幂而加其差幂，亦减弦幂，为积[1]。盖先见其弦，然后知其勾与股。今适等，自乘，亦各为方，合为弦幂。令半相多而自乘，倍之，又半并自乘，倍之，亦合为弦幂[2]。而差数无者，此各自乘之，而与相乘数，各为门实。及股长勾短，同源而分流焉。假令勾、股各五，弦幂五十，开方除之，得七尺，有余一，不尽。假令弦十，其幂有百，半之为勾、股二幂，各得五十，当亦不可开。故曰：圆三、径一，方五、斜七，虽不正得尽理，亦可言相近耳[3]。

【注释】

①勾股相并幂而加其差幂，亦减弦幂，为积：这是一个勾股恒等式。
②刘徽在这里提出又一勾股恒等式。
③虽然没有正好穷尽其数理，也可以说是相近的。

【译文】

又按：勾股和之幂加勾股差之幂，又减去弦幂，为弦方的积。原来这里先显现出它的弦，然后知道与之对应的勾与股。如果勾与股恰好相等，使它们自乘，各自也成为正方形，相加就合成为弦幂。使勾股差的 $\frac{1}{2}$ 自乘，加倍，又使勾股和的 $\frac{1}{2}$ 自乘，加倍，也合成为弦幂。如果勾与股没有差，此时它们各自自乘，或者两者相乘，都成为门的面积。这与股长而勾短的情形，是同源而分流。假设勾、股都是5，弦幂就是50，对之作开方除法，得7尺，还有余数1，开不尽。假设弦是10，其幂是100，取其 $\frac{1}{2}$，就成为勾、股二者的幂，分别是50，也应当是不可开的。所以说：周三径一，方五斜七，虽然没有正好穷尽其数理，也可以说是相近的。

几何之父——欧几里得

欧几里得是古希腊数学家，被世人称为"几何之父"。他最著名的著作《几何原本》是欧洲数学的基础，被广泛地认为是历史上最成功的教科书。在《几何原本》里，欧几里得从简至繁、由浅到深，先后论述了直边形、圆、比例、相似形、数、立体几何以及穷竭法等数学内容。其中有关穷竭法的讨论，成为近代微积分思想的起源。

欧几里得对透视、圆锥曲线、球面几何学及数论也深有研究，他是几何学的奠基人。欧几里得在前人的思维成果的基础上，巧妙地论证了毕达哥拉斯定理，也称"勾股定理"。即在一直角三角形中，斜边上的正方形的面积等于两条直角边上的两个正方形的面积之和。他的这一证明，从此确定了勾股定理的正确性。

【原文】

其勾股合而自相乘之幂者，令弦自乘，倍之，为两弦幂，以减之。其余，开方除之，为勾股差。加于合而半，为股；减差于合而半之，为勾。勾、股、弦即高、广、袤。其出此图也，其倍弦为袤[1]。令矩勾即为幂[2]，得广即勾股差。其矩勾之幂，倍勾为从法，开之亦勾股差。以勾股差幂减弦幂，半其余，差为从法，开方除之，即勾也。

【注释】

[1]其出此图也，其倍弦为袤：如果画出这个图的话，它以弦的 2 倍作为长。

[2]令矩勾即为幂：将矩勾作为幂。矩勾，是股幂减以勾幂所余之矩。

【译文】

如果是勾股和而自乘之幂的情形，那么使弦自乘，加倍，就成为 2 个弦幂，以勾股和自乘之幂减之。对其余数作开方除法，就是勾股差。将它加于勾股和，取其 $\frac{1}{2}$，就是股；以它减勾股和，取其 $\frac{1}{2}$，就是勾。勾、股、弦就是门户的高、广、斜。如果画出这个图的话，它以弦的 2 倍作为长。将矩勾作为幂，求得它的广就是勾股差。如果是矩勾之幂，将勾加倍作为从法，对其开方，也得到勾股差。以勾股差幂减弦幂，取其余数的 $\frac{1}{2}$，以勾股差作为从法，对其作开方除法，就是勾。

【原文】

[12] 今有户不知高、广，竿不知长短。横之不出四尺，从之不出二尺，邪之适出。问户高、广、邪各几何？答曰：广六尺，高八尺，邪一丈。

术曰：从、横不出相乘，倍，而开方除之。所得，加从不出，即户广；加横不出，即户高；两不出加之，得户邪。

【译文】

[12] 今有门，不知其高宽；有竿，不知其长短；横放，竿比门宽长出 4 尺；竖放，竿比门高长出 2 尺；斜放，竿与门对角线恰好相等。问：门高、宽和对角线的长各是多少？答：门宽 6 尺，高 8 尺，对角线长 1 丈。

算法："从不出"与"横不出"相乘，再乘以 2，然后开平方。所得之数加"从不出"即为门宽；加"横不出"即为门高；"从不山""横不山"同加之，得门的对角线长。

《古题今解》

[12]

作图 9-09，根据题设条件：

设门的对角线 BD 长为 x 尺，则门宽 BC 为（x-4）尺，门高 CD 为（x-2）尺。

$$x^2 = (x-4)^2 + (x-2)^2 。$$

解得：x = 10（尺），则：

BC = 10 尺 -4 尺 =6 尺，CD = 10 尺 -2 尺 = 8 尺。

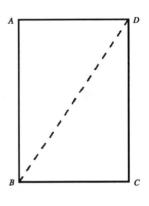

图 9-09 示意图

【原文】

[13] 今有竹高一丈，末折抵地，去本三尺。问：折[1]者高几何？答曰：四尺、二十分尺之一十一。

术曰：以去本自乘，此去本三尺为勾，折之余高为股，以先令勾自乘之幂[2]。令如高而一，凡为高一丈为股弦并之[3]，以除此幂得差。所得，以减竹高而半余，即折者之高也。此术与系索之类更相返覆也。亦可如上术，令高自乘为股弦并幂，去本自乘为矩幂，减之，余为实。倍高为法，则得折之高数也。

【注释】

①折：李籍云："断也。"

②以先令勾自乘之幂：所以先得到勾的自乘之幂。

③凡为高一丈为股弦并之：总的高 1 丈作为股弦并，以它除勾幂，得到股弦差。

【译文】

[13] 假设有一棵竹，高 1 丈，末端折断，抵到地面处距竹根 3 尺。问：折

断后的高是多少？答：$4\frac{11}{20}$尺。

计算法则是：以抵到地面处到竹根的距离自乘，这里以抵到地面处距竹根3尺作为勾，折断之后余下的高作为股，所以先得到勾的自乘之幂。除以高，总的高1丈作为股弦并，以它除勾幂，得到股弦差。以所得到的数减竹高，而取其余数的一半就是折断之后的高。这种算法与木柱顶端系绳索之类互为反复。亦可像上术那样，将高自乘，作为股弦和之幂，抵到地面处到竹根的距离自乘作为矩幂，两者相减，余数作为被除数。将高加倍作为除数，被除数除以除数，就得到折断之后高的数值。

【古题今解】

[13]

作图9-10，根据题设条件：

$BC' = 1$ 丈 $= 10$ 尺，$BC = 3$ 尺，$AB = 10 - AC'$，$AC' = AC$，$AB^2 + BC^2 = AC^2$；

即 $(10 - AC)^2 + 3^2 = AC^2$，得 $AC = 5\frac{9}{20}$（尺）。

所求折竹余高 $AB = 1$ 丈 $- 5\frac{9}{20}$尺 $= 4\frac{11}{20}$尺。

【原文】

[14] 今有二人同所立。甲行率七，乙行率三。乙东行，甲南行十步而邪东北与乙会。

图9-10 示意图

问：甲、乙各行步几何？答曰：乙东行一十步半，甲邪行一十四步半及之。

术曰：令七自乘，三亦自乘，并而半之，以为甲邪行率。邪行率减于七自乘，余为南行率。以三乘七为乙东行率。此以南行为勾，东行为股，邪行为弦[1]。并勾弦率七。欲引者[2]，当以股率自乘为幂，如并而一，所得为勾弦差率。加并，之半为弦率，以差率减，余为勾率。如是或有分，当通而约之乃定。术以同使无分母[3]，故令勾弦并自乘为朱、黄相连之方。股自乘为青幂之矩，以勾弦并为袤，差为广。今有相引之直[4]，加损同上[5]。其图大体[6]，以两弦为袤，勾弦并为广。引横断其半为弦率[7]。列用率[8]七自乘者，勾弦并之率[9]。故弦减之，余为勾率。同立处是中停[10]也，皆勾弦并为率，故亦以勾率同其袤也[11]。置南行十步，以甲邪行率乘之，副置十步，以乙东行率乘之，各自为实。实如南行率而一，各得行数。南行十步者，所有见勾，求见弦、股，故以弦、股率乘，如勾率而一。

【注释】

①刘徽认为南行、东行、邪行构成一个勾股形。

②欲引者：如果想要把它引申的话。

③以同使无分母：此谓以同（即勾弦并率）消去各个率的分母。自此起，是勾、股、弦三率的几何推导方法。

④今有相引之直：如果将青幂之矩引申成长方形。

⑤加损同上：增加、减损之后，它们的广、长就如上述。

⑥大体：义理，本质，要点，关键。

⑦引横断其半为弦率：在图形的一半处引一条横线切断它，就成为弦率。

⑧列用率：列出来所用的率，指甲行率七。

⑨勾弦并之率：此谓甲行率 7 自乘就是勾弦并率。

⑩中停：中间平分。

⑪皆勾弦并为率，故亦以勾率同其衺也：它们都以勾弦和建立率，所以也使勾率的长与之相同。

【译文】

[14] 假设有二人站在同一个地方。甲走的率是 7，乙走的率是 3，乙向东走，甲向南走 10 步，然后斜着向东北走，恰好与乙相会。问：甲、乙各走多少步？答：乙向东走 $10\frac{1}{2}$ 步，甲斜着走 $14\frac{1}{2}$ 步与乙会合。

计算法则是：令 7 自乘，3 也自乘，两者相加，除以 2，作为甲斜着走的率。从 7 自乘中减去甲斜着走的率，其余数作为甲向南走的率。以 3 乘 7 作为乙向东走的率。此处以向南走的距离作为勾，向东走的距离作为股，斜着走的距离作为弦。那么勾弦和率就是 7。如果想要把它引申的话，应当以股率自乘作为幂，除以勾弦和，所得作为勾弦差率。将它加勾弦和，除以 2，作为弦率；以勾弦差率减弦率，其余数作为勾率。这样做也许有分数，应当将它们通分、约简，才能确定。这种算法以同使分母化为 0，所以使勾弦和自乘作为朱方、黄方相连的正方形。将股自乘化为青幂之矩，它以勾弦和作为长，勾弦差作为广。如果将它们引申成长方形，增加、减损后，它们的广、长就如上述。其图形的关键就是以两弦作为长，以勾弦和作为广。在图形的一半处引一条横线切断它，就成为弦率。列出来所用的率7自乘者，是因为它是勾弦和率，所以以弦率减之，余数就作为勾率。甲乙所站的那同一个地方是中间平分的位置，它们都以勾弦和建立率，所以也使勾率的长与之相同。布置甲向南走的10步，以甲斜着走的率乘之，在旁边布置10步，以乙向东走的率乘之，各自作为被除数。实除以甲向南走的率，分别得到甲斜着走的及乙向东走的步数。甲向南走的10步，是已有现成的勾，要求显现出它对应的弦、股，所以分别以弦率、股率乘之，除以勾率。

〈古题今解〉

[14]

作图9-11，根据题设条件，由示意图设甲、乙在 C 处相会所用时间为 t，$AB = 10$ 步，$BC = (7t - 10)$ 步，$AC = 3t$ 步，$BC^2 = AB^2 + AC^2$，$(7t - 10)^2 = 10^2 + (3t)^2$，解得 $t_1 = 0$（舍去），$t_2 = \dfrac{7}{2}$。

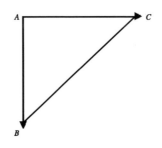

图9-11　示意图

故乙东行步数为：$3 \times \dfrac{7}{2}$ 步 $= 10\dfrac{1}{2}$ 步。

甲斜面向东北所行步数为：$\left(7 \times \dfrac{7}{2} - 10\right)$ 步 $= 14\dfrac{1}{2}$ 步。

【原文】

[15] 今有勾五步，股十二步。问：勾中容方几何？答曰：方三步、一十七分步之九。

术曰：并勾、股为法，勾、股相乘为实。实如法而一，得方一步。勾、股相乘为朱、青、黄幂各二①。令黄幂衰于隅中，朱、青各以其类，令从其两径，共成修之幂②：中方黄为广③，并勾、股为衺。故并勾、股为法④。幂图：方在勾中，则方之两廉各自成小勾股，而其相与之势不失本率⑤也。勾面之小勾、股，股面之小勾、股各并为中率。令股为中率，并勾、股为率，据见勾五步而今有之，得中方也。复令勾为中率，以并勾、股为率，据见股十二步而今有之，则中方又可知。此则虽不效而法，实有法由生矣^⑥。下容圆率而似^⑦今有、衰分言之，可以见之也。

【注释】

①勾股形所容正方形称为黄方，余下两小勾股形，位于勾上的称为朱幂，位于股上的称为青幂。

②令黄幂袤于隅中，朱、青各以其类，令从其两径，共成修之幂：此谓这些朱、青、黄幂可以重新拼成一个长方形，两个黄幂位于两端，朱幂、青幂各从其类。两径，表示勾与股。

③此修幂的广就是所容正方形即黄方的边长。

④此修幂的长即勾股和。

⑤其相与之势不失本率：这是刘徽提出的一条重要原理，即相似勾股形的对应边成比例。

⑥此则虽不效而法，实有法由生矣：此谓此基于率的方法虽然没有效法，基于出入相补的方法，实与法却由此产生出来。

⑦率：方法。似：古通"以"。

【译文】

[15] 假设一勾股形的勾是 5 步，股是 12 步。问：如果勾股形中容一正方形（如图 9 - 12），它的边长是多少？答：边长是 $3\frac{9}{17}$ 步。

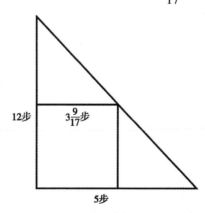

图 9 - 12　勾股容方图示

计算法则是：将勾、股相加，作为除数，勾、股相乘，作为被除数。被除数除以除数，得到正方形边长的步数。勾、股相乘之幂含有朱幂、青幂、黄幂各 2 个。使 2 个黄幂位于两端，界定其长，朱幂、青幂各根据自己的类别组合，使它们的勾、股与 2 黄幂的边相吻合，共同组成一个长方形的幂：以勾股形内容的正方形即黄幂作为广，勾、股相加作为长。所以使勾、股相加作为除数。幂的图形：正方形在勾股形中，那么，正方形的两边各自形成小勾股形，而其相与的态势没有改变原勾股形的率。勾边上的小勾、股，股边上的小勾、股，分别相加，作为中率。令股作为中率，勾、股相加作为率，根据显现的勾 5 步而应用今有术，便得到中间正方形的边长。再令勾作为中率，勾股相加作为率，根据显现的股 12 步而应用今有术，则又可知道中间正方形的边长。这里显然没有效法开头的方法，实与法却由此产生出来。下面的勾股容圆的方法而以今有术、衰分术求之，又可以见到这一点。

勾股容方和容圆对解勾股形的意义

勾股容方与容圆是《九章》勾股章的两个题目。对这两个问题，刘徽都提出了两种方法证明之。一种是出入相补的方法。另一种方法是过圆心作一中弦平行于弦，中弦与勾、股及垂直于勾、股的半径形成两个小勾股形。

后来的人们研究了各种容圆问题。元代的李冶便在洞渊九容基础上研究出《测圆海镜》；北宋的贾宪把《九章》解勾股形的四个类型的方法概括成通用公式；杨辉又进而总结出"勾股生变十三名图"：给出 13 种关系及变成 $b - a$、$c - b$、$a + b - c$ 的段数。这 13 种关系包括了勾股形中勾、股、弦及其和、差的全部可能的关系，对勾股理论起着提纲挈领的意义；清李善兰补充了勾弦上容圆、股弦上容圆、弦外容半圆。

《古题今解》

[15]

作图 9 - 13，根据题设条件：

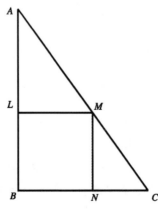

图 9 - 13　示意图

AB = 12 步；BC = 5 步，设正方形边长为 x，则 $AL = 12 - x$，$NC = 5 - x$。

$\text{Rt}\triangle ALM \backsim \text{Rt}\triangle MNC$，$(12 - x) : x = x : (5 - x)$，$x = \dfrac{60}{17}$（步）$= 3\dfrac{9}{17}$步。

【原文】

[16] 今有勾八步，股一十五步。问：勾中容圆①径几何？答曰：六步。

术曰：八步为勾，十五步为股，为之求弦②。三位并之为法，以勾乘股，倍之为实。实如法得径一步③。勾、股相乘为图本体，朱、青、黄幂各二④，倍之，则为各四。可用画于小纸，分裁邪会，令颠倒相补，各以类合，成修幂：圆径为广，并勾、股、弦为袤。故并勾、股、弦以为法。又以圆大体言之⑤，股中青必令立规于横广，勾、股又邪三径均，而复连规⑥，从横量度勾股，必合而成小方矣。又画中弦以规除会⑦，则勾、股之面中央小勾股弦⑧：勾之小股、股之小勾皆小方之面⑨，皆圆径之半。其数故可衰之。以勾、股、弦为列衰，副并为法。以勾乘未并者，各自为实。实如法而一，得勾面之小股，可知也。以股乘列衰为实，则得股面之小勾可知。言虽异矣，及其所以成法之实⑩，则同归矣⑪。则圆径又可以表之差、并⑫：勾弦差减股为圆径；又，弦减勾股并，余为圆径，以勾弦差乘股弦差而倍之，开方除之，亦圆径也。

【注释】

①句中容圆：即勾股容圆，也就是勾股形内切一个圆。

②此利用勾股术求出弦。

③此是已知勾股形中勾、股，求其所容圆的直径的问题。

④作由两个勾股形构成的长方形，也就是勾股相乘之幂，它含有朱幂、青幂、黄幂各 2 个。

⑤又以圆大体言之：又根据圆的义理阐述此术。

⑥股中青必令立规于横广，句、股又邪三径均，而复连规：股边上的青幂等元素必须使圆规立于勾的横线上，并且到勾、股、弦的三个半径相等的点上，这样再连成圆。

⑦又画中弦以规除会：又过圆心画出中弦，以观察它们施予会通的情形。

⑧则勾、股之面中央小勾股弦：此谓中弦与勾股形的勾、股及垂直于勾、股的半径分别形成位于勾、股中央的小勾股形。

⑨勾之小股、股之小勾皆小方之面：此谓勾上的小勾股形的股与股上的小勾股形的勾相等，且都是垂直于勾、股的半径且等于勾、股构成的小正方形的边长。

⑩成法之实：形成法与实。

⑪此谓从不同的途径，得到法与实，都是相同的。

⑫此句意在提示以下以勾、股、弦的差、并表示的三个圆径公式。

【译文】

[16] 假设一勾股形的勾是 8 步，股是 15 步。问：勾股形中内切一个圆（如图 9 - 14），它的直径是多少？答：6 步。

计算法则是：以 8 步作为勾，15 步作为股，求它们相应的弦。勾、股、弦三者相加，作为除数，以勾乘股，加倍，作为被除数。被除数除以除数，得到直径的步数。勾与股相乘作为图形的主体，含有朱幂、青幂、黄幂各 2 个，加倍，则各为 4 个。可以把它们画到小纸片上，从斜线与横线、竖线交会的地方将其裁开，通过平移、旋转而出入相补，使各部分按照各自的类型拼合，成为一个长方形的幂：圆的直径作为广，勾、股、弦相加作为长。所以以勾、股、弦相加作为除数。又根据圆的义理阐述这种算法，股边上的青幂等元素必须使圆规立于勾的横线上，并且到勾、股、弦的三个半径相等的点上，这样再连成圆，纵横量度勾、股，必定合成小正方形。又过圆心画出中弦，以观察它们施予会通的情形，那么勾边、股边的中部都有小勾股弦：勾上的小股、股上的小勾都是小正方形的边长，都是圆直径的一半。所以对它们的数值是可以施行衰分术的。以勾、股、弦作为列衰，在旁边将它们相加作为除数。以勾乘未相加的勾、股、弦，各自作为被除数。被除数除以除数，得到勾边上的小股，是不言而喻的。以股乘列衰作为被除数，则得到股边上的小勾，是不言而喻的。言辞虽然不同，至于用它们构成法与实，则都有同一个归宿。而圆的直径又可以表示成勾、股、弦的和差关系：以勾弦差减股成为圆的直径；又，以弦减勾股和，其余数为围的直径；以勾弦差乘股弦差，而加倍，作开方除法，也成为圆的直径。

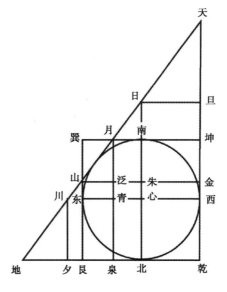

图 9 - 14　勾股容圆图示

古题今解

[16]

作图 9 - 15，根据题设条件：

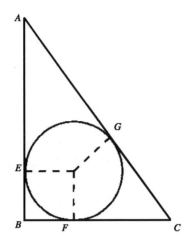

图 9 - 15　示意图

设内切圆的半径为 x 步，$AE = 15 - x$，$FC = 8 - x$，而 $AE = AG$，$FC = CG$。

故：$AC = AG + CG = AE + FC = (15 - x) + (8 - x)$；

即 $AC = (15 - x) + (8 - x) = \sqrt{15^2 + 8^2}$，得：$x = 3$（步），$2x = 6$（步）。

【原文】

[17] 今有邑方①二百步，各中开门。出东门一十五步有木。问：出南门几何步而见木？答曰：六百六十六步、太半步。

术曰：出东门步数为法，以勾率为法也。半邑方自乘为实，实如法得一步。此以出东门十五步为勾率，东门南至隅一百步为股率，南门东至隅一百步为见勾步。欲以见勾求股，以为出南门数。正合"半邑方自乘"②者，股率当乘见勾，此二者数同也。

[18] 今有邑，东西七里，南北九里，各中开门。出东门一十五里有木。问：出南门几何步而见木？答曰：三百一十五步。

术曰：东门南至隅步数，以乘南门东至隅步数为实。以木去门步数为法。实如法而一。此以东门南至隅四里半为勾率，出东门一十五里为股率，南门东至隅三里半为见股。所问出南门即见股之勾。

【注释】

①邑方：正方形的城。

②半邑方自乘：此条刘徽注系一般性论述。两相邻之门，不拘东、西、南、北，半邑方自乘，以一出门步数除之，得另一出门步数。

【译文】

[17] 假设有一座正方形的城，每边长 200 步，各在城墙的中间开门。出东门 15 步处有一棵树。问：出南门多少步才能见到这棵树？答：$666\frac{2}{3}$ 步。

计算法则是：以出东门的步数作为除数，这是以勾率作为除数。取城的边长的一半，自乘，作为被除数，被除数除以除数，得到出南门见到树的步数。这里以出东门 15 步作为勾率，自东门向南至城角 100 步作为股率，自南门向东至城角 100 步作为勾的已知步数。想以已知的勾求相应的股，作为出南门的步数。恰恰是"城的边长的 $\frac{1}{2}$ 自乘"，这是因为应当以股率乘已知的勾，而这二者的数是相同的。

[18] 假设有一座城，东西宽 7 里，南北长 9 里，各在城墙的中间开门。出东门 15 里处有一棵树。问：出南门多少步才能看到这棵树？答：315 步。

计算法则是：以东门向南至城角步数乘自南门向东至城角的步数，作为被除数。以树至东门的步数作为法。被除数除以除数即得。这里以自东门向南至城角的 $4\frac{1}{2}$ 里作为勾率，出东门至树的 15 里作为股率，南门向东至城角 $3\frac{1}{2}$ 里作为已知的股。所问的出南门见树的步数就是与已知的股相应的勾。

▸古题今解◂

[17]

作图 9-16，根据题设条件：

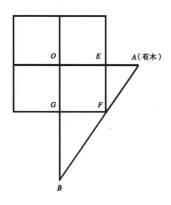

图 9-16　示意图

设出南门 x 步见到树，即 GB 为 x。

因 Rt△AEF∽Rt△FGB，$\dfrac{EA}{EF}=\dfrac{GF}{x}$，$x=\dfrac{EF\times GF}{EA}=\dfrac{100\ \text{步}\times100\ \text{步}}{15\ \text{步}}=666\dfrac{2}{3}\text{步}$。

[18]

作图 9–17，根据题设条件得：

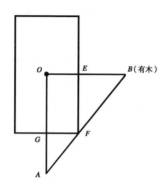

图 9–17　示意图

设出南门 x 里见到树，即 $GA=x$，因 Rt△BEF∽Rt△FGA，$\dfrac{EB}{EF}=\dfrac{GF}{x}$，

$$x=\dfrac{EF\times GF}{EB}=\dfrac{\left(9\ \text{里}\times\dfrac{1}{2}\right)\times\left(7\ \text{里}\times\dfrac{1}{2}\right)}{15\ \text{里}}=1\dfrac{1}{20}\text{里}；$$

因 1 里 = 300 步，所以 $x=315$ 步。

【原文】

[19] 今有邑方不知大小，各中开门。出北门三十步有木，出西门七百五十步见木。问邑方几何？答曰：一里。

术曰：令两出门步数相乘，因而四之，为实。开方除之，即得邑方。

【译文】

[19] 今有正方形小城，边长不知其大小，各方中央开有城门。出北门 30 步处有树，出西门 750 步便能看见那棵树。问小城的边长是多少？答：1 里。

计算法则：令两个出门步数相乘，再乘以 4，作被开方数。开平方，便得小城的边长数。

古题今解

[19]

作图 9–18，根据题设条件：

设小城边长为 x，$AE=30$ 步，$BF=750$ 步，则：Rt△GEA∽Rt△GFB；

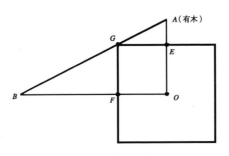

图 9 - 18 示意图

$AE: \dfrac{x}{2} = \dfrac{x}{2} : BF$，则 $30 : \dfrac{x}{2} = \dfrac{x}{2} : 750$，$x = 300$（步）$= 1$（里）。

【原文】

[20] 今有邑方不知大小，各中开门。出北门二十步有木。出南门一十四步，折而西行一千七百七十五步见木。问：邑方几何？答曰：二百五十步。

术曰：以出北门步数乘西行步数，倍之，为实。此以折而西行为股，自木至邑南一十四步为勾，以出北门二十步为勾率，北门至西隅为股率，半广数。故以出北门乘折西行股，以股率乘勾之幂。然此幂居半，以西行。故又倍之，合东，尽之也①。并出南、北门步数，为从法。开方除之，即邑方。此术之幂，东西如邑方，南北自木尽邑南十四步②。之幂③：各南、北步为广，邑方为袤，故连两广为从法④，并以为隅外之幂也。

【注释】

①此幂居半，以西行。故又倍之，合东，尽之也：此幂占有了一半的原因是向西走。所以又加倍，加上东边的幂，才穷尽了整个的幂。

②此术之幂，东西如邑方，南北自木尽邑南十四步：其东西就是城邑的边长，南北是自北门外之木至出南门折西行处。

③之幂：此幂。

④连两广为从法：连接两个广作为从法。

【译文】

[20] 假设有座正方形的城，不知道大小，各在城墙的中间开门。出北门20步处有一棵树。出南门14步，然后拐弯向西走1775步，恰好看见这棵树。问：城的边长是多少？答：250步。

术曰：以出北门到树的步数乘拐弯向西走的步数，加倍，作为被除数。这里以拐弯向西走的步数作为股，以自树至城南14步作为勾，以出北门20步作

为勾率，自北门向西至西北角作为股率，就是城的边长的 $\frac{1}{2}$。所以以出北门至

树的步数乘拐弯向西走的步数亦即股，等于股率乘勾之幂。然而此幂占有了 $\frac{1}{2}$，

其原因是向西走。所以又加倍，加上东边的幂，才穷尽了整个的幂。将出南门

和北门的步数相加，作为从法。对之作开方除法，就得到城的边长。此术中的

幂：东西是城的边长，南北是自北门外的树到城南 14 步。这个幂：分别以出南

门、出北门的步数作为广，城的边长作为长，所以连接两个广作为从法。两者

相加，作为城外之幂。

《古题今解》

[20]

作图 9－19，根据题设条件：

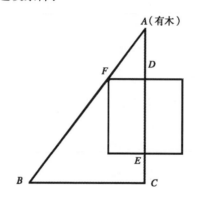

图 9－19　示意图

设边长为 x 步，$FD = \frac{1}{2}x$ 步，$AD = 20$ 步，$EC = 14$ 步，$AC = (20 + x + 14)$

步，$BC = 1775$ 步，Rt$\triangle ADF \backsim$ Rt$\triangle ACB$，$AD : DF = AC : BC$，$20 : \frac{1}{2}x = (20 + x +$

$14) : 1775$，$x^2 + 34x - 71000 = 0$ 解得：$x_1 = 250$（步）（所得 $x_2 < 0$，不符实际，舍

去）。

【原文】

[21] 今有邑方一十里，各中开门。甲、乙俱从邑中央而出：乙东出；甲南

出，出门不知步数，邪向东北，磨邑隅[①]，适与乙会。率：甲行五，乙行三。

问：甲、乙行各几何？答曰：甲出南门八百步，邪东北行四千八百八十七步半，

及乙；乙东行四千三百一十二步半。

术曰：令五自乘，三亦自乘，并而半之，为邪行率。邪行率减于五自乘者，余为南行率。以三乘五为乙东行率。求三率之意与上甲乙同。置邑方，半之，以南行率乘之，如东行率而一，即得出南门步数。今半方，南门东至隅五里。半邑②者，谓为小股也。求以为出南门步数。故置邑方，半之，以南行勾率乘之，如股率而一。以增邑方半，即南行。"半邑"者，谓从邑心中停也。置南行步，求弦者，以邪行率乘之；求东行者，以东行率乘之，各自为实。实如法，南行率，得一步。此术与上甲乙同。

【注释】

①磨邑隅：擦着城墙的东南角。

②半邑：边长的一半。

【译文】

[21] 假设有一座正方形的城，每边长 10 里，各在城墙的中间开门。甲、乙二人都从城的中心出发：乙向东出城门；甲向南出城门，出门走了不知多少步，便斜着向东北走，擦着城墙的东南角，恰好与乙相会。他们的率：甲走的率是 5，乙走的率是 3。问：甲、乙各走了多少？答：甲向南出城门走 800 步，斜着向东北走 $4887\frac{1}{2}$ 步，遇到乙；乙向东出城门走 $4312\frac{1}{2}$ 步。

计算法则是：将 5 自乘，3 也自乘，相加，取其 $\frac{1}{2}$，作为甲斜着走的率。5 自乘减去甲斜着走的率，余数作为甲向南走的率。以 3 乘 5，作为乙向东走的率。求三率的意图与上面甲乙同所立的问题相同。布置城的边长，取其 $\frac{1}{2}$，以甲向南走的率乘之，除以乙向东走的率，就得到甲向南出城门走的步数。现在边长的 $\frac{1}{2}$，是城的南门向东至城东南角，即 5 里。边长 $\frac{1}{2}$，称之为小股。求与之相应的向南出城门走的步数。所以，布置城的边长，取其 $\frac{1}{2}$，以甲向南走的率即勾率乘之，除以股率。以它加城边长的 $\frac{1}{2}$，就是甲向南走的步数。"加城边长的 $\frac{1}{2}$"，是因为从城的中心出发的。布置甲向南走的步数，如果求弦，就以甲斜着走的率乘之；如果求乙向东走的步数，就以向东走的率乘之，各自作为被除数。被除数除以除数，即甲向南走的率，分别得到走的步数。这种算法与上面甲乙同所立的问题相同。

古题今解

[21]

作图9-20，根据题设条件：

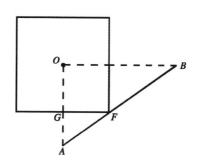

图9-20 示意图

设乙东行距离为 x 里，即 $OB = x$；甲南行距离 y 里，即 $OA = y$，1 里 = 300 步：

得 $\begin{cases} x : y = (x-5) : 5 \\ (y + \sqrt{x^2 + y^2}) : 5 = x : 3 \end{cases}$，解得 $x = 14\frac{3}{8}$（里）$= 4312\frac{1}{2}$（步），$y = 7\frac{2}{3}$（里）；$y - 5 = 2\frac{2}{3}$（里）$= 800$（步），为甲出南门所走的路程。

$$AB = \sqrt{\left(14\frac{3}{8}\right)^2 + \left(7\frac{2}{3}\right)^2}$$（里）$= 16\frac{7}{24}$里$= 4887\frac{1}{2}$步，为甲斜向东北所走的路程。

【原文】

[22] 今有木去①人不知远近。立四表，相去各一丈，令左两表与所望参相直②。从后右表望之，入前右表三寸。问：木去人几何？答曰：三十三丈三尺三寸、少半寸。

术曰：令一丈自乘为实。以三寸为法，实如法而一。此以入前右表三寸为勾率，右两表相去一丈为股率，左右两表相去一丈为见勾，所问木去人者，见勾之股。股率当乘见勾，此二率俱一丈，故曰"自乘"之。以三寸为法。实如法得一寸。

[23] 今有山居木西，不知其高。山去木五十三里，木高九丈五尺。人立木东三里，望木末③适与山峰斜平。人目高七尺。问：山高几何？答曰：一百六十四丈九尺六寸、太半寸。

术曰：置木高，减人目高七尺，此以木高减人目高七尺，余有八丈八尺，为勾率。去人目三里为股率。山去木五十三里为见股，以求勾。加木之高，故为山高也。余，以乘五十三里为实。以人去木三里为法。实如法而一。所得，加木高，即山高。此术勾股之义。

【注释】

①去：距离。

②直：一条直线上。

③木末：树梢。

【译文】

[22] 假设有一棵树，距离人不知远近。竖立 4 根表，相距各 1 丈，使左两表与所望的树三者在一条直线上。从后右表望树，入前右表左边 3 寸。问：此树距离人是多少？答：33 丈 3 尺 3 $\frac{1}{3}$ 寸。

计算法则是：使 1 丈自乘，作为被除数。以 3 寸作为除数。被除数除以除数，得到结果。这里以入前右表左边 3 寸作为勾率，右两表相距 1 丈为股率，左右两表相距 1 丈作为已知的勾，所问的树到人的距离，就是与已知的勾相应的股。应当以股率乘已知的勾，这两个数都是 1 丈，所以说"自乘"。以 3 寸作为除数。被除数除以除数，得到树距离人的寸数。

[23] 假设有一座山，位于一棵树的西面，不知道它的高。山距离树 53 里，树高 9 丈 5 尺。一个人站立在树的东面 3 里处，望树梢恰好与山峰斜平。人的眼睛高 7 尺。问：山高是多少？答：164 丈 9 尺 6 $\frac{2}{3}$ 寸。

计算法则是：布置树的高度，减去人眼睛的高 7 尺，这里是以树的高减去人眼睛的高 7 尺，余数有 8 丈 8 尺，作为勾率。以树距离人的眼睛 3 里作为股率。以山距离树 53 里作为已知的股，求与之相应的勾。勾加树的高度，就是山高。以其余数乘 53 里，作为被除数。以人与树的距离 3 里作为除数。被除数除以除数。所得到的结果加树高，就是山高。这种算法有勾股的意思：

古题今解

[22]

作图 9 - 21，根据题设条件：

因 $\triangle FGB \backsim \triangle BAC$，故 $\dfrac{BG}{FG} = \dfrac{AC}{AB}$，$AC = \dfrac{BG \times AB}{FG}$，$BG = AB = 1$ 丈 $= 100$ 寸，$FG =$

3 寸，$AC = \dfrac{100 \times 100}{3}$ 寸 $= 3333\dfrac{1}{3}$ 寸 $= 33$ 丈 3 尺 $3\dfrac{1}{3}$ 寸。

图 9 – 21　示意图

[23]

作图 9 – 22，根据题设条件：

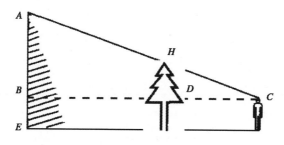

图 9 – 22　示意图

已知 $BD + DC = 53 + 3 = 56$ 里，$DH =$ 树高 − 人目高 $= 9$ 丈 5 尺 $- 7$ 尺。

1 里 $= 300$ 步 $= 1800$ 尺，由 $\triangle CDH \backsim \triangle CBA$，得：$DH : DC = AB : BC$，$AB$

$= \dfrac{DH \times BC}{DC} = 1642\dfrac{2}{3}$ 尺，$AE = 1642\dfrac{2}{3}$ 尺 $+ 7$ 尺 $= 1649\dfrac{2}{3}$ 尺 $= 164$ 丈 9 尺 $6\dfrac{2}{3}$ 寸。

【原文】

[24] 今有井，径五尺，不知其深。立五尺木于井上，从木末望水岸，入径四寸。问：井深几何？答曰：五丈七尺五寸。

术曰：置井径五尺，以入径四寸[①]减之，余，以乘立木五尺为实。以入径四寸为法。实如法得一寸。

【注释】

①入径四寸：视线与直径的交会点距"立木"根部的距离为 4 寸。

[24] 今有井直径是5尺，不知有多深。立5尺长的木在井上，从木的末梢看井水水岸，测得"入径"为4寸。问：井深是多少？答：井深为5丈7尺5寸。

计算法则是：取井直径5尺，用"入径"4寸去减它，所得余数乘以立木的高度5尺为被除数。以"入径"4寸作除数。除数除被除数即得所求结果。

古题今解

[24]

作图9-23，根据题设条件，再由三角形的相似性质得：立木：入径＝井深：（井径－入径）；

井深为：

$$\frac{立木 \times （井径 - 入径）}{入径} = \frac{5尺 \times （5尺 - 4寸）}{4寸} = \frac{50 \times 46}{4}寸 = 575寸 = 5丈7尺5寸。$$

图9-23 示意图